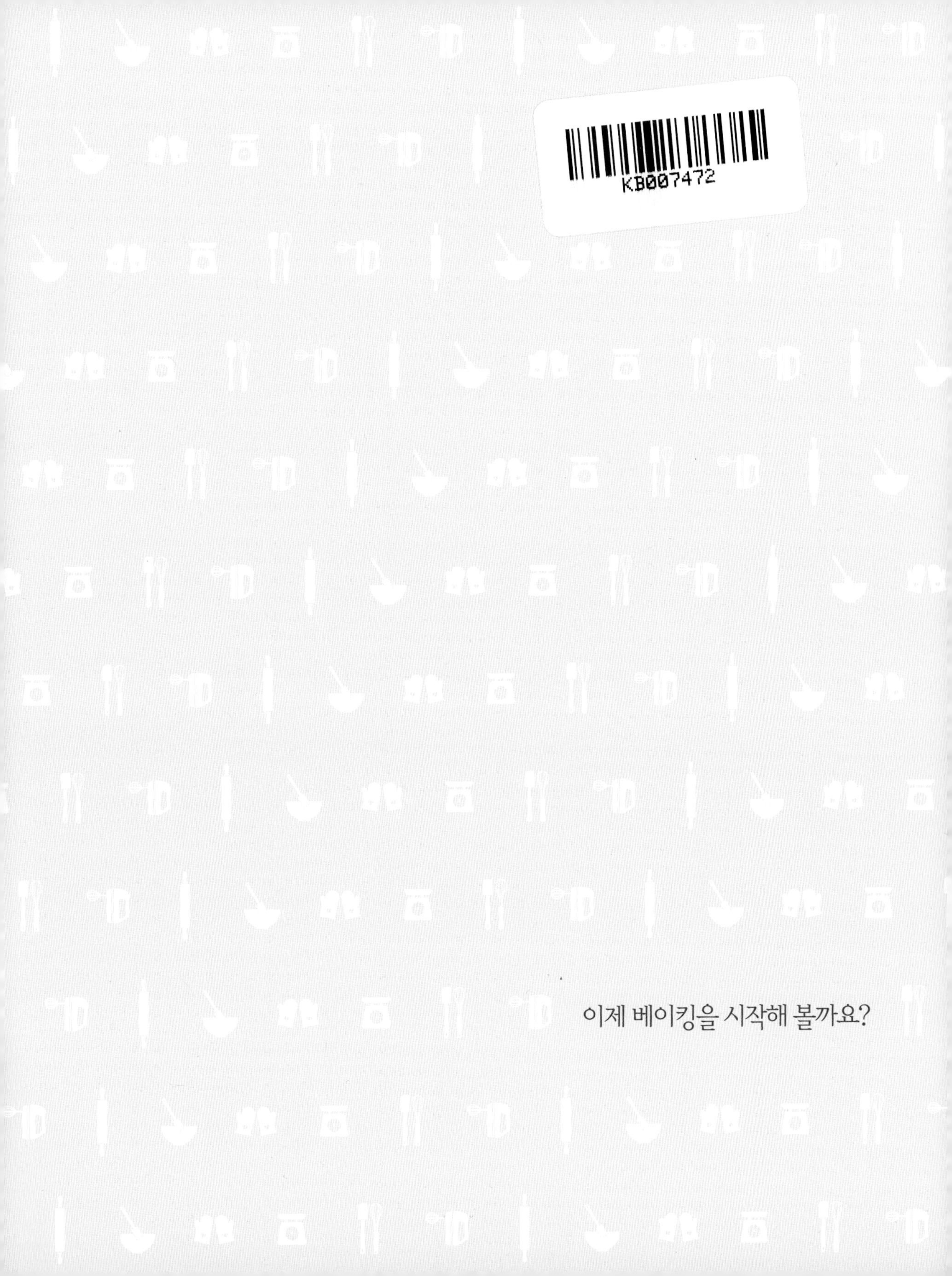
KB007472
이제 베이킹을 시작해 볼까요?

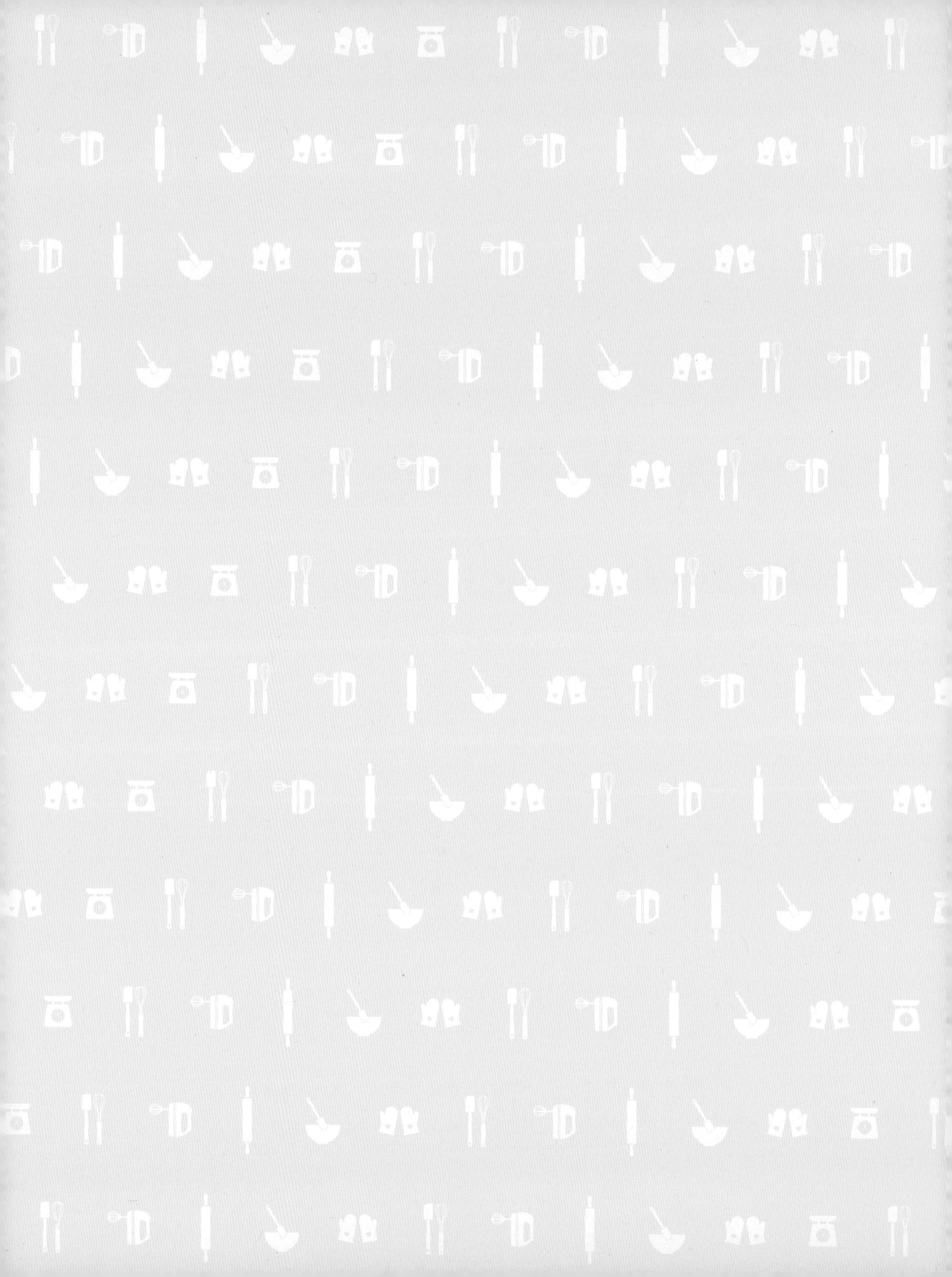

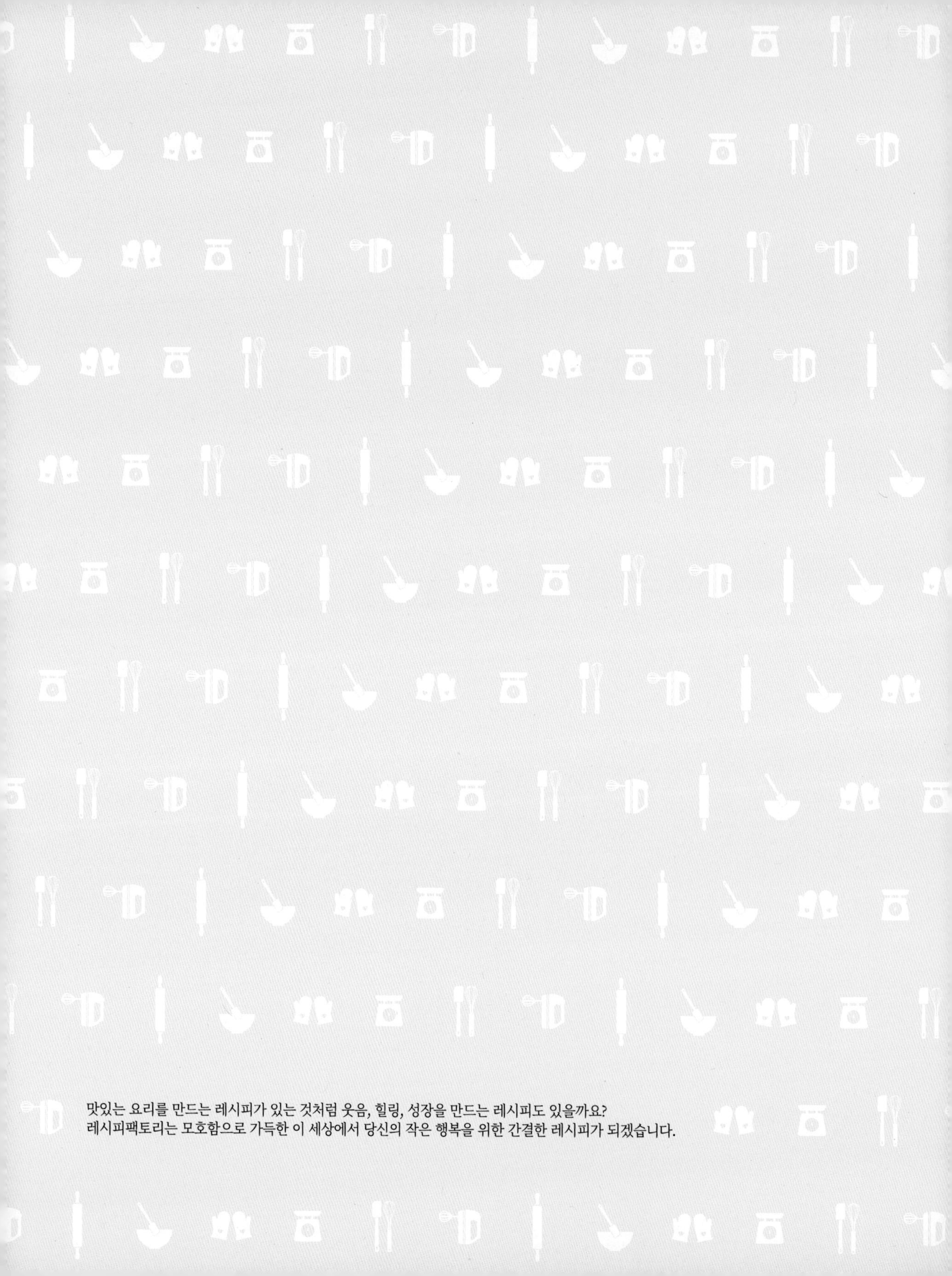
맛있는 요리를 만드는 레시피가 있는 것처럼 웃음, 힐링, 성장을 만드는 레시피도 있을까요?
레시피팩토리는 모호함으로 가득한 이 세상에서 당신의 작은 행복을 위한 간결한 레시피가 되겠습니다.

진짜
쉽~고

진짜
맛있고

진짜
자세한

기본 레시피 111개

진짜 기본 베이킹책

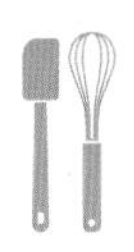

레시피팩토리

〈진짜 기본 요리책〉에 이은 또 한 권의 왕초보 입문서 〈진짜 기본 베이킹책〉

'진짜 기본 시리즈'의 시작, 〈진짜 기본 요리책〉
대한민국에는 기본 요리책들이 참 많습니다. 인터넷에도 기본 요리법들이 넘쳐납니다. 그럼에도 불구하고 독자님들은 '그냥' 기본 요리가 아닌, '진짜' 기본 요리를 다룬 책이 꼭 필요하다고 이야기했습니다. 엄마 밥상에서 막 독립한 왕초보도 그대로 따라 하면 성공하도록 세밀하게 만들어 달라고 당부했지요. 그래서 저희는 '진짜' 요리 왕초보를 자처하는 독자 100분을 모집, 설문조사를 바탕으로 2013년 1월에 〈진짜 기본 요리책〉을 출간했습니다. 이 책은 출간 즉시 베스트셀러에 오르며 큰 사랑을 받았고, 스테디셀러가 되어 요리 초보자들의 입문서로 자리매김했습니다.
이후 출간 5주년을 맞아 생생한 리뷰를 바탕으로, 보다 더 탄탄하게 보강해 '완전 개정판'을 2018년 여름, 출간했지요. 여전히 많은 사랑을 받고 있고요.

홈베이킹에도 '진짜' 기본이 되는 책이 필요해요!
〈진짜 기본 요리책〉이 나오고, 애독자 온라인 카페에는 홈베이킹에도 기본서가 필요하다는 글이 올라왔습니다. 학원을 다니지 않아도 책에 실린 레시피대로만 만들면 가족을 위한 간식이나 디저트, 지인들을 위한 선물 등을 손쉽게 만들 수 있는 책이 필요하다는 내용이었어요. 어려운 용어, 비싼 재료, 다양한 도구가 곳곳에 등장하는 거리감 있는 책이 아닌, 기본 베이킹만을 이해하기 쉽게 자세히 설명해달라고 했습니다.
저희는 〈진짜 기본 요리책〉을 준비했을 때와 마찬가지로 독자 조사부터 실시했습니다. 홈베이킹을 하려는 이유, 사용하는 오븐 종류, 베이킹 블로그나 기존 책의 만족도, '진짜' 기본 베이킹에 꼭 들어가야 하는 내용 등 독자들의 다양한 의견을 들었지요.
이번 조사에 참여해 큰 힘이 되어주신 독자 기획단 여러분에게 지면을 통해 다시 한번 인사 드립니다. "정말 감사했습니다!"

〈진짜 기본 베이킹책〉, 이렇게 만들었습니다
이 책에 들어갈 메뉴는 유행을 타지 않는 기본 아이템으로만 고르고 골랐습니다. 집에서 만든 만큼 건강을 생각해 설탕과 버터는 최소로 사용했고 말린 과일이나 견과류, 채소 등은 풍성하게 더했습니다. 레시피마다 자세한 설명과 과정 컷을 제시해 베이킹을 한 번도 해보지 않은 이들도 쉽게 바로 따라 할 수 있도록 했습니다.

"〈진짜 기본 요리책〉에 보내주신 성원에 정말 감사드립니다. 그 감사한 마음을 담아 〈진짜 기본 베이킹책〉은 더 심혈을 기울여 정성껏 만들었습니다. 이제 이 두 권으로, 요리와 베이킹의 기본을 마스터하세요!"

그래도 전문가와 독자간 시각 차이가 있을 수 있기 때문에, 마지막으로 베이킹 초보자의 레시피 검증, 독자 교정 작업도 거쳤습니다. 많은 전문가들이 한 팀이 되어 작업했던 이번 책에는 반죽 형태에 따라 분류한 작은 과자들, 굽는 틀에 따라 달라지는 머핀과 파운드 케이크, 다양한 필링으로 변형 가능한 타르트와 파이, 가장 만들고 싶은 기본 케이크와 빵 등 총 111가지 레시피가 담겨 있습니다. 또한 도구, 재료, 용어, 테크닉 등 기본 이론과 정보들도 최대한 자세하게 설명했습니다.

레시피는 끝까지 A/S 해드립니다

이해가 되지 않는 설명이나 따라 하다가 어려운 점들은 언제든 애독자 온라인 카페(cafe.naver.com/superecipe) Q/A 게시판에 문의하십시오. 레시피를 개발한 테스트쿡들이 꼼꼼한 답변으로 끝까지 A/S 해드립니다. 역시 메뉴 개발회사가 만든 책이라, 든든하지요? 앞으로 이 책이 베이킹을 무조건 어렵고 번거롭다고 생각했던 분들의 시각을 변화시키고, 그 재미와 보람을 즐기게 해주었으면 하는 바람을 가져봅니다. 독자님들, 〈진짜 기본 베이킹책〉도 〈진짜 기본 요리책〉처럼 많이 사랑해주세요. 감사합니다.

발행인 박성주

〈진짜 기본 베이킹책〉을 함께 만든

101명의 독자 기획단

강우경, 고명희, 김가나, 김경수, 김경옥, 김미연, 김미영, 김미원, 김민선, 김민정, 김병희, 김선주-1, 김선주-2, 김소영, 김순남, 김연화, 김원희, 김유경, 김유미, 김은영, 김이경, 김자영, 김정선, 김하나, 김현아, 김혜진, 남희진, 문지영, 문혜경, 박수영, 박수진, 박신영, 박아영, 박유진, 박은남, 박희림, 백원정, 서미애, 서해숙, 석민희, 설화영, 손선미, 송지은, 신주옥, 심미경, 심혜림, 안소은, 양주희, 오은혜, 오혜민, 유리안, 유세연, 유은혜, 유현숙, 윤정인, 윤지혜, 윤화자, 이경아, 이경화, 이민정, 이소영, 이승희, 이영진, 이예림, 이유진, 이윤경, 이인성, 이정순, 이지숙, 이진희, 이창소, 이화연, 임승미, 장미선, 장혜경, 전소연, 전유선, 정소영, 정유경, 정의숙, 정지선, 조재인, 조정아, 조지영, 조혜진, 차은영, 최문정, 최선희, 최영숙, 최행자, 하재선, 하혜정, 한명숙, 한선영, 허경원, 허수영, 홍윤정, 홍정희, 홍지현, 황경희, 황승희

CONTENTS

베이킹 왕초보를 위한 친절한 기본 가이드

Chapter 01
베이직 가이드

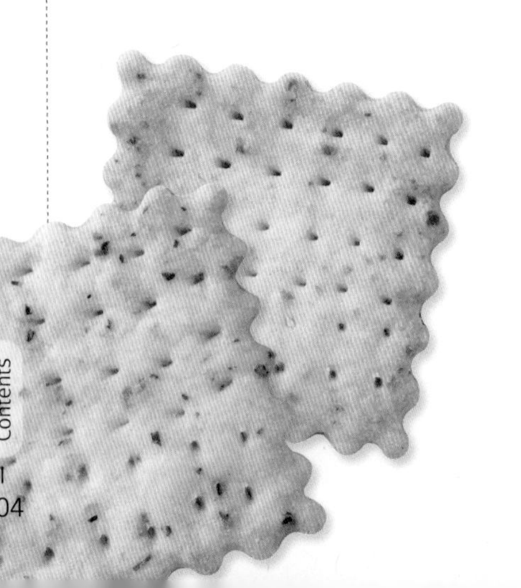

1+2! 기본 반죽만 익히면 세 가지를 만들 수 있는 작은 과자

Chapter 02
작은 과자

한 가지 반죽으로
모두 완성! 선물하기 좋은
머핀 & 파운드 케이크
10가지

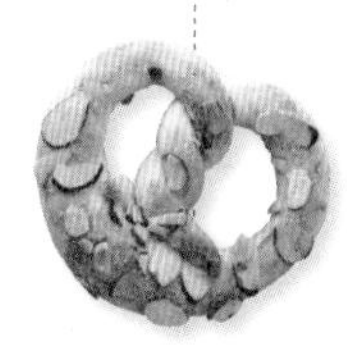

한 가지 필링으로
타르트와 파이 모두 완성!
디저트 카페에서 사랑 받는
타르트 & 파이 10가지

Chapter 04
타르트 & 파이

베이킹
왕초보들이
가장 따라 하고 싶은
케이크 12가지

Chapter 05
케이크

집에서 만드는
베이커리 전문점
인기 브레드
12가지

Chapter 06
브레드

모든 레시피는 이렇게 구성됩니다

〈진짜 기본 베이킹책〉에 실린 모든 레시피들은 아래와 같이 구성되어 있습니다.
각 요소들이 어떤 역할을 하는지 레시피를 따라 하기에 앞서 먼저 확인하세요!
★ 이 책의 모든 레시피는 가정용 전기 오븐(43ℓ)으로 1~2회에 나눠 구울 수 있는 분량을 기준으로 했습니다.

1 메뉴에 대한 소개
구하기 쉬운 재료와 간단한 도구로 만들 수 있는 메뉴를 골랐습니다. 미리 읽어두면 유용한 메뉴의 기본 정보와 유래 등을 담았으니 메뉴를 고를 때 참고하면 도움이 된답니다.

2 꼭 필요한 정보를 한 눈에
각 레시피마다 분량과 조리 시간, 오븐 온도, 보관 방법, 맛있게 먹을 수 있는 기간을 알려드립니다. 조리 시간은 휴지, 절이기, 굳히기 등 만드는 시간 외에 오래 걸리는 작업 시간을 따로 표기했습니다.

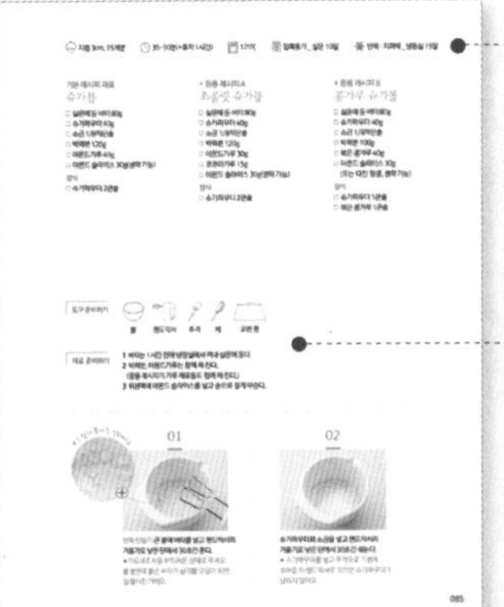

3 도구와 재료 준비하기
레시피를 만들 때 필요한 도구들은 한 눈에 확인할 수 있도록 아이콘으로 표시했습니다. 또한 체 치기, 다지기 등 실패 없이 만들기 위해 꼭 필요한 손질들을 재료 준비하기에서 알려드립니다.

6 오븐 예열 표시 오븐 예열
레시피를 따라 하다 오븐 예열을 시작해야 하는 시점에 오븐 예열 표시를 넣었습니다. 단 오븐에 따라 예열 시간이 조금씩 차이 날 수 있으니 참고해주세요.
★ 오븐 예열 시간 차이 13쪽 설명 참고

4 돋보기 컷으로 더 자세히
반죽의 섞임 정도, 크림의 휘핑 상태, 만드는 법 등 정확하게 확인해야 하는 과정들은 돋보기 컷으로 더 자세히 보여드립니다. 사진에서 반죽의 상태를 확인해가며 만드세요.

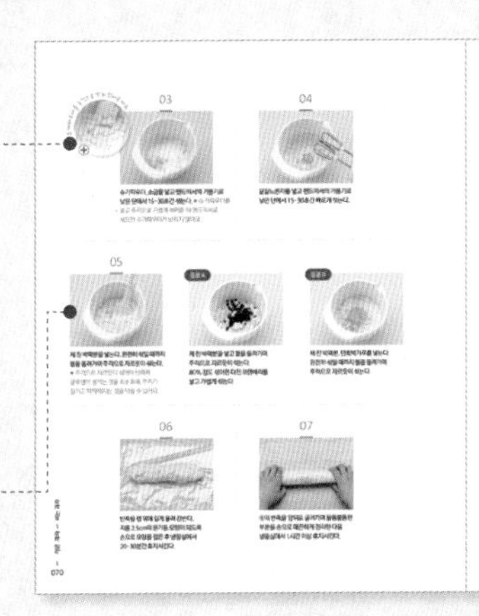

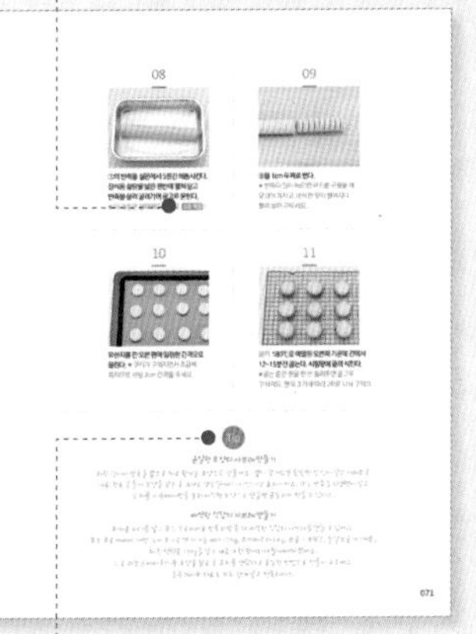

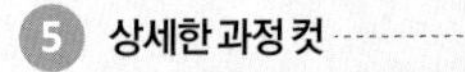

5 상세한 과정 컷
베이킹을 처음 시작하는 왕초보도 그대로 따라 할 수 있도록 매 과정마다 실제 사진과 자세한 설명, 깨알같은 팁을 담았습니다. 또한 작은 과자에는 레시피를 따라 하다 변경이 필요한 응용 레시피의 과정 컷들도 함께 실었으니 응용 레시피 만들 때 참고하세요.

7 유용한 팁과 조리방법 가이드
레시피의 활용도를 높이기 위한 재료 대체 방법, 간단하게 반죽하기, 냉동 보관하기 등을 최대한 자세히 소개했습니다. 또한 레시피 200% 활용을 위한 여러 가지 응용 정보도 담았습니다.

BASIC
GUIDE

베이킹 왕초보를 위한 친절한 기본 가이드

베이킹을 처음 시작하는 왕초보들은
생소한 도구와 재료들을 만나게 돼요.
그럴 때마다 생겨나는 궁금증들을
기본 가이드에서 모두 알려 드립니다.
오븐 파악하는 법부터 도구 관리,
재료의 특성과 보관 방법,
알아두면 유용한 기본 테크닉과
반죽, 크림 등을 세세히 정리했어요.
또한 베이킹을 하는 동안 궁금했던
질문들에 꼼꼼히 답해드리니
베이킹을 시작하기 전에 꼭 읽어보세요.

베이킹을 시작하기 전에 꼭 알아두세요

베이킹을 시작하기 전에 꼭 알아야 할 다섯 가지 기본 원칙을 알려드립니다.
정확한 계량, 재료 손질, 오븐 예열, 보관 방법 등 사소해 보이지만
아래 다섯 가지 원칙을 꼭 지켜야 실패 없는 베이킹을 할 수 있어요.

1 계량 도구로 정확히 계량하세요

베이킹은 과학이라는 말이 있어요. 그만큼 각각의 재료들이 필요한 분량만큼
정확히 들어가야 실패하지 않고 맛있는 과자, 케이크, 빵을 만들 수 있답니다.
계량 도구를 이용해 적은 양까지 정확히 계량하고 설명에 따라 순서대로 만드세요.

2 재료 계량과 손질은 미리 해두세요

베이킹에 사용되는 재료들은 온도나 작업 시간 등에 큰 영향을 받아요.
예를 들어 달걀을 휘핑하다가 잠시만 방치해도 금방 거품이 삭아버리곤 하죠.
끊김 없이 바로바로 다음 과정을 진행할 수 있도록 만들기 전에
계량, 체 치기, 다지기, 녹이기 등의 밑 준비를 해두는 것이 좋아요.

3 오븐은 10~20분 전에 예열하세요

오븐의 온도를 맞추고 작동시키면 내부 온도가 설정 온도까지 올라가는데
약 10~20분 정도의 예열시간이 필요해요. 만약 180℃에서 구워야 하는 케이크를
예열이 덜 된 100℃의 오븐에 넣으면 케이크는 다 부풀어 오르기도 전에 가라앉아 버린답니다.
그러니 굽기 10~20분 전에 오븐을 예열하고 정확한 온도에서 구우세요.

4 마음대로 주요 재료를 대체하지 마세요

베이킹은 각각의 재료들이 서로 상호 보완 작용을 하면서 맛뿐만 아니라,
식감, 형태, 조직 등에 큰 영향을 미쳐요. 그렇기 때문에 설탕, 버터, 밀가루 같은 주재료나
팽창제, 응고제 같이 확실한 역할이 있는 재료를 마음대로 대체하면 실패할 가능성이 높아요.
베이킹에 능숙해지기 전까지는 레시피에서 제시한 재료와 정확한 양을 지켜주세요.

5 만든 후 보관이 중요해요

베이킹에 주로 사용되는 버터, 설탕, 밀가루, 견과류 등은 냄새를 흡수하는 특성이 있어요.
그렇기 때문에 제대로 보관하지 않으면 금방 주위의 음식 냄새들을 흡수하여
맛과 향에 영향을 끼친답니다. 냄새가 배지 않도록 꼭 밀봉해 보관하고,
음식 냄새가 배어 있지 않은 밀폐용기에 담아 보관하세요.

실패 없이 만들기! 계량하는 법

베이킹에서 가장 중요한 것은 정확한 계량이에요. 작은 단위의 액체, 가루 재료들은 계량스푼으로,
큰 단위의 가루, 견과류, 말린 과일 등은 전자저울을 이용해 계량해요.
50㎖ 이상의 액체 재료들은 계량컵을 이용해 계량하세요.

계량스푼
가루류는 누르지 않고 가득 담은 후 윗 부분을 편편하게 깎는다. 액체류는 넘치지 않을 정도로 가득 담는다.

계량컵
편편한 곳에 계량컵을 놓고 액체류를 넣는다. 계량컵과 수평으로 눈 높이를 맞춰 눈금을 확인한다.

전자저울
전원을 켜고 그 위에 계량용 볼(그릇)을 올린다. 0set 버튼을 눌러 전체 무게를 0으로 맞춘 후 재료를 담아 계량한다.

기본 재료 계량표

	1작은술 = 5㎖	1큰술 = 15㎖	1컵 = 200㎖
밀가루	3g	9g	110g
옥수수 전분	2g	8g	130g
설탕·소금	4g	13g	150g
슈가파우더	3g	11g	120g
버터	4g	13g	170g
식용유	4g	12g	190g
우유	4g	14g	180g
생크림	6g	17g	225g
떠먹는 플레인 요구르트	6g	17g	230g
베이킹파우더	4g	12g	150g
베이킹소다	3g	10g	140g
아몬드가루	2g	7g	80g
코코아가루	2g	10g	120g
파마산 치즈가루	3g	8g	120g
인스턴트 드라이이스트	5g	15g	200g
럼, 오렌지 술	5g	15g	200g
초코칩	4g	12g	150g
다진 호두, 피칸	3g	10g	100g
말린 크랜베리, 블루베리	3g	10g	135g
앙금	10g	30g	400g
달걀 1개	50~55g		4개
달걀노른자 1개분	19~20g		8~9개
달걀흰자 1개분	25~30g		7~8개

★ 각각의 재료들은 부피와 질량이 서로 달라 같은 1작은술이라도 그 무게(g)는 재료마다 조금씩 차이가 있으니 기본 계량표를 참고하여 계량한다. 계량컵은 종류에 따라 1컵=200㎖와 1컵=250㎖가 있는데 이 책에서는 1컵=200㎖를 사용했다.

완벽하게 만들기! 오븐 파악하는 법

베이킹을 할 때, 오븐의 특성을 정확히 알고 제대로 사용하는 것이 중요해요.
오븐은 종류, 기능, 크기에 따라 구워지는 정도가 달라질 뿐 아니라 같은 종류의 오븐이라도 조금씩 온도가 다를 수 있어요.
오븐의 종류, 특성, 온도 체크 방법, 사용법을 알아보고 가지고 있는 오븐에 맞춰 잘 구울 수 있는 방법을 미리 익혀두세요.

오븐 고르기, 관리하기

고르는 법

오븐을 구입 할 때는 주방의 크기, 한 번에 만드는 빵이나 쿠키의 양, 자주 만드는 메뉴 등을 고려해서 구입하는 것이 중요하다. 쿠키, 머핀, 타르트, 파이는 20ℓ 정도의 오븐을, 케이크, 파운드 케이크 등 크기와 높이가 큰 제품은 30ℓ 이상의 오븐을 사용하는 것이 좋다.
윗불, 아랫불이 모두 있는 것이 좋고, 컨벡션 기능이 있으면 편리하다.
이 책에서는 43ℓ 컨벡션 기능 전기 오븐을 사용했다.

★ 컨벡션(Convection, 대류) 기능 : 내부의 팬으로 열을 순환시키는 기능

관리법

구입한 오븐은 꾸준히 세척, 관리해줘야 오랫동안 고장없이 사용할 수 있다.
외부에 반죽이 묻었다면 오븐을 완전히 식힌 후 젖은 행주로 닦는다. 내부는 부스러기를 털어내고 오븐에 열이 살짝 남아있을 때 베이킹소다를 약간 뿌린 후 젖은 행주로 닦는다.

오븐의 종류

전기 오븐

미니 오븐부터 대용량까지 크기가 다양하다.
윗불, 아랫불 조절 기능, 컨벡션 기능, 발효 기능 등 베이킹에 적합한 기능을 갖춘 특성화된 제품들이 있다.

겸용 오븐

오븐, 그릴, 전자레인지, 스팀 등 다양한 기능이 있어 베이킹은 물론 요리에도 많이 이용된다.
대부분 열선이 위에 있어 윗불이 센 편이다.

가스 오븐

가스 오븐은 대부분 대용량으로 많은 양을 구울 때 편하다.
일반적으로 열선이 아래에 있어 아랫불이 센 편이다.

오븐 토스터기

대부분 미니 사이즈로 높이가 낮기 때문에 굽는 시간이 짧은 제품이나 적은 양의 쿠키 정도만 구울 수 있다.

오븐 기능과 특성에 따른 사용법

윗불만 있는 오븐 열선이 위에 있어 아래쪽보다 위쪽이 더 빨리 구워지는 경향이 있으니, 중간 단에서 굽다가 윗색이 진하게 나면 팬을 아랫단으로 옮긴다. 높이가 높은 케이크 등을 구울 때는 윗면에 색이 진하게 나면 테프론 시트(또는 알루미늄 포일)를 덮은 후 굽는 것이 좋다. ★ 테프론 시트 : 내열성이 높은 코팅 유산지(도구 설명 22쪽 참고)

아랫불만 있는 오븐 열선이 아래에 있어 위쪽보다 아래쪽이 더 빨리 구워지는 경향이 있다. 중간 단에서 굽다가 팬을 윗단으로 옮기거나 오븐 팬을 2장으로 겹쳐 굽는 것이 좋다.

스팀 기능이 포함된 오븐 고온의 스팀을 분사하여 제품의 표면이 마르는 것을 방지한다. 촉촉하게 굽는 제품에 좋으며, 장시간 굽는 제품은 컨벡션 기능과 스팀 기능을 함께 사용하는 것이 좋다.

컨벡션 기능이 포함된 오븐 내부의 팬으로 열을 순환시켜 위, 아래가 골고루 익는다. 단, 장시간 굽는 제품은 표면이 마를 수 있으니 컨벡션 기능을 끄거나 스팀 기능을 함께 사용한다.

크기가 작은 미니 오븐 높이가 높은 머핀, 파운드 케이크, 케이크 등은 윗면이 타거나 색이 진하게 날 수 있다. 또한 장시간 작동시키면 내부 온도가 설정 온도보다 높아지니 중간에 구워진 상태를 보고 온도를 낮춘다.

오븐 온도 체크법

기본 쿠키 반죽으로 테스트하기
100쪽의 모양틀 쿠키 과정 ⑥번 까지 만든다. 180℃로 예열된 오븐의 중간 단에 넣고 12분간 굽는다. 사진과 비교하여 구워진 색상을 확인한다. **색이 흐리다면** 오븐의 온도가 낮은 것이니 제품을 구울 때 각 레시피에 적힌 굽는 온도보다 10℃ 정도 높이거나, 굽는 시간을 3~5분간 연장한다. 반대로 **색이 진하다면** 오븐 온도를 10℃ 정도 낮추거나, 굽는 시간을 3~5분간 단축한다.

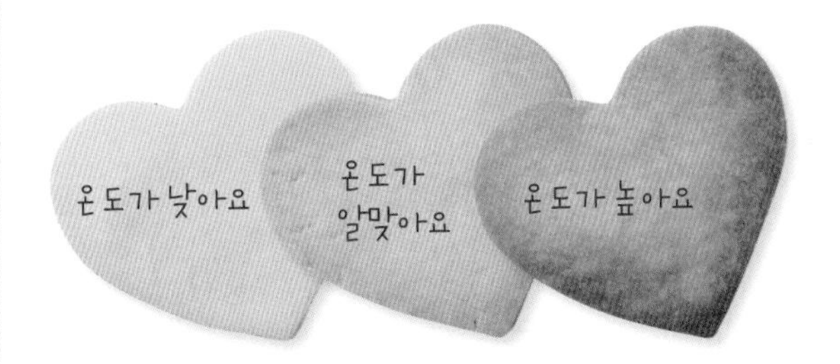

오븐 온도계 활용하기 오븐의 가운데 칸에 팬을 넣고 오븐 온도계를 올린 후 온도를 180℃로 맞춘다. 오븐을 20분 이상 예열한 후 오븐 온도계의 온도가 180℃인지 확인한다. 오븐 온도계의 온도가 180℃보다 높다면 온도를 10℃ 정도 낮추고, 낮다면 10℃ 정도 올려가며 내 오븐을 몇도에 맞춰야 정확한 180℃인지 확인한다. ★ 베이킹에서 가장 많이 사용하는 180℃로 테스트하세요.

똑똑한 오븐 사용법

예열 하기 레시피에 따라 설정 온도를 맞추고 15분(미니 오븐 10분) 이상 작동시켜 예열한다.

중간에 팬 돌려주기 오븐은 안쪽이 더 빨리 익는 경우가 많다. 쿠키, 머핀, 파운드 케이크, 타르트 등은 굽는 시간의 반 정도 구운 후 제품에 전체적으로 색이 나기 시작하면 오븐 문을 열고 오븐 팬을 꺼내 팬을 180° 돌린 후 넣어주면 안쪽과 바깥쪽이 균일하게 구워진다. 단 슈, 스펀지 케이크, 페이스트리, 치즈 케이크는 중간에 오븐 문을 열면 꺼져버리니 오븐 문을 열지 않는다.

중간에 상태 확인하기 오븐을 장시간 사용하면 내부 온도가 맞춰 둔 온도보다 올라가는 경우가 있다. 중간에 제품의 상태를 확인하고 평소보다 색이 진하게 났을 때는 온도를 10~15℃ 정도 낮춰 굽는다.

베이킹에 꼭 필요해요! 밀가루 · 달걀 · 설탕 · 버터

베이킹은 형태가 없는 재료를 가지고 새로운 형태와 질감을 만들어내는 작업이에요. 그래서 각각의 재료들의 특성을 파악하고 이해하는 것이 중요하답니다. 베이킹에 빠질 수 없는 필수 재료 4가지의 특성과 역할에 대해 최대한 이해하기 쉽게 알려드립니다.

★ 설명 속 용어(휘핑, 머랭 등)가 궁금할 때는 23쪽 용어 설명을 참고하고, 재료 고르는 법과 보관법은 18쪽을 참고하세요.

밀가루

제품의 식감과 형태를 형성하는 기본 재료이다. 밀가루는 단백질 함유량에 따라 박력분(6.5~8%), 중력분(8~9%), 강력분(11.5~12.5%)으로 나뉘며 단백질 함량에 따라 다양한 식감이 만들어진다.

쫄깃한 식감과 탄력을 주는 글루텐

밀가루 속 단백질에 물, 우유, 달걀과 같은 수분 재료를 섞어 반죽하면 탄력과 끈기가 있는 글루텐(Gluten)이 만들어진다. 글루텐은 빵 특유의 쫄깃한 식감을 낸다. 또한 쿠키나 파이처럼 밀어펴는 반죽이 끊어지지 않고 늘어나는 것도 글루텐의 탄력 덕분이다. 빵을 만들 때는 단백질 함량이 높은 강력분을 사용해야 쫄깃한 식감을 더욱 잘 살릴 수 있다. 바삭한 과자나 부드러운 케이크를 만들 때는 박력분을 사용하고, 반죽을 할 때 치댈수록 글루텐이 많이 생기니 가급적 살살 자르듯이 섞는 것이 중요하다.

부드러운 식감을 주는 전분

밀가루에 들어있는 전분에 물, 우유, 달걀과 같은 수분 재료를 섞어 반죽을 만든 후 열을 가하면 호화(녹말에 물을 넣어 가열할 때 부피가 늘어나고 점성이 생겨 끈적끈적하게 되는 현상)가 일어난다. 호화된 밀가루는 팽창하면서 부드럽고, 소화가 잘되는 형태로 변한다. 슈나 스펀지 케이크의 부드러운 식감은 전분의 이런 특성을 살린 것이다.

>> 이 책에서는 박력분, 중력분, 강력분을 골고루 사용했다. 대부분의 과자류와 머핀 & 파운드 케이크, 타르트 & 파이, 케이크에는 박력분을 사용했고, 쫄깃한 식감을 주기 위해 중력분을 섞어서 사용했다. 빵을 만들 때는 주로 강력분을 사용했고, 좀 더 부드러운 식감이 필요한 빵에는 박력분, 중력분을 섞어서 만들었다.

달걀

고단백질로 영양은 물론이고 맛과 풍미를 주는 중요한 재료이다. 베이킹에는 달걀의 흰자와 노른자를 함께 사용하기도 하는데 각각의 역할이 다르다.

폭신한 식감을 주는 달걀흰자

달걀흰자를 휘핑하면 거품 속으로 공기가 들어가 부피가 커진다. 달걀흰자에 함유된 단백질이 공기 주위에 얇은 막을 만들어 들어온 공기가 빠져나가지 않도록 잡아두기 때문이다. 달걀흰자를 휘핑한 거품(머랭)을 반죽에 넣고 섞은 쉬폰 케이크나 카스텔라는 달걀흰자의 이러한 특성을 이용해 폭신한 식감을 즐길 수 있도록 만든 것이다.

재료의 분리 현상을 막아주는 달걀노른자

달걀노른자에는 유화제 역할을 하는 레시틴이 함유되어 있어 반죽을 할 때 우유, 달걀흰자 같은 수분 재료와 버터, 식용유 등의 기름 성분이 분리되지 않고 잘 섞일 수 있도록 도와준다. 많은 양의 달걀을 반죽에 넣을 때는 한꺼번에 넣기 보다 한 개씩 넣고 충분히 섞어 가며 반죽해야 분리 현상이 일어나지 않는다.

>> 이 책에서는 58~64g 정도 무게의 달걀을 사용했다. 제품에 따라 달걀 하나를 다 사용하기도 하고 흰자와 노른자를 따로따로 이용하기도 했다. 또한 빵이나 파이의 윗부분에 먹음직스러운 갈색 빛을 내기 위해 달걀물을 바르기도 했다. 사용하고 남은 달걀노른자는 냉장 보관해뒀다가 다른 요리에 사용하고, 달걀흰자는 냉장 또는 냉동 보관한다. 냉동 보관한 흰자는 15일 정도 보관이 가능하며 냉장실에서 해동한 후 머랭, 마카롱 등 머랭 거품을 이용하는 제품을 만들 때 사용해도 된다.

설탕

단맛을 내는 중요한 재료일 뿐만 아니라 식감과 색에도 영향을 미친다. 주로 흰설탕을 사용하고 원당 특유의 풍미와 향을 살리고 싶을 때는 황설탕 또는 흑설탕을 사용한다. 반죽 또는 쿠키 아이싱에 많이 쓰는 슈가파우더는 흰설탕을 곱게 간 후 10%의 전분을 섞은 것이다.

달걀 거품을 안정시키는 안정제
달걀을 휘핑할 때 설탕을 넣으면 기포가 작아지고 안정되어 달걀 거품이 쉽게 꺼지지 않는다. 그러나 한꺼번에 설탕을 많이 넣게 되면 오히려 거품이 잘 만들어지지 않으니 2~3회에 나눠서 넣어가며 휘핑하는 것이 좋다.

촉촉한 식감과 방부효과
설탕은 주위의 수분을 흡수한 후 머금고 있는 특성이 있다. 이러한 특성 때문에 고온에서 구운 제품도 부드럽고 촉촉한 식감을 가질 수 있다. 단맛을 줄이기 위해 설탕의 양을 줄이면 제품의 식감이 퍽퍽해질 수 있다. 또한 설탕은 방부 효과가 있어 설탕이 많이 들어간 과자나 잼 등은 유통기한이 비교적 긴 편이다.

>> 이 책에서는 주로 흰설탕을 사용했고, 원당 특유의 풍미가 필요한 제품에는 황설탕, 흑설탕을 사용했다. 부드러운 식감이 필요한 쿠키나 타르트에는 설탕보다 입자가 작고 부드러운 슈가파우더를 사용했다. 황설탕, 흑설탕은 흰설탕으로 대체가 가능하나 풍미가 달라질 수 있고, 슈가파우더는 동량의 흰설탕으로 대체 가능하나 모양이나 식감의 차이가 있을 수 있다.

버터

고소한 맛과 향, 특유의 풍미를 내며 식감과 질감을 만드는데 중요한 역할을 한다. 우유에서 분리한 지방을 숙성시켜 만든 동물성 버터와 식물성 기름으로 만든 식물성 버터(가공버터)가 있다. 베이킹에서는 주로 소금이 들어가지 않은 무염 버터를 사용한다.

부드러운 식감을 만드는 실온에 둔 버터
버터를 손가락으로 눌러 보았을 때 손가락 자국이 날 정도로 말랑말랑해진 버터를 '실온에 둔 버터'라고 한다. 실온에 둔 버터는 마요네즈처럼 부드럽게 풀어 쿠키를 만들거나 버터 속에 공기가 충분히 들어가도록 거품기로 휘핑해 머핀이나 파운드 케이크 같이 부드러운 식감의 제품을 만든다.

바삭한 식감을 주는 차가운 버터
냉장고에서 바로 꺼낸 단단한 상태의 버터를 '차가운 버터'라고 한다. 차가운 버터는 페이스트리(얇은 조각이 겹겹이 쌓인 듯한 식감의 반죽)반죽을 만들 때 주로 사용한다. 반죽을 할 때 스크래퍼(반죽을 섞거나 편편하게 펼칠 때 사용하는 납작한 도구)로 버터를 잘게 자르듯이 섞어 밀가루와 버터가 층층이 섞이도록 반죽하며, 버터가 녹지 않도록 빠른 시간내에 반죽하는 것이 중요하다. 구우면서 밀가루 사이사이에 버터가 녹아내려 페이스트리 특유의 얇은 층이 만들어진다.

>> 이 책에서는 고소하고 풍미가 좋은 동물성 버터를 사용했다. 식물성 버터로 대체 가능하지만 가격이 저렴한 대신 맛과 풍미가 떨어진다. 레시피 속 재료 준비하기에 따라 버터(실온에 둔, 차가운, 녹인)를 준비하면 만드는 시간을 단축할 수 있다. 가염 버터를 사용할 경우에는 레시피 속 소금의 양을 반으로 줄인다.

베이킹에 자주 쓰여요! 그 외 재료 6가지!

응고제, 이스트, 팽창제는 소량이지만 식감과 형태를 유지하는데 도움을 주고 초콜릿, 향신료, 우유 & 생크림은 맛과 향을 돋우는데 중요한 역할을 하는 재료들이에요. 각 재료들의 특성과 사용 시 유의할 점을 미리 익혀두세요.

★ 재료 고르는 법과 보관법은 18쪽을 참고하세요.

응고제 : 젤라틴 & 한천

용도 부드러운 성질의 반죽을 굳혀 형태를 유지하게 도와준다.

종류 젤라틴(Gelatine)은 동물의 연골, 힘줄 등의 동물성 재료를 원료로 만든다. 투명한 색상으로 부드럽게 굳어 젤리, 무스, 크림 등을 굳힐 때 사용한다. 한천은 해초인 우뭇가사리를 비롯한 식물성 재료를 주 원료로 만든다. 젤라틴 보다 단단하고 쫄깃하게 굳히는 힘이 있으며 굳으면 색상이 불투명해져 주로 양갱을 만들 때 사용한다.

사용법 판 젤라틴은 잠길 정도의 찬물에 담가 불려 물기를 꼭 짠 후 중탕으로 녹여서 사용한다. 가루 젤라틴은 가루 젤라틴 양의 4배의 찬물에 담가 불린 후 불린 물과 함께 중탕으로 녹여서 사용한다. 한천가루 1큰술은 찬물 300㎖에 15분간 불린 후 녹여서 사용한다.

>> 이 책에서는 판 젤라틴을 사용했으며 판 젤라틴을 가루 젤라틴으로 대체할 경우, 판 젤라틴 1장을 가루 젤라틴 1/2작은술로 대체한다. 가루 한천 1큰술은 실한천 7~8g으로 대체한다. 실한천은 가루 한천과 동량의 물에 담가 12시간 이상 불린 후 사용한다.

이스트 : 생이스트 & 드라이이스트 & 인스턴트 드라이이스트

용도 살아있는 효모로, 발효되면서 이산화탄소를 만들어 빵을 부풀게 하고 특유의 풍미를 낸다.

종류 이스트(Yeast)는 수분 함량에 따라 크게 생이스트(70%), 드라이 이스트(8~10%), 인스턴트 드라이 이스트(4%)로 나뉜다. 가정에서는 보관과 사용이 편리하도록 특수 가공된 인스턴트 드라이이스트를 주로 사용한다.

사용법 생이스트는 작게 부숴 가루 재료에 넣어 손바닥으로 비비듯 섞은 후 반죽한다. 드라이이스트는 레시피 속 액체 재료 중 드라이이스트 5배의 양을 계량해 따뜻하게(35~40℃) 데우고 드라이이스트를 넣어 30분간 불린 후 그대로 반죽에 넣는다. 인스턴트 드라이이스트는 그대로 넣는다.

>> 이 책에서는 사용과 보관이 편리한 인스턴트 드라이이스트를 사용했다. 생이스트로 대체할 경우 2배, 드라이 이스트로 대체할 경우 같은 양을 넣어 위 사용법에 따라 사용한다.

팽창제 : 베이킹파우더 & 베이킹소다

용도 화학반응을 일으켜 탄산가스를 만들고, 탄산가스는 과자나 케이크 등을 부풀려 모양과 부드러운 식감을 만드는 역할을 한다.

종류 베이킹파우더(Baking powder)는 수분과 열을 가하면 팽창하기 시작하며, 과자나 케이크 등에 다양하게 사용된다. 베이킹소다(Baking soda)는 수분과 산성 재료를 만나면 팽창하기 시작한다. 산성 성질의 레몬즙, 플레인 요구르트, 초콜릿 등이 들어가는 레시피에 주로 사용되며, 레시피보다 많은 양이 들어가면 씁쓸한 뒷맛이 생기니 주의한다.

사용법 밀가루 등의 가루 재료들과 함께 계량해 체 친 후 반죽에 넣고 섞는다.

>> 이 책에서는 베이킹파우더를 주로 사용하였다. 베이킹소다는 베이킹파우더 보다 팽창력이 2배 정도 높으니 베이킹소다 대신 베이킹파우더를 넣을 때는 양을1.5~2배 정도 늘려 넣는다. 반대로 베이킹파우더 대신 베이킹소다를 넣을 때는 1/2분량으로 줄여서 넣는다.

초콜릿 : 커버춰 초콜릿 & 코팅용 초콜릿 & 초코칩

용도 반죽에 넣고 초콜릿 맛과 향을 낼 때 사용하며 과자, 케이크 위에 씌워 코팅할 때 사용한다.

종류 커버춰 초콜릿(Couverture chocolate)은 카카오 버터 함유량이 많은 고급 초콜릿으로 풍미가 뛰어나며, 카카오 매스 함량에 따라 다크, 밀크, 화이트 초콜릿으로 나뉜다. 코팅용 초콜릿(Coating chocolate)은 카카오 버터 대신 식물성 유지를 넣어 만든 초콜릿으로 커버춰 초콜릿보다 풍미가 떨어지나 매끄럽게 잘 발리고 윤기나게 굳어 주로 장식용으로 사용된다. 초코칩은 열을 가해도 모양이 유지되도록 가공한 초콜릿으로 반죽에 넣거나 토핑으로 많이 사용된다.

사용법 커버춰 초콜릿은 중탕으로 녹이거나 잘게 다져 반죽에 넣는다. 코팅용 초콜릿은 중탕으로 녹여 사용한다. 초코칩은 그대로 반죽에 넣거나 쿠키 토핑으로 사용한다.

>> 이 책에서는 카카오 함량 55% 이상의 다크 커버춰 초콜릿과 초코칩, 카카오 함량 25% 이상의 코팅용 초콜릿을 사용했다.

향신료 : 시나몬가루 & 녹차가루 제과용 술 & 바닐라 빈

용도 제품에 향과 풍미를 더하고 달걀과 밀가루에서 나는 특유의 냄새를 잡아주는 역할을 한다.

종류 향신료는 가루 형태로 된 시나몬가루, 녹차가루, 단호박가루 등이 있으며, 액체 형태로 된 제과용 술(럼, 오렌지 술)이 있다. 또한 달콤한 맛과 잘 어울리는 바닐라 빈(Vanilla bean)도 많이 사용된다. ★ 럼 : 당밀이나 사탕수수의 즙을 발효시켜 증류한 술, 오렌지 술 : 오렌지 껍질을 발효시켜 증류한 술

사용법 가루 형태의 향신료는 일반적으로 가루 재료들과 함께 계량해 체 친 후 반죽에 넣는다. 제과용 술은 시럽이나 크림 등에 넣으며, 크림이 뜨거울 때 넣어 알코올 성분은 날리고 향만 남기거나, 완전히 식힌 뒤 넣어 알코올 성분을 첨가하기도 한다. 바닐라 빈은 길이대로 2등분한 후 작은 칼로 씨만 긁어내 사용하거나 껍질째 넣고 우려 향을 내고 껍질을 체에 걸러 사용한다.

>> 이 책에서는 다양한 향신료를 사용했으며 기호에 따라 생략해도 좋다.

우유 & 생크림

용도 우유는 반죽의 농도를 조절하거나, 커스터드 크림을 만들 때 주로 사용되며, 생크림은 휘핑하여 케이크 아이싱, 무스 등을 만들 때 주로 사용한다.

종류 생크림은 우유로 만든 동물성 크림(생크림)과 식물성 유지로 만든 식물성 크림(휘핑크림)이 있다. 동물성 크림은 맛이 고소하고, 입안에 넣었을 때 사르르 녹아내리는 부드러운 식감이 장점이다. 식물성 크림은 동물성 크림보다 풍미와 식감은 떨어지나 많이 휘핑해도 쉽게 분리되지 않고, 매끄럽게 잘 발려 케이크 아이싱 등에 사용된다. 반죽에 넣을 때는 고소하고 부드러운 동물성 크림을 사용하는 것이 좋다.

사용법 우유와 생크림은 제품에 따라 그대로 넣거나 따뜻하게 데워 넣는다. 동물성 생크림을 장식용으로 사용할 때는 차가운 상태의 생크림 양의 8~10% 정도의 설탕을 넣고 휘핑하여 사용한다.

>> 이 책에서는 일반 우유와 동물성 크림(생크림)을 사용했다.

자주 사용하는 재료

- ☐ 강력분
- ☐ 녹차가루
- ☐ 단호박가루
- ☐ 달걀
- ☐ 땅콩버터
- ☐ 떠먹는 플레인 요구르트
- ☐ 럼
- ☐ 말린 블루베리
- ☐ 말린 크랜베리
- ☐ 바닐라 빈
- ☐ 박력분
- ☐ 버터
- ☐ 베이킹소다
- ☐ 베이킹파우더
- ☐ 생크림
- ☐ 설탕
- ☐ 소금
- ☐ 슈가파우더
- ☐ 시나몬가루
- ☐ 식용 색소
- ☐ 아몬드
- ☐ 아몬드 슬라이스
- ☐ 아몬드가루
- ☐ 오렌지술
- ☐ 옥수수 전분
- ☐ 우유
- ☐ 인스턴트 드라이이스트
- ☐ 젤라틴
- ☐ 중력분
- ☐ 찹쌀가루
- ☐ 초코칩
- ☐ 커버춰 초콜릿
- ☐ 코코아가루
- ☐ 크림치즈
- ☐ 통밀가루
- ☐ 피스타치오
- ☐ 피칸
- ☐ 한천 가루
- ☐ 호두
- ☐ 홍차 가루

이것만 기억하세요!
기본 재료 고르기 & 보관법

〈진짜 기본 베이킹책〉에서는 가장 기본적이고 쉽게 구할 수 있는 재료들을 이용해 레시피를 개발했어요. 자주 사용하는 재료의 고르는 법과 보관법을 알려드립니다. 까다롭게 고르고 신선하게 보관하세요.

밀가루·전분·통밀가루

고르는 법 패키지에 손상이 없고, 입자가 덩어리지지 않은 것을 고른다. 전분은 색이 희고, 입자가 고우며 글루텐이 함유되지 않은 옥수수 전분을 구입하는 것이 좋다.
보관법 습기가 차면 덩어리질 수 있으니 단단히 밀봉하여 건조하고 서늘한 곳에 보관한다.

달걀

고르는 법 산란 일자를 확인하여 가장 신선한 것을 고른다. 달걀을 깨트렸을 때 노른자가 높이 솟아 있으며, 흰자가 맑고 탄력 있는 것이 신선하다.
보관법 구입 후 바로 냉장 보관하고, 좀더 뾰족한 부분이 아래로 가도록 달걀 전용 용기에 담아 보관하면 좋다.

앙금

고르는 법 포장에 손상이 없는 것을 고르고 포장이 부풀어 오른 것은 피한다.
보관법 개봉 후에는 랩으로 단단히 밀봉하여 냉장 보관한다. 남은 앙금은 냉동 보관이 가능하며, 실온에서 1시간 정도 해동한 후 사용한다.

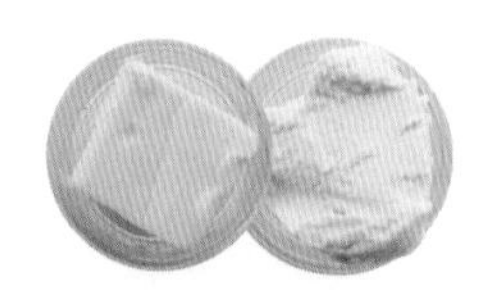

버터·크림치즈

고르는 법 냉장 유통되고, 포장에 손상이 없는 것을 고른다. 버터는 무염 버터, 크림치즈는 플레인 맛을 구입한다.
보관법 사용 후 랩으로 단단히 밀봉한다. 버터는 냉장, 냉동 보관이 가능하며, 크림치즈는 반드시 냉장 보관한다.

판 젤라틴·한천 가루

고르는 법 판 젤라틴은 표면이 녹아 있거나 흐물거리는 것은 피한다. 한천 가루는 습기가 차 덩어리진 것이 없는지 확인한다.
보관법 판 젤라틴은 사용 후 랩으로 싸고 한천 가루는 단단히 밀봉하여 직사광선이 들지 않는 건조하고 서늘한 곳에 보관한다.

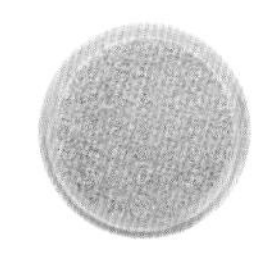

인스턴트 드라이이스트

고르는 법 포장에 손상이 없는 것을 고른다. 압축이 풀려 공기가 들어가 포장이 부풀어 오른 것은 피한다.
보관법 개봉 후 밀폐용기 또는 지퍼백에 담아 냉동 보관한다. 이스트를 사용할 때는 미리 계량해 실온에 두어 찬기를 제거한 다음 쓰고, 남은 것은 바로 밀봉해 냉동 보관한다.

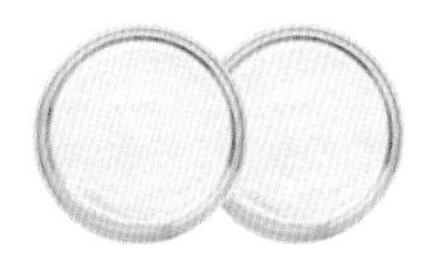

베이킹파우더 · 베이킹소다

고르는 법 밀봉이 잘 되어있고 입자가 덩어리지지 않은 것을 고른다.
보관법 단단히 밀봉하여 직사광선이 들지 않는 건조하고 서늘한 곳에 보관한다. 베이킹소다는 수분을 만나면 팽창 작용이 일어나니 습기가 차지 않도록 주의한다.

커버춰 초콜릿·초코칩

고르는 법 녹아 뭉쳐있지 않은 것, 표면에 하얀 반점이 없는 것을 고른다. 커버춰 초콜릿은 취향에 따라 카카오 함량을 확인하고 구입한다.
보관법 지퍼백 또는 랩으로 단단히 감싸 밀봉한 후 직사광선이 들지 않는 건조하고 서늘한 곳에 보관한다.

럼·오렌지 술

고르는 법 제과용 술은 보관 기간이 긴 편이니 대용량을 구매해도 된다. 사용 횟수가 적을 때는 약 500㎖ 이하의 소량 포장된 것을 구입한다.
보관법 사용 후 알콜이 날아가지 않도록 뚜껑을 꼭 닫고, 직사광선이 들지 않는 서늘한 곳에 보관한다.

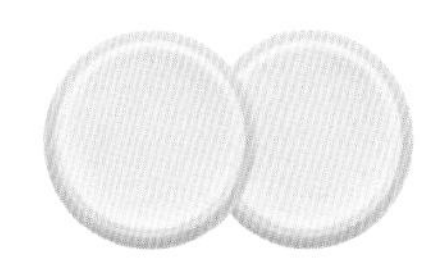

우유·생크림

고르는 법 유통기한과 제품의 포장 상태를 확인한다. 생크림은 흔들어 보았을 때 덩어리가 있는 것은 피한다.
보관법 개봉한 후 다른 음식 냄새가 배지 않도록 용기 윗부분을 집게로 단단히 집거나 랩을 씌운 후 냉장 보관한다.

견과류

고르는 법 너무 마르지 않고 통통한 것, 색이 선명하며, 윤기가 나는 것을 고른다. 기름에 찌든 냄새가 나는 것은 피한다.
보관법 견과류는 공기와 접촉하면 산화할 수 있으니 개봉 후 밀폐용기에 담아 냉장, 냉동 보관한다.

말린 과일

고르는 법 약간 통통하고 색이 선명한 것을 고른다. 너무 말라 딱딱한 것은 피하고, 딱딱해졌다면 끓는 설탕물(물 2컵+설탕 2큰술)에 3~5분간 데친 후 사용한다.
보관법 지퍼백 또는 밀폐용기에 담아 냉장, 냉동 보관한다.

바닐라 빈

고르는 법 껍질에 윤기가 있고 통통한 것을 고른다. 너무 마르거나 얇은 것은 피한다.
보관법 한 개씩 랩으로 싼 후 지퍼백에 담아 서늘한 곳에 보관한다. 사용하고 남은 바닐라 빈 껍질을 설탕 보관 통에 넣어두면 바닐라 설탕을 만들 수 있다.

이것만 준비해요!

기본 도구 고르기 & 관리법

〈진짜 기본 베이킹책〉에서는 가장 기본적인 도구로 따라 할 수 있도록 레시피를 만들었어요. 집에 있는 도구들을 사용해도 좋지만, 꼭 필요한 도구가 있다면 꼼꼼히 따져보고 구입하세요. 제대로 관리하면 오랫동안 편리하게 사용할 수 있어요.

계량스푼·계량컵

고르는 법 계량스푼은 1/2작은술, 1/4작은술까지 나눠져 있는 것이 좋다. 계량컵은 200㎖ 또는 500㎖까지 계량되며 10㎖ 단위로 눈금이 표시된 것이 편하다.
관리법 플라스틱 소재의 계량컵은 뜨거운 액체를 담으면 금이 갈 수 있으니 주의한다.
★ 계량스푼, 계량컵 사용법 11쪽 참고

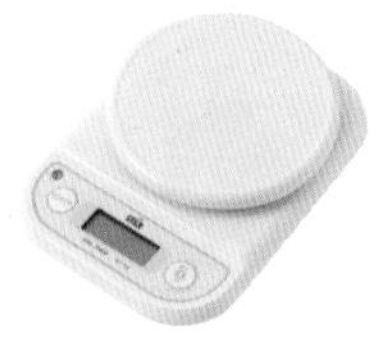

저울

고르는 법 1g 단위로 표시되는 전자저울이 일반 눈금 저울보다 사용하기 편리하다. 2kg까지 계량할 수 있는 것으로 고른다.
관리법 마른 행주로 가볍게 닦고, 보관 시 위에 무거운 것을 올려두지 않는다. ★ 저울 사용법 11쪽 참고

타이머

고르는 법 시간, 분, 초단위로 설정이 가능하고 알림 기능이 있는 것을 고른다.
관리법 반죽이 묻었다면 마른 행주로 닦아내고, 물이 들어가지 않도록 한다. 뜨거운 오븐 옆에 장시간 두지 않는다.

볼

고르는 법 거품을 올릴 때 재료가 튀지 않도록 깊이가 있고, 윗지름과 아랫지름이 비슷한 U자 모양의 볼을 고른다. 스테인리스 또는 플라스틱 소재가 좋다.
관리법 기름기가 남지 않도록 세제로 닦고 뜨거운 물로 헹군 후 물기를 말려 보관한다.

자주 사용하는 도구

- ☐ 거품기
- ☐ 계량스푼
- ☐ 계량컵
- ☐ 롤 케이크용 사각 틀 (39×29cm)
- ☐ 마들렌 틀
- ☐ 머핀 유산지
- ☐ 머핀 틀(6구)
- ☐ 면보
- ☐ 무스 띠
- ☐ 무스 틀(지름 18cm)
- ☐ 밀가루 체
- ☐ 밀대
- ☐ 별모양 깍지
- ☐ 볼
- ☐ 빵칼
- ☐ 사각 틀(20×20cm)
- ☐ 스크래퍼
- ☐ 스패튤라
- ☐ 시폰 케이크 틀 (지름 17cm)
- ☐ 오븐
- ☐ 원형 깍지
- ☐ 원형 케이크 틀 (지름 18cm)
- ☐ 유산지
- ☐ 전자저울
- ☐ 제과용 붓
- ☐ 짤주머니
- ☐ 케이크 돌림판
- ☐ 쿠키 커터
- ☐ 타르트 틀(지름 18cm)
- ☐ 타이머
- ☐ 테프론 시트
- ☐ 파운드 케이크 틀 (길이 25cm)
- ☐ 파이 틀(아랫지름 18cm)
- ☐ 푸드 프로세서
- ☐ 핸드믹서

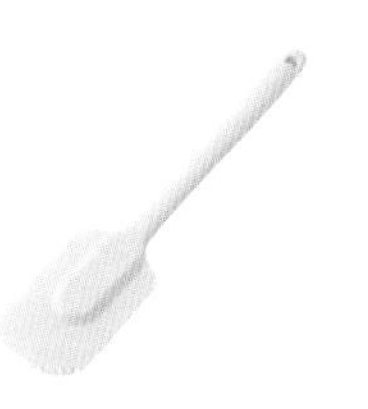

주걱

고르는 법 앞 부분이 약간 단단한 것이 반죽을 섞고 모으는데 편리하다. 고무 또는 열에 강한 실리콘 소재로 되어있는 것이 좋다.
관리법 깨끗이 세척 후 보관한다. 손잡이가 나무로 된 주걱은 물기를 바짝 말려 보관해야 곰팡이가 슬지 않는다.
★ 주걱으로 섞기 24쪽 참고

거품기

고르는 법 손잡이가 잡기 편하고, 거품기 날이 튼튼한 스테인리스 소재가 좋다.
관리법 거품기 사이사이에 반죽이 끼어있지 않도록 깨끗이 세척한 후 물기를 말려 보관한다.
★ 거품기로 섞기 24쪽 참고

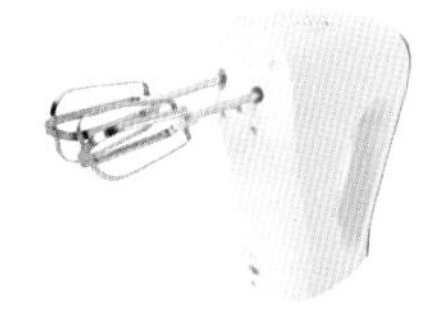

핸드믹서

고르는 법 저속, 중속, 고속 3단계 조절이 가능하며, 거품기 날이 튼튼한 것을 고른다. 손잡이가 잡기 편하고 너무 무겁지 않은 것이 좋다.
관리법 거품기 날에 반죽이 끼어있지 않도록 깨끗이 세척한 후 물기를 말려 상자 또는 선반에 넣어 보관한다.
★ 핸드믹서 사용하기 25쪽 참고

밀가루 체

고르는 법 망이 촘촘한 스테인리스 소재를 고른다. 손잡이를 눌러 체 치는 베이킹 전용 체를 사용하면 가루가 날리지 않아 편리하다.
관리법 망 사이의 밀가루를 완전히 털어낸 후 반죽이 끼어있지 않도록 깨끗이 세척 후 바짝 말려 보관한다.
★ 밀가루 체 치기 25쪽 참고

스크래퍼

빵 반죽을 자르거나 반죽을 섞을 때, 크림을 편편하게 펼칠 때 사용한다.
고르는 법 너무 부드럽지 않고 약간 단단한 것이 사용하기 편리하다. 플라스틱 또는 스테인리스 소재가 좋다.
관리법 깨끗이 세척 후 휘지 않도록 편편한 곳에 보관한다.
★ 스크래퍼로 반죽하기 25쪽 참고

스패튤라

칼 모양의 얇은 주걱으로 케이크에 크림을 바를 때 주로 사용한다.
고르는 법 손잡이는 잡기 편하고 날은 스테인리스 소재로 된 것을 고른다. 날은 22~28cm 길이가 사용하기 편하다.
관리법 깨끗이 세척 후 보관한다. 손잡이가 나무로 된 스패튤라는 물기를 바짝 말려 보관해야 곰팡이가 슬지 않는다.

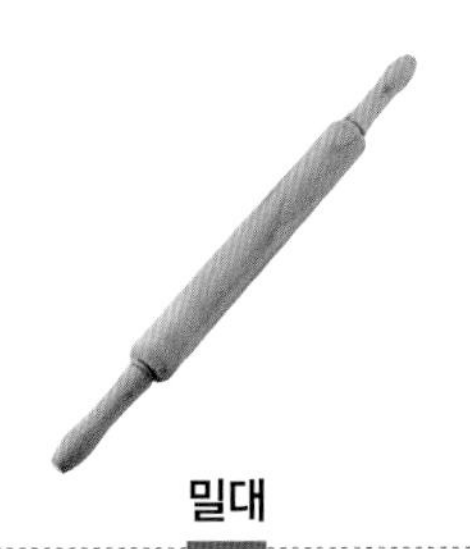

밀대

고르는 법 30~35cm 길이, 약간 무거운 것을 고른다. 양쪽에 롤링 손잡이가 있으면 반죽을 밀어 펼 때 편리하다.
관리법 가루가 묻었다면 마른 행주로 닦아내고 반죽은 물로 세척한다. 나무 소재는 세척 후 물기를 바짝 말려 보관한다.

제과용 붓

빵이나 케이크에 달걀물이나 시럽을 바를 때 주로 사용한다.
고르는 법 털 빠짐이 적은 것을 고른다. 솔의 넓이는 4cm 정도가 좋다. 모 또는 실리콘 소재를 주로 사용한다.
관리법 따뜻한 물로 깨끗이 세척한 후 바짝 말려 보관한다.

짤주머니·깍지

고르는 법 일회용 비닐 짤주머니를 사용하면 편리하고, 단단한 반죽은 천 짤주머니를 이용한다. 깍지는 별모양 깍지, 원형 깍지가 소, 중 크기별로 있으면 좋다.
관리법 깍지 사이에 반죽이 끼어있지 않도록 세척 후 물기를 바짝 말려 보관한다.
★ 짤주머니 사용하기 27쪽 참고

케이크 돌림판

케이크에 크림을 바르거나 장식할 때 돌림판 위에 올려 돌려가며 사용한다.
고르는 법 밑 부분에 미끄럼방지 기능이 있는 것이 좋고, 지름 28cm 정도 크기가 적당하다. 플라스틱 또는 스테인리스 소재를 주로 사용한다.
관리법 깨끗이 세척한 후 물기를 바짝 말려 선반에 보관한다.

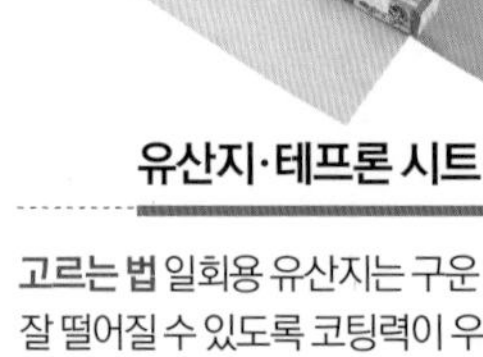

유산지·테프론 시트

고르는 법 일회용 유산지는 구운 반죽이 잘 떨어질 수 있도록 코팅력이 우수한 것을 고른다. 테프론 시트는 내열성이 높은 코팅 유산지로 반영구적으로 사용할 수 있다.
관리법 테프론 시트는 깨끗이 씻은 후 오븐 위 또는 안에 넣어 잔열로 말려 보관한다.

빵칼

부드러운 빵, 케이크 등을 썰 때 사용한다.
고르는 법 주방용 칼과 달리 칼날이 길고 칼날이 톱니 모양인 것, 톱니 날이 너무 두껍지 않은 것을 고른다. 칼날은 20~30cm 길이가 적당하다.
관리법 깨끗이 세척하고 나무 손잡이는 세척 후 물기를 바짝 말려 보관한다.

무스 틀·쿠키 커터

고르는 법 스테인리스 소재로 모양이 찌그러지지 않은 것을 고른다. 쿠키 커터는 찍는 면의 날이 너무 날카로우면 다칠 위험이 있으니 구입 시 주의한다.
관리법 되도록 마른 행주로 닦아내고, 세척 시 부드러운 스펀지를 사용한다. 바짝 말려야 녹이 슬지 않는다.

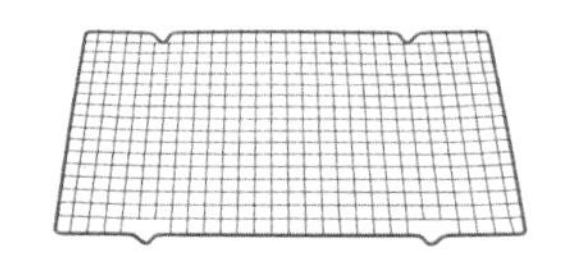

식힘망

고르는 법 코팅이 잘 된 것, 망 사이의 간격이 너무 넓지 않은 것을 고른다. 오븐에 함께 들어있는 오븐 렉을 사용해도 좋다.
관리법 세척 시 부드러운 스펀지를 사용하고 물기를 바짝 말려 보관한다.

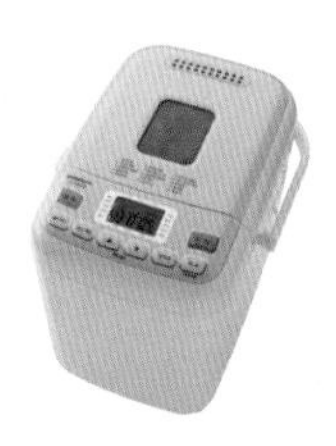

제빵기

고르는 법 다양한 빵을 만들 때는 반죽, 발효 기능이 좋은 제빵기가 좋다. 기능, 용량 등을 꼼꼼히 따져보고 고른다.
관리법 반죽통은 분리하여 깨끗하게 세척하고 제빵기와 함께 상자 또는 선반에 넣어 보관한다.
★ 제빵기 사용법 29쪽 참고

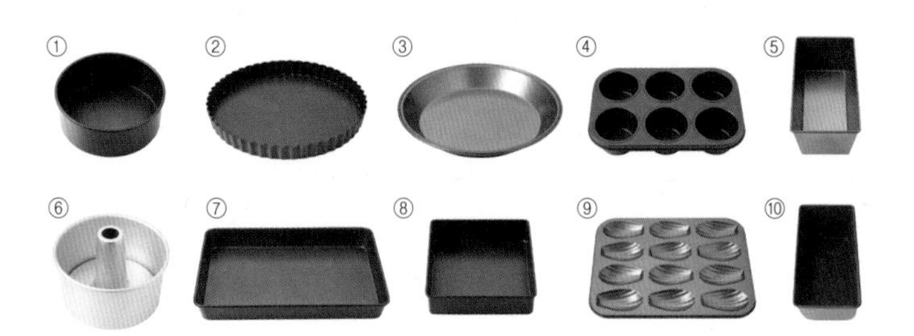

이 책에 사용된 베이킹 전용 틀

고르는 법 틀은 열전도율이 높고, 틀 안쪽에 흠집이 없고, 코팅이 잘 된 것, 모양이 고른 것이 좋다. 스테인리스, 알루미늄, 실리콘 소재로 된 틀 중 크기에 맞게 구입한다.

관리법 되도록 마른 행주로 닦아내는 것이 좋다. 세척 시 부드러운 스펀지로 세척하고, 바짝 말려야 녹이 슬지 않는다.

① 원형 틀 ② 타르트 틀 ③ 파이 틀 ④ 머핀 틀 ⑤ 파운드 케이크 틀 ⑥ 시폰 틀
⑦ 롤 케이크 틀 ⑧ 사각 틀 ⑨ 마들렌 틀 ⑩ 식빵 틀

베이킹 재료 및 도구 구입처
★ 홈플러스, 이마트 등 대형마트 홈베이킹 코너
★ 방산시장 : 베이킹 관련 점포들이 밀집되어 있는 시장(서울시 중구 주교동)
★ 케이크플라자 : 베이킹 용품 전문 상가 (서울시 강남구 삼성로 64길 41)
★ 비앤지 평화상사 : 베이킹 용품 전문 매장 (대구시 남구 대명동 두류공원로 70)
★ 베이킹 프라자 : 베이킹 용품 전문 매장 (부산시 중구 부평동 1가 33-1)
★ 대광교역 : 베이킹 용품 전문 매장 (대전시 서구 용문동 280-39)
★ 온라인 사이트
베이킹스쿨(www.bakingschool.co.kr)
케익프라자(www.cakeplaza.co.kr)
브레드가든(www.breadgarden.co.kr)
이홈베이킹(www.ehomebaking.com)
d&b베이킹몰(www.bakingmall.com)

이 책에 자주 등장하는 베이킹 기본 용어

베이킹 과정에서 자주 사용되는 기본 용어의 뜻을 알려드립니다.
미리 익혀두면 과정 설명을 이해하고, 레시피를 따라 만들 때 도움이 될 거예요.

가스를 뺀다
빵을 1차 발효시킨 후 반죽을 손으로 살살 누르거나 둥글리기 해 속 안에 생긴 가스를 빼는 작업. 가스 빼기를 하면 반죽에 산소가 공급되고 온도가 균일해져 2차 발효가 골고루 된다.

덧밀가루를 바른다
레시피 분량 이외의 밀가루를 '덧밀가루'라고 한다. 쿠키나, 타르트 반죽을 밀어 펼 때, 빵 반죽이 손이나 도마에 들러붙지 않도록 덧밀가루를 바른다. 일반적으로 쿠키, 타르트, 파이에는 박력분을, 빵 반죽에는 강력분을 사용한다.

둥글리기 한다
1차 발효 후 반죽을 둥글게 모아 표면을 매끄럽게 만드는 작업이다. 둥글리기 하여 표면을 매끈하게 만들어야 2차 발효 때 생기는 가스가 빠져나가지 않는다.

발효시킨다
이스트가 활발히 활동할 수 있도록 적정한 온도(28~32℃)와 습도(75~80%)를 유지하며 반죽을 숨 쉬게 하는 작업이다. 발효시키는 동안 이스트가 가스를 만들어내 반죽이 부풀고, 빵의 속 결이 만들어져 쫄깃하고 부드러운 식감이 된다.

실온에 둔다
버터, 달걀, 크림치즈 등을 냉장실에서 1시간 전에 꺼내 냉기를 제거하는 작업을 말한다. 실온에 두면 재료들이 부드럽게 풀어지며, 각각의 재료를 섞을 때 온도 차로 인해 분리되는 현상을 막을 수 있다.

아이싱(Icing)한다
① 스패튤라로 케이크에 크림 등을 바르는 작업, ② 달걀흰자와 슈가파우더로 만든 아이싱을 쿠키에 바르고 장식하는 작업이다.

예열한다
설정한 온도가 될 때까지 미리 오븐을 작동시켜 온도를 올리는 작업으로 예열되지 않은 오븐에 굽게 되면 반죽이 퍼지거나 속이 익지 않은 상태로 구워진다.

중탕한다
아래쪽에는 뜨거운 물이 담긴 큰 볼을 놓고 그 위에 재료가 담긴 작은 볼을 올려 간접적으로 온도를 높여주는 작업으로 주로 초콜릿, 버터, 젤라틴 등을 녹일 때 쓰는 방법이다.

체 친다
가루 재료를 체에 내리는 작업이다. 체에 내리면 뭉치거나, 덩어리 진 가루들이 풀어지고 가루 사이사이 공기가 들어가 반죽이 부드러워진다.

휘핑(Whipping)한다
달걀노른자, 달걀흰자, 생크림, 버터를 거품기 또는 핸드믹서의 거품기로 저으면서 공기를 넣어 반죽을 부풀리는 작업을 의미한다.

휴지시킨다
완성된 반죽을 냉장실 또는 실온에 잠시 두는 것을 의미한다. 휴지시키면 각 재료의 성분과 향이 잘 어우러지고, 글루텐이 안정되어 밀어 펴거나 성형하는 작업이 쉬워진다.

머랭(Meringue)
달걀흰자에 설탕(또는 설탕 시럽)을 넣고 휘핑하여 거품을 낸 것. 만드는 방법에 따라 프렌치 머랭(달걀흰자 + 설탕), 이탈리안 머랭(달걀흰자 + 뜨거운 설탕 시럽)으로 나눈다.
★ 머랭 설명 31쪽 참고

제스트(Zest)
요리나 베이킹에 향을 더하기 위해 사용하는 향이 있는 감귤류(오렌지, 레몬, 자몽 등)의 껍질을 의미한다. 감귤류를 깨끗이 씻은 후 바깥쪽 껍질을 얇게 저며 다지거나, 강판에 갈아서 만든다.

크럼블(Crumble)
버터, 설탕, 밀가루를 작은 덩어리 상태로 섞은 것으로 주로 빵, 파운드 케이크, 타르트 위에 올려 고소한 풍미를 더한다.

토핑(Topping)
요리나 빵, 케이크, 머핀 위에 작게 잘라 뿌리는 견과류, 과일, 초코칩 등의 장식 재료를 뜻한다.

필(Peel)
요리나 베이킹에 향과 맛을 더하기 위해 사용하는 재료로 일반적으로 감귤류(오렌지, 레몬, 자몽 등)의 껍질을 벗겨 설탕에 조려 만든다.

필링(Filling)
필링은 우리말의 '소'로 쿠키, 타르트, 파운드 케이크 등을 만들 때 맛을 내기 위해 속에 채워 넣는 여러 가지 재료, 크림을 의미한다.

확실하게 이해하세요! 기본 테크닉

도구에 맞춰 제대로 반죽하는 법부터 밀가루 체 치기,
틀에 유산지 씌우기 등 쉽게 지나칠 수 있지만 꼭 필요한 기본 테크닉들을 꼼꼼하게 집어드려요.
기초를 확실히 알아두면 실패 없이 즐거운 베이킹을 할 수 있어요.

주걱으로 섞기

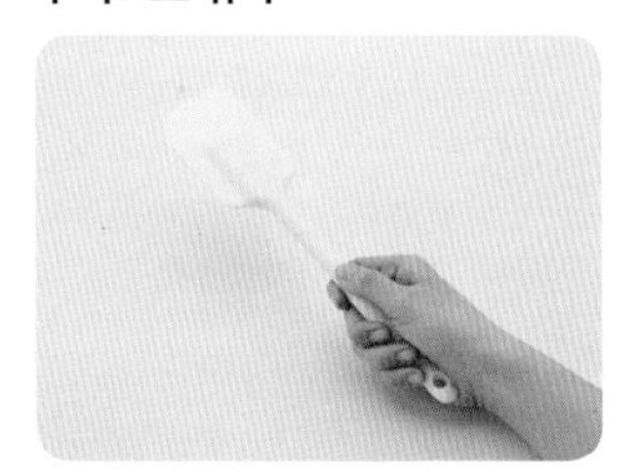

잡는 법 주걱을 엄지와 검지 사이에 끼우고 가볍게 쥐듯이 잡는다. 주걱의 날을 이용해 반죽을 섞는다.

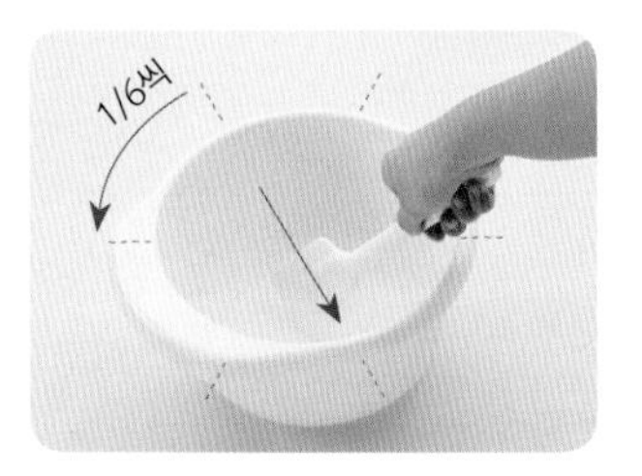

자르듯이 섞기 주걱을 세우고 볼의 가운데를 화살표 방향으로 똑바로 가른다. 동시에 왼손으로 볼을 잡고 시계 반대 방향으로 1/6씩 회전한다.

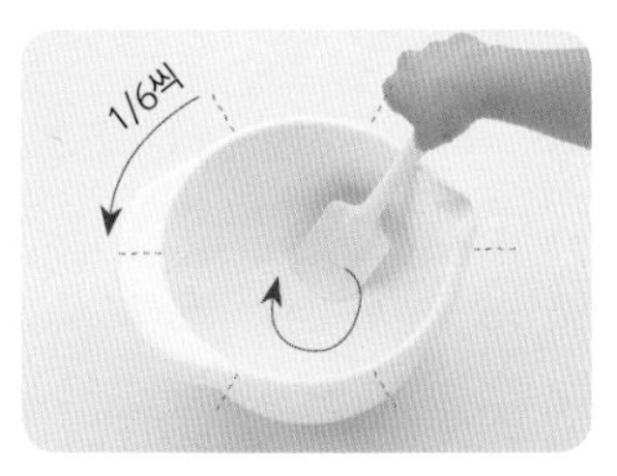

뒤집듯이 섞기 주걱으로 바닥의 반죽을 들어올리고 손목을 돌려 화살표 방향으로 반죽을 뒤집는다. 동시에 왼손으로 볼을 잡고 시계 반대 방향으로 1/6씩 회전한다.

거품기로 섞기

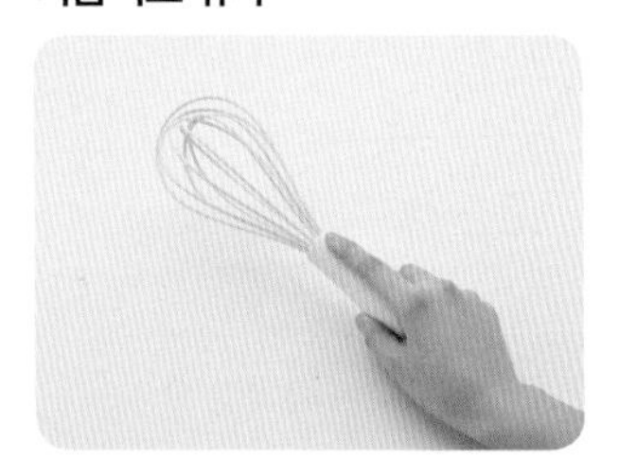

잡는 법 거품기를 엄지와 중지 사이에 끼우고 사진처럼 검지로 손잡이를 살짝 누른다.

휘핑하기 손목에 힘을 빼고 거품기를 볼 바닥에 가볍게 붙이며 원을 그리듯 시계 방향으로 돌린다. 왼손으로 볼을 잡아 고정한다. ★10초에 15회 정도의 속도로 돌리세요.

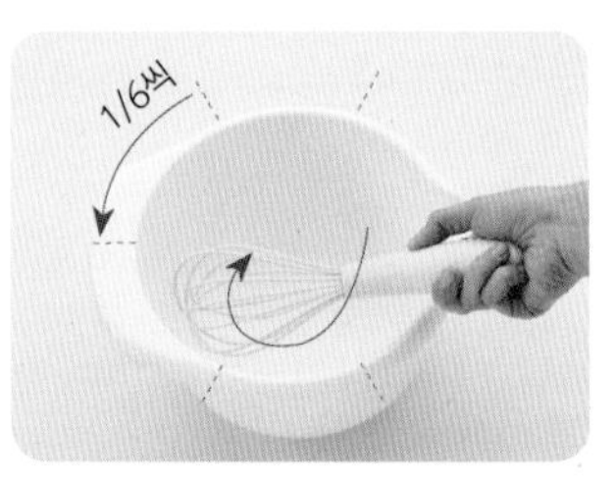

뒤집듯이 섞기 거품기를 왼쪽에서부터 볼 바닥에 가볍게 붙이며 오른쪽으로 움직인다. 손목을 돌려 거품기를 회전시켜 반죽을 들어올리며 섞는다. 동시에 왼손으로 볼을 잡고 시계 반대 방향으로 1/6씩 회전한다.

스크래퍼로 반죽하기

잡는 법 스크래퍼를 엄지와 검지 사이에 끼우고 가볍게 쥐듯이 잡는다. 스크래퍼의 날을 이용해 반죽을 모으고 섞는다.

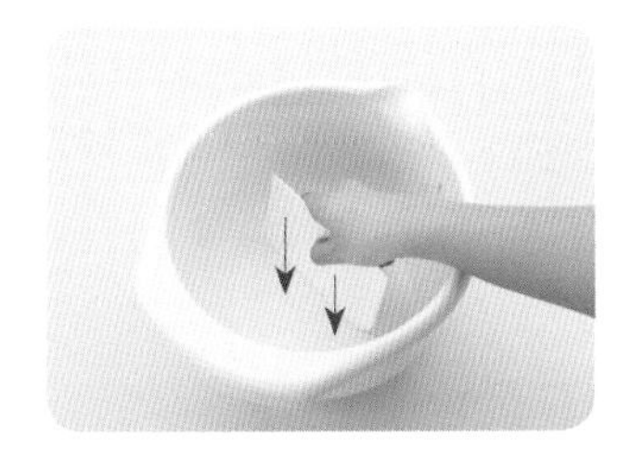

자르듯이 섞기 스크래퍼를 수직으로 세우고 위에서 아래로 누르며 재료를 자르듯이 섞는다. 손목을 조금씩 돌려가며 골고루 반죽한다.

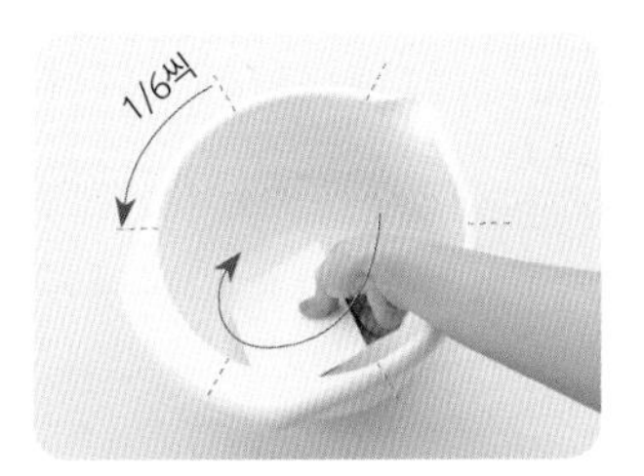

뒤집듯이 섞기 스크래퍼로 바닥의 반죽을 들어올린다. 손목을 돌려 화살표 방향으로 반죽을 뒤집는다. 동시에 왼손으로 볼을 잡고 시계 반대 방향으로 1/6씩 회전한다.

핸드믹서 사용하기

날 끼우는 법 거품기를 핸드믹서의 홈에 넣고 딸칵 소리가 날 때까지 살짝 누르거나 비틀어 고정한다.

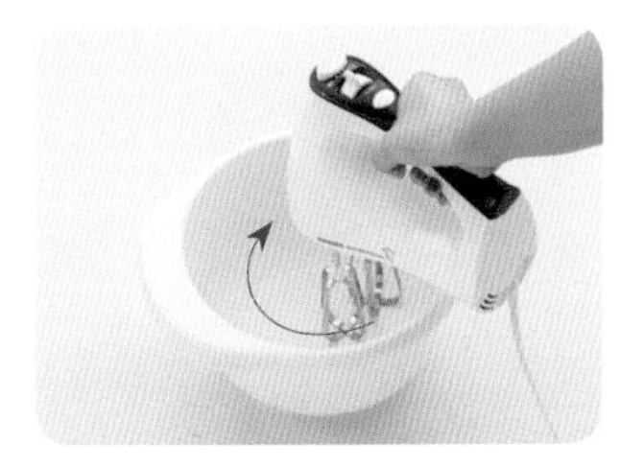

휘핑하기 핸드믹서를 수직으로 세운다. 왼손으로 볼을 잡아 고정하고 볼 옆면을 가볍게 스치며 가운데에서 큰 원을 그린다는 느낌으로 회전한다.

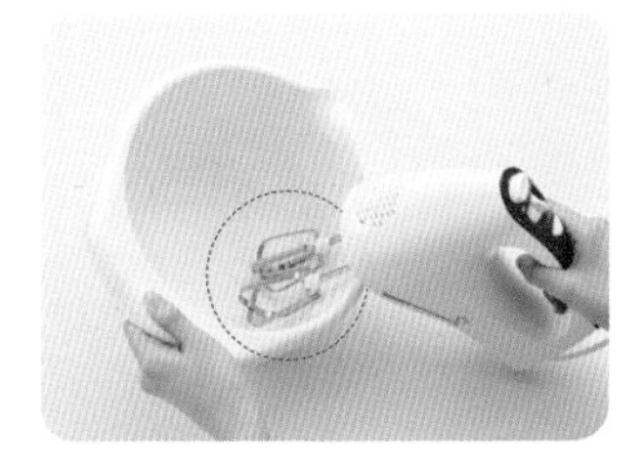

주의할 점 핸드믹서의 거품기가 볼 옆면과 바닥에 강하게 부딪히거나 긁지 않도록 주의한다.
★ 볼의 코팅이 벗겨지거나, 핸드믹서의 고장 원인이 될 수 있어요.

밀가루 체 치기

밀가루 넣기 위생팩에 가루 재료를 계량해 넣고 사진처럼 한쪽 모서리 끝으로 가루 재료를 모은다.

체 안에 넣기 위생팩 안에 밀가루 체를 넣는다. 바깥에서 한쪽 끝으로 모은 가루 재료를 잡아 사진처럼 체 안으로 넣는다.

체 치기 밀가루 체를 위생팩 중간 쯤에 넣고 가볍게 흔들거나 손잡이를 눌러 체 친다. ★ 위생팩 안에서 체 치면 가루가 사방으로 날리지 않아 편리해요.

파운드 케이크 틀에 유산지 깔기

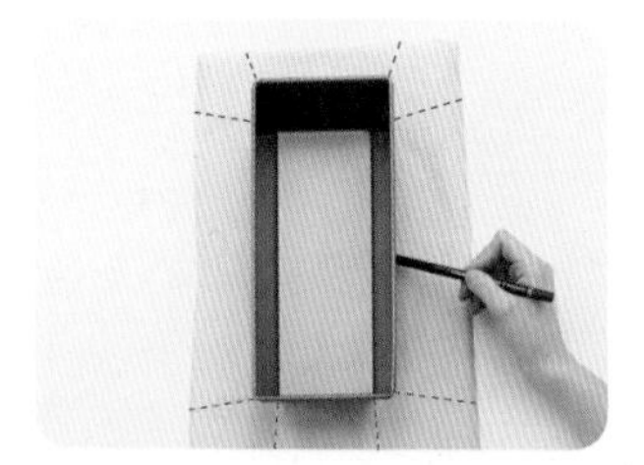

그리기 유산지 위에 파운드 틀을 올린 후 오른쪽 옆면부터 바닥면을 대고 그린다.
★ 사다리꼴 모양의 파운드 틀인 경우 틀 모양대로 잘라야 유산지가 접히지 않고 틀에 딱 맞게 들어가요.

자르기 가위로 바깥 선을 자르고 네 귀퉁이 부분을 잘라낸다.

틀 안에 넣기 선에 맞춰 접은 후 파운드 틀 안에 넣는다. 유산지가 안으로 말리면 사진처럼 여분의 반죽을 틀에 발라 붙인다.

원형 틀에 유산지 깔기

그리기 유산지 위에 원형 틀을 올린 후 바닥면을 대고 그린다. 그린 선의 약간 안쪽으로 따라 자른다. ★ 분리형 원형 틀을 사용할 때는 바닥면을 그린 선보다 2cm 크게 잘라 넣어야 반죽이 새지 않는다.

자르기 원형 틀 옆면 높이보다 1cm 높게 유산지를 접은 후 가위로 자른다. 한 장으로 감싸지지 않을 경우 한 번 더 잘라 준비한다.

틀 안에 넣기 유산지를 원형 틀 안에 넣는다. 유산지가 안으로 말리면 여분의 반죽을 틀에 발라 붙인다.

아이싱용 코르네 만들기

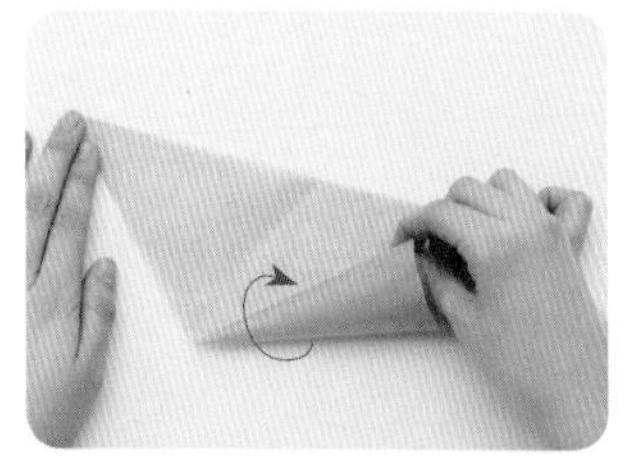

코르네 말기 유산지를 이등변 삼각형 모양으로 자른다. 사진처럼 긴 변 중앙을 꼭지점으로 잡고 원뿔 모양으로 유산지를 만다. ★ 코르네(Cornet)는 프랑스어로 작은 나팔, 원뿔 모양의 물건이라는 뜻이에요.

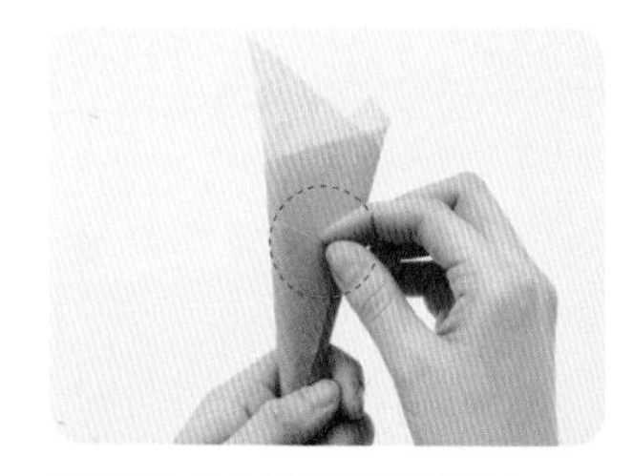

고정하기 꼭지점 부분이 벌어지지 않도록 주의하며 원뿔 모양으로 만 후 유산지가 풀리지 않도록 유산지 끝 부분을 사진처럼 안으로 접어 넣는다.

아이싱 채워 넣기 숟가락으로 아이싱을 떠 아이싱용 코르네의 60% 정도까지 채운다. 끝 부분을 안쪽으로 접고 돌돌 말아 입구를 막는다. 뾰족한 앞 부분을 잘라 아이싱을 짠다.

짤주머니 사용하기

자르기 깍지가 짤주머니 밖으로 1/3정도 나오도록 크기에 맞춰 짤주머니 앞부분을 자른다.

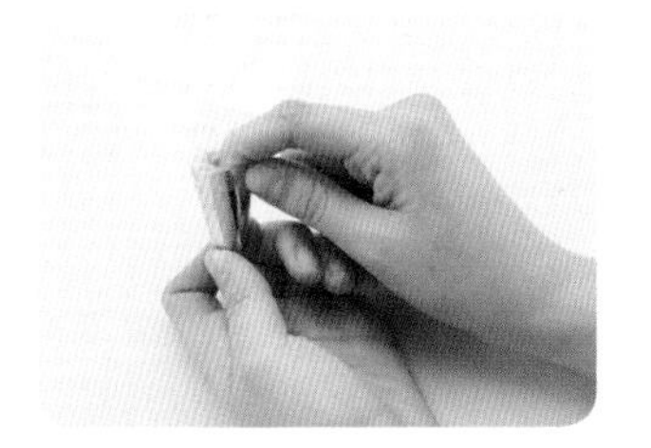

깍지 넣기 짤주머니 안으로 깍지를 넣어 끼우고 사진처럼 바깥쪽에서 깍지 안으로 짤주머니를 약간 집어 넣는다. ★ 이렇게 하면 묽은 반죽을 넣을 때 반죽이 아래로 새지 않아요.

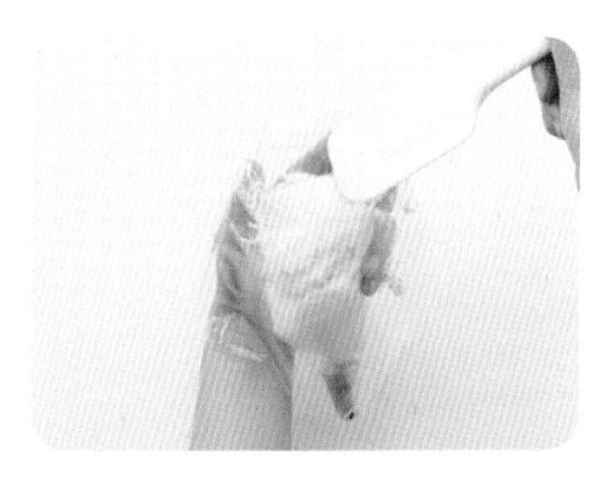

반죽 넣기 짤주머니 1/3 정도를 바깥쪽으로 뒤집어 접은 후 그 사이에 왼손을 끼운다. 오른손으로 반죽을 넣는다. ★ 이렇게 넣으면 짤주머니 끝 부분에 반죽이 묻지 않아 깔끔해요.

스펀지 케이크 슬라이스 하기

이쑤시개로 표시하기 스펀지 케이크 윗면을 얇게 슬라이스한다. 스펀지 케이크 높이에 맞춰 3등분한 후 위에서부터 같은 위치에 이쑤시개를 꽂아 표시한다.

윗면 자르기 이쑤시개를 지지대로 삼아 빵칼을 넣는다. 왼손으로 윗면을 가볍게 누르고, 오른쪽에서부터 왼쪽으로, 위 아래로 칼을 움직여 슬라이스한다.

아랫면 자르기 자른 면을 내려놓고 다시 이쑤시개를 꽂아 표시한 후 같은 방법으로 슬라이스 한다. ★ 익숙해지면 이쑤시개의 갯수를 줄이거나, 칼날로 선을 표시한 후 슬라이스해도 좋아요.

모양 쿠키 예쁘게 찍어내기

쿠키 커터에 덧밀가루 묻히기 그릇에 박력분을 담고 쿠키 커터를 넣어 찍는 면에 가볍게 덧밀가루를 묻힌다.

찍고 비틀기 반죽 위에 쿠키 커터를 올려 지긋이 누른 후 살며시 비틀어 준다. ★ 이 때 너무 세게 비틀면 쿠키 모양이 망가져요 아주 살며시 쿠키 커터를 움직이세요.

반죽 빼내기 사진처럼 손가락으로 반죽을 살며시 눌러 뺀 후 오븐 팬 위에 올린다. ★ 반죽이 바닥 면에 붙어있으면 손으로 살며시 떼어내 오븐 팬에 옮겨요.

알아두면 유용해요! 케이크 반죽법 · 제빵기 사용법

스펀지 케이크 만들기만 제대로 익혀두면 다양한 생크림 케이크는 물론 여러 케이크에 응용해 만들 수 있어요.
집에 제빵기가 있다면 빵 반죽에서 1차 발효까지 제빵기를 이용해 보세요. 빵 만들기가 훨씬 수월해질 거예요.

스펀지 케이크 2가지 반죽법 공(共)립법 VS 별(別)립법

생크림 케이크나 무스, 치즈 케이크의 바닥으로 이용되는 스펀지 케이크의 반죽법은 달걀노른자와 흰자를 함께 휘핑하는 '공(共 : 함께 공)립법'과 노른자와 흰자를 각각 휘핑해 섞는 '별(別 : 다를 별)립법'으로 나눌 수 있어요. 공립법은 만들기 쉽고 촉촉한 것이 특징이며, 별립법은 만드는 과정은 조금 번거롭지만 식감이 부드러우며 단단하게 휘핑한 머랭을 섞어 반죽이 쉽게 꺼지지 않는 것이 특징이에요. 이 책에서는 공립법으로 스펀지 케이크를 만들었지만 부드럽고 볼륨감 있는 케이크를 만들고 싶을 때는 별립법으로 만들어도 좋아요. ★ 공립법 스펀지 케이크 만들기 205쪽 참고

스펀지 케이크 별립법

재료(지름 18cm 원형 틀 1개분)

- □ 달걀노른자 3개분
- □ 설탕 A 50g
- □ 달걀흰자 3개분
- □ 설탕 B 50g
- □ 박력분 90g

01 볼에 달걀노른자를 넣고 핸드믹서의 거품기로 낮은 단에서 20초간 멍울을 푼다. 설탕 A를 넣고 핸드믹서의 거품기로 중간 단에서 2분 30초간 휘핑한다.

02 다른 볼에 달걀흰자를 넣고 설탕 B를 2번에 나누어 넣으며 핸드믹서의 거품기로 중간 단에서 1분 30초~2분간 휘핑해서 단단한 머랭을 만든다.

03 ①에 ②의 머랭을 2번에 나눠 넣고 볼을 돌려가며 주걱으로 아래에서 위로 뒤집듯이 재빨리 섞는다.

04 체 친 박력분을 넣고 완전히 섞일 때까지 주걱으로 아래에서 위로 뒤집듯이 재빨리 섞는다.

05 유산지를 깐 원형 케이크 틀에 반죽을 채운다. 180℃로 예열된 오븐의 가운데 칸에서 25~30분간 굽는다. 틀에서 꺼낸 후 식힘망에 올려 식힌다.

빵을 보다 손쉽게 만들게 해주는 제빵기 활용하기

제빵기는 빵의 반죽부터 굽기까지의 모든 과정이 가능한
소형 가전이에요. 반죽을 넣고 끝까지 구워도 되고, 성형이 필요한 빵은
반죽하고 1차 발효까지 완료한 후 그 후 과정들을 진행하면
빵 만들기가 한결 수월해져요. 제빵기는 이스트가 활발히 활동할 수 있는
적정 온도에서 1차 발효가 진행되어 빵의 식감을 좋게 해줍니다.
손반죽이 어렵거나, 빵을 자주 만드는 분들은 제빵기를 이용해보세요.
★ 책에 소개된 모든 빵 메뉴는 반죽부터 1차 발효까지 제빵기로 가능해요.

제빵기로 통밀 브레드 반죽하기

재료(크기 22×10cm, 4개분)

- □ 강력분 250g
- □ 박력분 50g
- □ 통밀가루 200g
- □ 소금 1과 1/2작은술
- □ 인스턴트 드라이이스트 1작은술
- □ 물 340㎖
- □ 꿀 20㎖
- □ 실온에 둔 버터 20g
- □ 다진 호두 100g

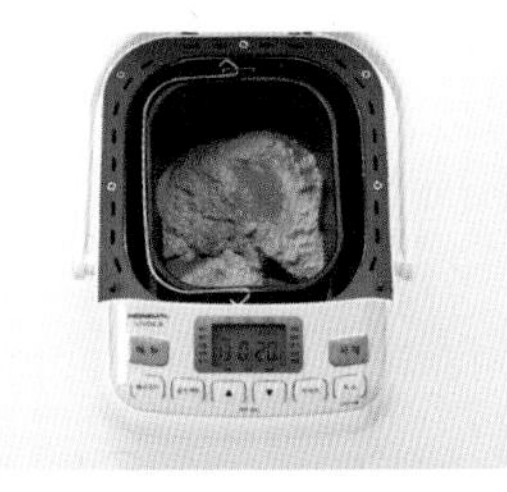

01 제빵기의 반죽 코스를 선택한 후 반죽 통 안에 미지근하게 준비한 물, 꿀, 체 친 가루 재료, 소금, 인스턴트 드라이이스트 순으로 재료를 넣는다.
★ 가루 재료(강력분, 박력분, 중력분, 소금, 설탕 등), 액체 재료(실온 상태의 달걀, 물, 우유, 식용유 등)를 넣어요.

02 15분 정도 반죽한 후 반죽이 한 덩어리가 되면 실온에 둔 버터를 넣고 20~25분 정도 더 반죽한다.

03 반죽이 90% 정도 완성되면 다진 호두를 넣고 3~5분간 반죽한다.
★ 필링 재료를 너무 일찍 넣으면 반죽에 글루텐이 형성되는 것을 방해해요.

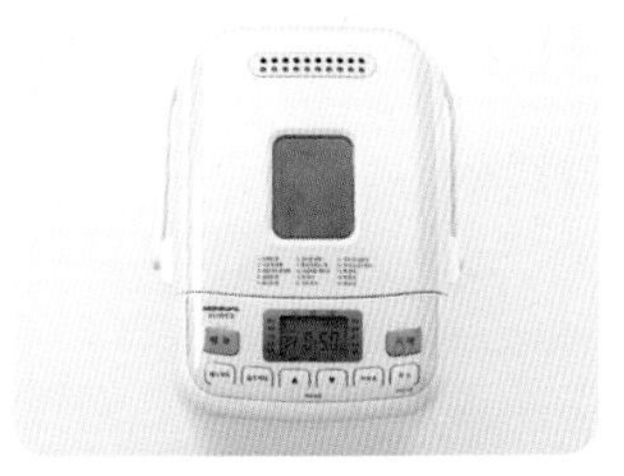

04 반죽 코스가 완성될 때까지 뚜껑을 덮고 작동시킨다.
★ 1차 발효까지 제빵기를 이용하면 편리해요.

05 1차 발효가 끝나면 반죽통에서 반죽을 꺼내 덧밀가루를 뿌린 도마나 작업대 위에 올린다. 레시피의 1차 발효 후 다음 과정을 진행한다. ★ 274쪽을 참고해 통밀 브레드를 만들어요.

다양하게 활용하세요! 크림 · 시럽

베이킹에 자주 사용되고, 다양하게 응용할 수 있는 크림과 시럽에 대해 알려드려요.
만드는 것에 익숙해지면 초콜릿과 커피 등을 첨가해 다양한 맛을 내고, 서로 혼합하여 새로운 크림을 만들 수 있어요.

커스터드 크림(Custard cream)

달걀노른자에 설탕, 전분, 뜨거운 우유를 섞은 후 한 번 끓여서 만드는 크림이다.

사용법 슈, 빵, 타르트 등에 채우는 필링으로 주로 사용되며 식감이 부드럽고 풍미가 깊어 휘핑한 생크림, 부드럽게 푼 버터와 섞어 다양한 크림으로 활용된다.
주의점 달걀이 많이 들어간 크림이기 때문에 세균이 쉽게 번식할 수 있다. 만든 후 즉시 차갑게 식히고 공기와 접촉하지 않도록 하는 것이 중요하다. 달걀의 비린내를 없애고 맛을 높이기 위해 바닐라 빈, 오렌지 술, 럼 등의 향신 재료를 넣는다.
★ 기본 커스터드 크림 레시피 59쪽

커스터드 크림을 사용한 레시피

059p 슈
173p 과일 타르트
196p 에그 파이
228 p 고구마 케이크

아몬드 크림(Almond cream)

아몬드가루, 설탕, 버터, 달걀을 거의 동량으로 섞고 굽는 크림이다.

사용법 타르트, 파이, 빵의 필링으로 주로 사용되며, 아몬드 크림은 달콤하고 고소한 맛으로 견과류가 들어가는 레시피에 특히 잘 어울린다. 아몬드 크림은 레시피의 수분 비율에 따라 식감이 조금씩 달라진다.
주의점 수분의 비율이 높은 아몬드 크림은 섞는 동안 버터와 수분이 분리되기 쉬우니 꼭 버터와 달걀을 실온 상태로 준비하고 달걀을 2~3회 나누어 넣으며 섞는 것이 중요하다.
★ 기본 아몬드 크림 레시피 177쪽

아몬드 크림을 사용한 레시피

177p 무화과 타르트
180p 캐러멜 견과류 타르트

휘핑한 생크림(Whipped cream)

생크림에 설탕을 넣고 휘핑하여 만든 크림으로 크림이다.

사용법 입안에 넣으면 부드럽게 녹는 달콤한 크림으로 케이크에 발라 아이싱하거나 커스터드 크림과 섞어 타르트, 케이크 등의 필링으로 사용하고 무스케이크 반죽, 컵케이크 장식 등에 다양하게 이용된다.
주의점 생크림은 너무 많이 휘핑하면 유지방이 분리되어 덩어리가 생기니 휘핑 시간과 상태를 잘 체크하는 것이 중요하다.

휘핑한 생크림을 사용한 레시피

173p 과일 타르트
204p 딸기 생크림 케이크
208p 시폰 케이크
212p 과일 롤 케이크

가나슈(Ganache)

끓인 생크림에 커버춰 초콜릿을 넣고 녹여 만든 크림이다. 보통 생크림과 초콜릿을 1:1의 비율로 섞어 만든다.

사용법 초콜릿의 달콤함과 생크림의 부드럽고 고소한 맛이 어우러져 쿠키, 머핀, 초콜릿, 타르트 등 베이킹에 다양하게 이용된다. 부드럽게 만들어 빵에 발라 먹거나, 약간 단단하게 굳혀 생 초콜릿으로도 즐길 수 있다.
주의점 생크림을 너무 뜨겁게 끓이면 초콜릿을 녹일 때 유지방이 분리될 수 있으니 주의한다.

★ 기본 가나슈 레시피 170쪽

가나슈를 사용한 레시피

054p 마카롱
064p 다쿠와즈
124p 생 초콜릿
170p 초콜릿 타르트

캐러멜 크림(Caramel cream)

캐러멜 크림은 설탕을 녹여 캐러멜화 시킨 후 따뜻한 생크림을 넣어 만든 크림이다.

사용법 캐러멜화된 설탕 특유의 풍미와 단맛이 있어 베이킹에 다양하게 응용된다. 캐러멜 크림은 부드럽게 만들어 빵 등에 발라 먹거나, 약간 단단하게 굳혀 캐러멜을 만들기도 한다. 캐러멜 크림은 견과류, 바나나 등과 버무려 타르트의 필링으로 넣거나 무스 케이크 반죽으로도 이용된다.
주의점 설탕을 녹일 때 결정이 생기지 않도록 젓지 않고 녹이는 것이 중요하다. 차가운 생크림을 넣으면 온도차로 시럽이 부글부글 끓어오르니 꼭 따뜻하게 데운 생크림을 넣는다.

★ 기본 캐러멜 크림 레시피 180쪽

캐러멜 크림을 사용한 레시피

170p 초콜릿 타르트 Tip
180p 캐러멜 견과류 타르트

머랭(Meringue)

머랭은 달걀흰자에 설탕을 넣고 휘핑하여 거품을 낸 것으로 만드는 방법에 따라 프렌치 머랭(달걀흰자 + 설탕), 이탈리안 머랭(달걀흰자 + 118℃의 뜨거운 설탕 시럽)으로 나눈다.

사용법 프렌치 머랭은 폭신폭신 식감의 케이크를 만들 때 주로 사용한다. 이탈리안 머랭은 묵직하고 거품이 단단하며 마카롱, 무스 반죽 등에 이용된다. 버터크림과 섞어 사용하기도 한다.
주의점 머랭은 너무 많이 휘핑하면 거품이 삭아 덩어리가 생기니 휘핑 시간과 상태를 잘 체크하는 것이 중요하다.

머랭을 사용한 레시피

054p 마카롱
064p 다쿠와즈
166p 레몬 머랭 타르트
208p 시폰 케이크
216p 카스텔라
219p 가토 쇼콜라
232p 블루베리 무스 케이크
240p 뉴욕 치즈 케이크

베이킹 Q&A

베이킹 기본 원리부터, 특별한 모양의 과자가 만들어지는 비밀까지
베이킹 왕초보들이 평소에 궁금해했던 질문들을 모아 답해드려요.

Q 마들렌 가운데 볼록 튀어나온 부분은 왜 생기는 건가요?

마들렌 반죽을 오븐에 넣으면 반죽 속의 수분이 수증기로 변하고 대류 현상에 의해
수증기가 위로 올라오면서 반죽이 부풀어 올라요. 오븐의 열은 반죽의 가장자리부터 가운데로 전달되기 때문에 중심 부분에
있던 수증기는 가장 마지막에 부풀어 오르게 된답니다. 이 때 가장자리의 반죽은 이미 어느 정도 익어 단단해져 있어요.
그래서 아직 다 익지 않은 가운데 부분으로 모든 수증기가 모여 부풀어 오르면서 가운데가 볼록 튀어나오게 돼요.
파운드 케이크의 가운데가 톡 터지면서 부풀어 오르는 것도 같은 원리예요.

Q 가루 재료를 체 치는 이유는 무엇인가요?

가루 재료를 함께 계량한 후 체 치면 각각의 재료들이 서로 골고루
섞이고, 불순물도 제거되며, 덩어리져 있던 부분이 곱게 풀어져요.
또한 서로 밀착해있던 밀가루 입자 사이사이에 공기가 들어가 반죽에
넣으면 골고루 잘 섞여요. 가루 재료들이 잘 섞이면 완성된 반죽도
부드러워져요.

Q 스펀지 케이크를 만들 때 녹인 버터에 반죽을 섞어 넣는 이유는 무엇인가요?

녹인 버터는 달걀 거품보다 무겁기 때문에 반죽 속에 넣으면 바로
아래로 가라앉아요. 그래서 녹인 버터에 반죽 한 주걱을 섞어 농도와
비중을 비슷하게 맞춘 후 다시 반죽에 넣어 섞으면 좀 더 골고루 섞이게
되죠. 베이킹이 조금 익숙해 지면 녹인 버터를 바로 반죽에 둘러 넣고
재빨리 주걱으로 섞으세요. 이때 녹인 버터의 온도가 너무 뜨거우면
반죽이 꺼질 수 있으니 약간 따뜻한 상태(40℃)로 준비해요.

Q 녹인 버터 대신 식용유를 사용해도 되나요?

레시피 상에서 녹인 버터의 양이 20~30㎖ 사이라면 식용유(또는
포도씨유)를 사용해도 괜찮아요. 다만 식물성 유지보다 버터가 풍미와
향이 좋아 맛이 조금 다를 수 있어요. 실온에 둔 버터, 차가운 버터는
식용유로 대체하면 식감과 형태가 달라지니 대체하지 마세요.

Q 시폰 케이크 틀을 사용하는 이유는 뭐예요?

폭신폭신하고 부드러운 식감의 시폰
케이크는 반죽에 수분이 많고 밀가루
양이 적은 반죽이에요. 달걀 거품으로
부풀어오른 반죽을 유지시켜주는 밀가루
양이 적기 때문에 거품이 금방 꺼질 수
있어요. 그래서 거품이 꺼지지 않도록
가운데 기둥이 있는 특별한 틀을 사용해요.
구워지는 동안 시폰 케이크 틀 가운데
기둥과 가장자리에 반죽이 달라붙어
반죽의 가장자리와 가운데가 꺼지지
않아요. 또한 완전히 식어 형태가 고정될
때까지 뒤집어 놓아야 구운 후에도
케이크가 꺼지지 않는답니다.

Q 빵을 만들 때 실온에 둔 달걀을 이용하는 이유가 궁금해요!

이스트는 살아있는 효모로 온도에 민감한 재료예요. 38℃의 온도에서 가장 활발히 움직이며 60℃가 넘으면 죽을 수 있어요. 또한 온도가 낮으면 활동성이 저하돼죠. 빵 반죽을 만들 때 반죽에 넣는 재료들도 이스트가 활발히 움직일 수 있는 온도에 맞춰 준비하는 것이 좋아요. 버터, 달걀은 실온에 꺼내 두고 액체 재료들도 중탕하여 따뜻하게 준비하세요. 달걀은 실온 상태로 넣어도 좋고 다른 액체 재료들과 섞은 후 중탕으로 따뜻하게 준비해도 좋아요.

Q 온도계가 없을 경우 반죽의 온도는 어떻게 알아보나요?

온도계가 없을 때는 주걱으로 반죽을 약간 떠서 손등 또는 인중에 올려보세요. 이때 체온보다 따뜻하게 느껴지는지, 차갑게 느껴지는지, 미지근하게 느껴지는지에 따라 반죽의 온도를 가늠할 수 있어요. 체온보다 따뜻하면 42℃ 이상, 미지근하면 35~36℃, 차가우면 30℃ 이하예요.

Q 같은 팬 위의 쿠키를 구웠는데 일정하게 구워지지 않는 이유는 무엇일까요?

같은 오븐 팬에 올린 쿠키여도 오븐 열선의 위치, 열의 이동 경로에 따라 구워지는 정도가 달라요. 특히 오븐의 안쪽이 앞쪽 보다 먼저 익어 색이 진하게 나고, 오븐에 따라 왼쪽, 오른쪽의 온도가 다르기도 해요. 그럴 때는 중간 정도 구워 색이 어느 정도 났을 때, 오븐 팬의 앞 쪽이 뒤로 가도록 180° 돌려주세요. 단 슈는 중간에 오븐 문을 열면 반죽이 꺼져버리니 완전히 부풀어 윗면의 갈라진 부분까지 색이 났을 때 돌려 주는 것이 좋아요. 또 스펀지 케이크, 페이스트리 등도 윗면에 80% 정도 색이 났을 때 오븐 문을 열고 팬을 돌려주세요.

Q 커스터드 크림 믹스를 써도 되나요?

커스터드 크림 대신 커스터드 크림 믹스를 사용해도 괜찮아요. 다만 커스터드 크림 믹스를 사용하면 향과 풍미가 떨어질 수 있어요. 커스터드 크림 믹스를 사용할 경우 우유의 양을 레시피에 나온 크림의 양만큼 준비해서 사용법대로 만들면 커스터드 크림과 같은 양의 크림이 만들어져요.

Q 머핀과 컵케이크의 차이점이 궁금해요!

이스트로 발효시킨 반죽을 둥글 납작하게 구운 것이 잉글리쉬머핀, 머핀 틀에 달콤한 반죽과 다양한 재료를 넣고 윗면을 동그랗게 구운 것을 아메리칸 머핀이라해요. 아메리칸 머핀이 일반적으로 생각하는 머핀이고, 같은 반죽에 속 재료를 넣지 않고, 동그랗게 구워 생크림, 버터크림, 가나슈 등을 올려 장식한 것이 컵케이크랍니다. 요즘 컵케이크 전문점에서는 속에 필링이나 다양한 재료를 넣은 제품들도 판매 한답니다.

Q 파이와 타르트의 차이점은 뭐예요?

파이와 타르트는 반죽으로 그릇 모양을 만들고 그 안에 크림이나 필링 등을 채워 만드는 것을 말해요. 타르트는 모래알처럼 부서지는 바삭한 식감의 달콤한 반죽, 파이는 종이처럼 얇게 부서지는 식감의 담백한 반죽으로 만들어요. 타르트는 보통 가장자리가 물결모양으로 된 분리형 틀에 굽고, 파이는 바깥쪽으로 넓어지는 납작한 원형 틀을 사용하는 것이 특징이에요.

마카롱의 삐에는 왜 생기는 걸까요?

pied, 프랑스어로 '발'을 의미

마카롱은 표면이 매끄럽고 윤기가 나며 아랫쪽에 살짝 튀어나온 물결 모양(삐에)이 있으면 잘 만들어진 거예요.
마카롱 반죽은 머랭의 기포를 적당히 짓눌러 매끄럽게 흘러내리는 정도의 농도를 만드는 것이 중요해요.
마카롱의 표면을 건조시킨 후 오븐에 넣으면 표면이 얇은 막처럼 구워지는데
이때 안쪽의 부드러운 반죽이 막을 뚫지 못하고 밑 부분으로 부풀어 오르면서 밑면에 삐에가 생기게 돼요.

SMALL
COOKIES

1+2! 기본 반죽만 익히면 세 가지를 만들 수 있는 작은 과자

베이킹 왕초보라면, 실패 확률이 적은 작은 과자부터 도전하세요! 반죽의 특성, 만드는 방법 등에 따라 6가지 종류로 나눠 소개합니다. 각 과자마다 기본 레시피와 함께 재료, 토핑, 필링 등을 달리해 손쉽게 변형하는 응용 레시피도 2가지씩 알려드립니다. 기호에 따라 원하는 과자를 만들어보세요.

스쿱 과자 진 반죽을 숟가락으로 떠서 오븐 팬에 올려 굽는 과자
짜는 과자 묽은 반죽을 짤주머니에 담아 여러 가지 모양으로 짜서 굽는 과자
써는 과자 반죽을 일정한 두께로 썰어 바삭바삭한 식감으로 굽는 과자
빚는 과자 수분 함량이 적은 반죽을 손으로 예쁘게 빚어 굽는 과자
틀을 이용한 과자 도구를 이용해 다양한 모양으로 만드는 과자
선물하기 좋은 과자 특별한 날 선물하기 좋은 예쁜 모양의 과자

초코칩 쿠키

+땅콩버터 초코칩 쿠키
+오레오 초코칩 쿠키

오레오 초코칩 쿠키

초코칩 쿠키

땅콩버터 초코칩 쿠키

지름 6cm, 24~28개분  30~45분  180℃ 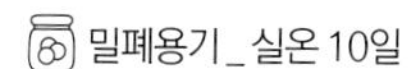 밀폐용기 _ 실온 10일 반죽 : 지퍼백 _ 냉동실 15일

기본 레시피 재료
초코칩 쿠키

- □ 실온에 둔 버터 150g
- □ 흑설탕(또는 설탕) 100g
- □ 설탕 20g
- □ 소금 1/2작은술
- □ 달걀 1개
- □ 박력분 170g
- □ 아몬드가루(또는 박력분) 30g
- □ 코코아가루 1큰술(생략 가능)
- □ 베이킹파우더 1/2작은술
- □ 초코칩 70g
- □ 다진 피칸(또는 다진 호두) 60g

장식(생략 가능)
- □ 초코칩 1큰술
- □ 다진 피칸(또는 다진 호두) 1큰술

+ 응용 레시피 A
땅콩버터 초코칩 쿠키

- □ 실온에 둔 버터 70g
- □ 땅콩버터 80g
- □ 흑설탕(또는 설탕) 100g
- □ 설탕 20g
- □ 소금 1/2작은술
- □ 달걀 1개
- □ 박력분 170g
- □ 아몬드가루(또는 박력분) 30g
- □ 베이킹파우더 1/2작은술
- □ 초코칩 70g
- □ 다진 피칸(또는 다진 호두) 60g

장식(생략 가능)
- □ 초코칩 1큰술
- □ 다진 피칸(또는 다진 호두) 1큰술

+ 응용 레시피 B
오레오 초코칩 쿠키

- □ 실온에 둔 버터 150g
- □ 흑설탕(또는 설탕) 100g
- □ 설탕 20g
- □ 소금 1/2작은술
- □ 달걀 1개
- □ 박력분 195g
- □ 아몬드가루(또는 박력분) 30g
- □ 베이킹파우더 1/2작은술
- □ 초코칩 35g
- □ 오레오 10개(과자만)

장식(생략 가능)
- □ 오레오 8개(과자만)

도구 준비하기

 볼
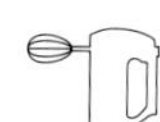 핸드믹서
 주걱
 체
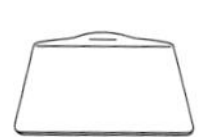 오븐 팬
 숟가락

재료 준비하기

1 버터와 달걀은 1시간 전에 냉장실에서 꺼내 실온에 둔다.
2 박력분, 아몬드가루, 코코아가루, 베이킹파우더는 함께 체 친다.
(응용 레시피의 가루 재료들도 함께 체 친다.)

01

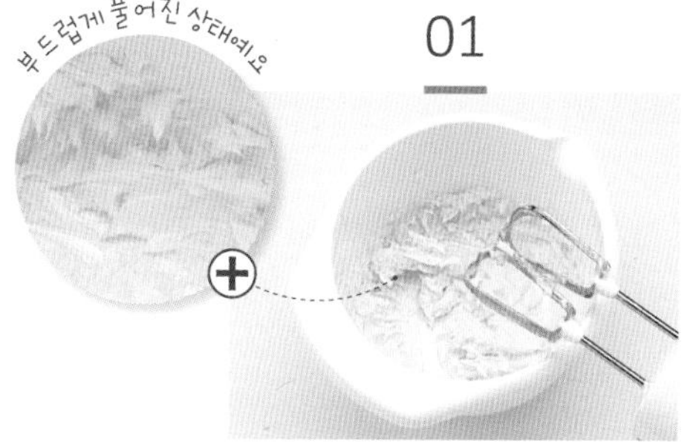

반죽 만들기 큰 볼에 버터를 넣고 핸드믹서의 거품기로 낮은 단에서 20~30초간 푼다.
★ 마요네즈처럼 부드러운 상태로 푸세요. 볼 옆면에 붙은 버터가 삼각뿔 모양이 되면 잘 풀어진 거예요.

응용 A

버터와 땅콩버터를 넣고 핸드믹서의 거품기로 낮은 단에서 20~30초간 푼다.
★ 마요네즈처럼 부드러운 상태로 푸세요.

02

볼 옆면에 붙은 반죽을 주걱으로 긁어 모아준다. ★ 과정 ⑥까지 반죽을 만드는 중간중간 벽면의 반죽까지 긁어 모아줘야 골고루 잘 섞여요.

03

흑설탕과 설탕, 소금을 넣고 핸드믹서의 거품기로 낮은 단에서 1분~1분 30초간 섞는다. ★ 흑설탕을 넣으면 초코칩 쿠키의 풍미가 좀 더 좋아져요.

04

달걀을 넣고 핸드믹서의 거품기로 낮은 단에서 40초~1분간 섞는다.

05

가루재료가 살짝 보일 때까지 섞어요

체 친 가루 재료를 넣고 80% 정도 섞일 때까지 볼을 돌려가며 주걱으로 자르듯이 섞는다.
★ 주걱으로 자르듯이 섞어야 반죽에 글루텐이 생기는 것을 최소화해, 쿠키가 질기고 딱딱해지는 것을 막을 수 있어요. 오븐 예열

06

초코칩, 다진 피칸을 넣고 주걱으로 가볍게 섞는다.

응용 B

초코칩과 사방 1cm 크기로 썬 오레오를 넣고 주걱으로 가볍게 섞는다.

07

유산지를 깐 오븐 팬에 사진처럼 숟가락 2개를 이용하여 같은 양의 반죽(약 20g)을 일정한 간격으로 올린다. ★쿠키가 구워지면서 조금씩 퍼지니 사방 2cm 간격을 두세요.

08

반죽이 달라붙지 않도록 손가락에 랩을 씌우고 윗부분을 눌러 1cm 두께의 평평한 모양으로 만든다. ★반죽을 냉장실에서 1시간 이상 휴지시킨 후 손에 덧밀가루를 바르고 반죽을 둥글게 빚어 납작하게 누르면 일정한 모양으로 만들 수 있어요.

09

윗면에 장식용 초코칩과 다진 피칸을 올려 살짝 누른다.

응용 B

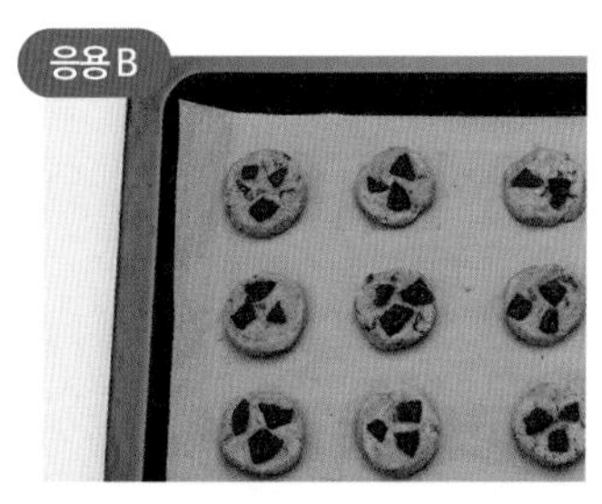

윗면에 6~8등분한 장식용 오레오를 올려 살짝 누른다.

10

굽기 180℃로 예열된 오븐의 가운데 칸에서 12~15분간 굽는다. 식힘망에 올려 식힌다. ★굽는 중간에 팬을 한 번 돌려주면 골고루 구워져요. 팬의 크기에 따라 2회로 나눠 구워요.

Tip

초코칩 쿠키 반죽 냉동하기

과정 ⑥까지 반죽을 만든 후 위생팩에 넣어 지름 5cm 크기의 원통 모양으로 만들어요. 초코칩 쿠키 반죽은 냉동실에서 15일간 보관이 가능해요. 굽기 전 냉장실에서 1시간 정도 해동시킨 후 1cm 두께로 썰어 180°C로 예열된 오븐의 가운데칸에서 10~12분간 구우세요.

오트밀 바나나 쿠키

+크림치즈 바나나 쿠키
+초콜릿 바나나 쿠키

지름 6cm, 18~20개분 | 25~40분 | 180℃ | 밀폐용기 _ 실온 4일

기본 레시피 재료
오트밀 바나나 쿠키

- □ 실온에 둔 버터 75g
- □ 황설탕(또는 설탕) 100g
- □ 소금 1/2작은술
- □ 달걀 1/2개
- □ 중력분 50g
- □ 베이킹파우더 1/4작은술
- □ 시나몬가루 1/2작은술
- □ 바나나 1/2개(50g)
- □ 오트밀 100g
- □ 다진 호두 25g

+응용 레시피 A
크림치즈 바나나 쿠키

- □ 실온에 둔 버터 50g
- □ 크림치즈 25g
- □ 황설탕(또는 설탕) 100g
- □ 소금 1/2작은술
- □ 달걀 1/2개
- □ 중력분 50g
- □ 베이킹파우더 1/4작은술
- □ 바나나 1/2개(50g)
- □ 오트밀 100g
- □ 다진 호두 25g

+응용 레시피 B
초콜릿 바나나 쿠키

- □ 실온에 둔 버터 75g
- □ 황설탕(또는 설탕) 100g
- □ 소금 1/2작은술
- □ 달걀 1/2개
- □ 중력분 50g
- □ 베이킹파우더 1/4작은술
- □ 코코아가루 1/2큰술
- □ 바나나 1/2개(50g)
- □ 오트밀 100g
- □ 초코칩 25g

도구 준비하기

볼

핸드믹서

주걱

체

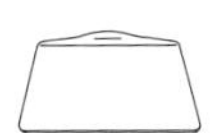
오븐 팬

숟가락

재료 준비하기

1 버터와 달걀은 1시간 전에 냉장실에서 꺼내 실온에 둔다.
2 중력분, 베이킹파우더, 시나몬가루는 함께 체 친다.
(응용 레시피의 가루 재료들도 함께 체 친다.)
3 바나나는 포크로 덩어리 없이 골고루 으깬다.

01

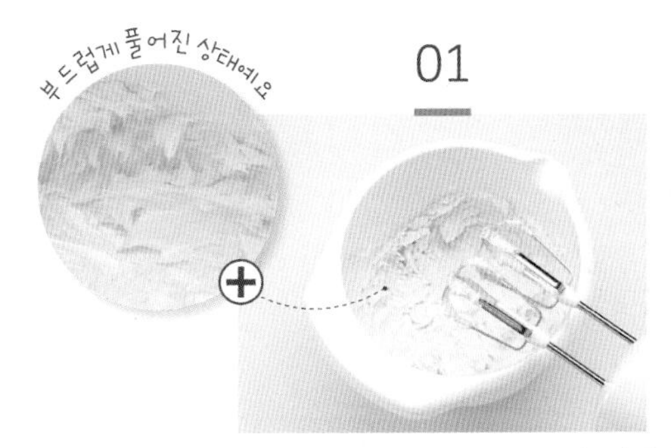

반죽 만들기 큰 볼에 버터를 넣고 핸드믹서의 거품기로 낮은 단에서 20~30초간 푼다.
★마요네즈처럼 부드러운 상태로 푸세요. 볼 옆면에 붙은 버터가 삼각뿔 모양이 되면 잘 풀어진 거예요.

응용 A

큰 볼에 버터와 크림치즈를 넣고 핸드믹서의 거품기로 낮은 단에서 20~30초간 푼다. ★마요네즈처럼 부드러운 상태로 푸세요.

02

황설탕과 소금을 넣고 핸드믹서의
거품기로 낮은 단에서 30초~1분간 섞는다.

03

달걀을 넣고 핸드믹서의 거품기로
낮은 단에서 30초간 섞는다.

04

체 친 가루 재료를 넣고 80% 정도 섞일 때까지
볼을 돌려가며 주걱으로 자르듯이 섞는다.
★ 주걱으로 자르듯이 섞어야 반죽에 글루텐이
생기는 것을 최소화해, 쿠키가 질기고
딱딱해지는 것을 막을 수 있어요. 오븐 예열

응용 B

체 친 중력분, 베이킹소다, 코코아가루를 넣고
80% 정도 섞일 때까지 볼을 돌려가며
주걱으로 자르듯이 섞는다.

05

으깬 바나나, 오트밀, 다진 호두를 넣고
주걱으로 가볍게 섞는다.

응용 B

으깬 바나나, 오트밀, 초코칩을 넣고
주걱으로 가볍게 섞는다.

06

유산지를 깐 오븐 팬에 숟가락 2개를 이용하여 같은 양의 반죽을 일정한 간격으로 올린다.
★쿠키가 구워지면서 조금씩 퍼지니 사방 2cm 간격을 두세요.

07

반죽이 달라붙지 않도록 손가락에 랩을 씌우고 윗부분을 눌러 1cm 두께의 평평한 모양으로 만든다.
★반죽을 냉장실에서 1시간 이상 휴지시킨 후 손에 덧밀가루를 바르고 반죽을 둥글게 빚어 납작하게 누르면 일정한 모양으로 만들 수 있어요.

08

굽기 180℃로 예열된 오븐의 가운데 칸에서 12~14분간 굽는다. 식힘망에 올려 식힌다. ★굽는 중간에 팬을 한 번 돌려주면 골고루 구워져요. 팬의 크기에 따라 2회로 나눠 구워요.

Tip

오트밀과 잘 어울리는 재료

오트밀은 귀리를 볶은 다음 거칠게 부수거나 납작하게 누른 것으로 심이섬유가 풍부한 곡물이에요. 오트밀은 말린 크랜베리, 코코넛과 잘 어울려요. 다진 호두 대신 기호에 따라 다진 크랜베리나 코코넛을 넣어보세요. 또는 시나몬가루, 코코아가루대신 코코넛가루를 넣어도 좋아요.

브라우니 쿠키

+마시멜로우 브라우니 쿠키
+시리얼 브라우니 쿠키

브라우니 쿠키

마시멜로우 브라우니 쿠키

시리얼 브라우니 쿠키

지름 6cm, 28개분 | 30~40분 |  180℃ | 밀폐용기 _ 실온 10일

기본 레시피 재료

브라우니 쿠키

- □ 다크커버춰 초콜릿 220g
- □ 버터(또는 식용유) 50g
- □ 황설탕(또는 설탕) 100g
- □ 소금 1/2작은술
- □ 달걀 2개
- □ 박력분 80g
- □ 베이킹파우더 1/2작은술
- □ 초코칩 70g

장식(생략 가능)

- □ 초코칩 1큰술

+응용 레시피 A

마시멜로우 브라우니 쿠키

- □ 다크커버춰 초콜릿 220g
- □ 버터(또는 식용유) 50g
- □ 황설탕(또는 설탕) 100g
- □ 소금 1/2작은술
- □ 달걀 2개
- □ 박력분 80g
- □ 베이킹파우더 1/2작은술

장식

- □ 마시멜로우 3~5개

+응용 레시피 B

시리얼 브라우니 쿠키

- □ 다크커버춰 초콜릿 220g
- □ 버터(또는 식용유) 50g
- □ 황설탕(또는 설탕) 100g
- □ 소금 1/2작은술
- □ 달걀 2개
- □ 박력분 80g
- □ 베이킹파우더 1/2작은술
- □ 초코칩 30g
- □ 시리얼(또는 다진 호두) 25g

도구 준비하기

볼 주걱 냄비 거품기 체 오븐 팬 숟가락

재료 준비하기

1 달걀은 1시간 전에 냉장실에서 꺼내 실온에 둔다.
2 박력분, 베이킹파우더는 함께 체 친다.
3 다크커버춰 초콜릿은 잘게 다진다.

01

반죽 만들기 큰 볼에 뜨거운 물을 넣고 그 위에 잘게 다진 다크커버춰 초콜릿을 넣은 볼을 올려 중탕하여 녹인 후 버터를 넣고 녹인다.

02

중탕 볼에서 내린 후 황설탕, 소금을 넣고 거품기로 섞는다. ★설탕 양이 많은 반죽이에요. 다 녹지 않고 서걱거리는 느낌이 들어도 걱정하지 마세요.

03

달걀을 하나씩 넣어가며 거품기로 재빨리 섞는다. ★달걀이 익어 덩어리 질 수 있으니 재빨리 섞으세요.

04

체 친 박력분, 베이킹파우더를 넣고 완전히 섞일 때까지 거품기로 섞는다.
오븐 예열

05

초코칩을 넣고 주걱으로 가볍게 섞는다.

응용 B

초코칩과 시리얼을 넣고 주걱으로 가볍게 섞는다.

06

유산지를 깐 오븐 팬에 숟가락 2개를 이용하여 같은 양의 반죽을 일정한 간격으로 올린다. ★쿠키가 구워지면서 조금씩 퍼지니 사방 2cm 간격을 두세요.

응용 A

마시멜로우를 사방 1.5cm 크기로 자른다. 유산지를 깐 오븐 팬에 숟가락 2개를 이용하여 같은 양의 반죽을 일정한 간격으로 올린다. 윗면에 마시멜로우를 올리고 살짝 누른다.

07

손가락으로 윗부분을 살짝 다듬어 동그란 모양으로 만든다. ★반죽을 짤주머니에 담고 동그랗게 짜도 돼요.

08

굽기 180℃로 예열된 오븐의 가운데 칸에서 10분간 굽는다. 식힘망에 올려 식힌다.
★굽는 중간에 팬을 한 번 돌려주면 골고루 구워져요. 팬의 크기에 따라 2회로 나눠 구워요.

굽는 시간에 따라 식감이 달라져요

브라우니 쿠키를 8분간 구우면 퍼지 브라우니처럼 찐득한 식감의 쿠키가 되고,
12분 이상 구우면 좀 더 바삭한 식감의 초콜릿 쿠키가 만들어져요.
기호에 따라 굽는 시간을 조절해 보세요. 단 15분 이상 구우면
수분이 많이 증발되어 딱딱한 쿠키가 될 수 있으니 15분 이상 굽지마세요.

아몬드 튀일

+코코넛 튀일
+오렌지 튀일

지름 6.5cm, 24~28개분 | 30~45분(+휴지 30분) | 160℃ | 밀폐용기 _ 실온 7일

기본 레시피 재료

아몬드 튀일

- □ 달걀흰자 2개분
- □ 설탕 50g
- □ 박력분 2큰술
- □ 아몬드 슬라이스 100g
- □ 녹인 버터 40g

+응용 레시피 A

코코넛 튀일

- □ 달걀흰자 2개분
- □ 설탕 50g
- □ 박력분 2큰술
- □ 코코넛 슬라이스 70g
- □ 녹인 버터 40g

+응용 레시피 B

오렌지 튀일

- □ 달걀흰자 2개분
- □ 설탕 50g
- □ 박력분 2큰술
- □ 오렌지 제스트 1개분
- □ 아몬드 슬라이스 100g
- □ 녹인 버터 40g

도구 준비하기

볼

거품기

체

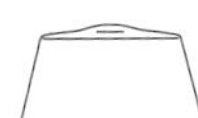
오븐 팬

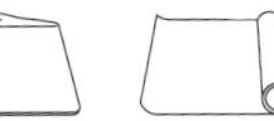
테프론시트

숟가락

포크

재료 준비하기

1 박력분은 체 친다.
2 버터는 중탕(또는 전자레인지)으로 녹인다.

작은 거품이 생길 때까지 휘핑해요

01

반죽 만들기 볼에 달걀흰자를 넣고 거품기로 작은 거품이 생길 때까지 휘핑한다.

02

설탕을 넣고 거품기로 30초간 휘핑한다.

03

체 친 박력분, 아몬드 슬라이스, 녹인 버터를 넣고 거품기로 가볍게 섞는다.

응용 A

체 친 박력분, 코코넛 슬라이스, 녹인 버터를 넣고 거품기로 가볍게 섞는다.

응용 B

체 친 박력분, 아몬드 슬라이스, 오렌지 제스트, 녹인 버터를 넣고 거품기로 가볍게 섞는다.

04

윗면에 랩을 씌우고 냉장실에서 30분간 휴지시킨다. ★ 이 과정은 생략해도 좋아요. 냉장실에서 휴지시키면 버터가 단단해져 반죽을 좀 더 쉽게 펼 수 있어요. 완성된 반죽은 냉장실에서 이틀간 보관이 가능해요. **오븐 예열**

05

코팅이 잘 된 유산지(또는 테프론 시트)를 깐 오븐 팬에 숟가락을 이용하여 같은 양의 반죽을 올린다.

06

포크로 사진처럼 지름 6cm, 두께 0.2cm가 되도록 동그랗게 편다. ★ 튀일이 구워지면서 조금씩 퍼지니 사방 1~2cm 간격을 두세요.

07

굽기 160℃로 예열된 오븐의 가운데 칸에서 가장자리가 노르스름해질 때까지 12~15분간 굽는다. 식힘망에 올려 식힌다. ★ 코코넛 튀일은 색이 빨리 나므로 10~12분간 구우세요. 굽는 중간에 팬을 한 번 돌려주면 골고루 구워져요.

버터링 쿠키

+ 홍차 버터링 쿠키
+ 초콜릿 버터링 쿠키

지름 6cm, 32개분 | 30~45분 | 180℃ | 밀폐용기 _ 실온 10일

기본 레시피 재료
버터링 쿠키
- □ 실온에 둔 버터 120g
- □ 슈가파우더 50g
- □ 소금 1/8작은술
- □ 달걀 1개
- □ 박력분 100g
- □ 아몬드가루 50g

+응용 레시피 A
홍차 버터링 쿠키
- □ 실온에 둔 버터 120g
- □ 슈가파우더 50g
- □ 소금 1/8작은술
- □ 달걀 1개
- □ 박력분 100g
- □ 아몬드가루 50g
- □ 홍차 가루(또는 홍차 잎) 2g

+응용 레시피 B
초콜릿 버터링 쿠키
- □ 실온에 둔 버터 120g
- □ 슈가파우더 50g
- □ 소금 1/8작은술
- □ 달걀 1개
- □ 박력분 100g
- □ 아몬드가루 50g
- □ 코코아가루 2큰술
- □ 우유 1/2작은술

도구 준비하기

볼

핸드믹서

주걱

체

오븐 팬

짤주머니
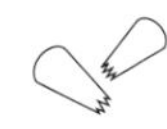
별모양 깍지

재료 준비하기

1 버터와 달걀은 1시간 전에 냉장실에서 꺼내 실온에 둔다.
2 박력분, 아몬드가루는 함께 체 친다. (응용 레시피의 가루 재료들도 함께 체 친다.)
3 짤주머니에 별모양 깍지를 끼운다.

01

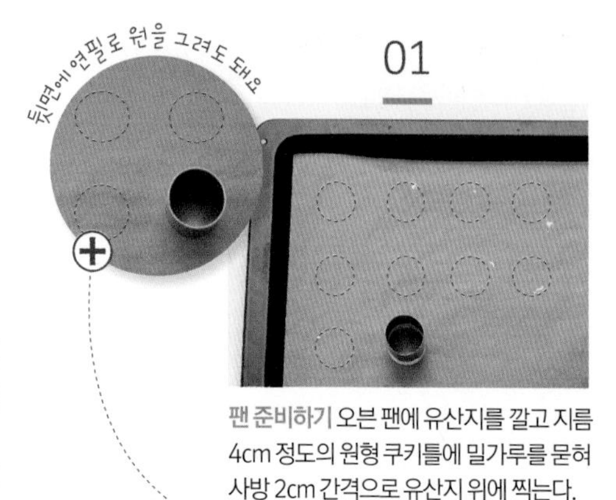

팬 준비하기 오븐 팬에 유산지를 깔고 지름 4cm 정도의 원형 쿠키틀에 밀가루를 묻혀 사방 2cm 간격으로 유산지 위에 찍는다.
★비치는 유산지 뒷면에 연필로 원을 그려도 돼요. 능숙해지면 이 과정을 생략하세요.

02

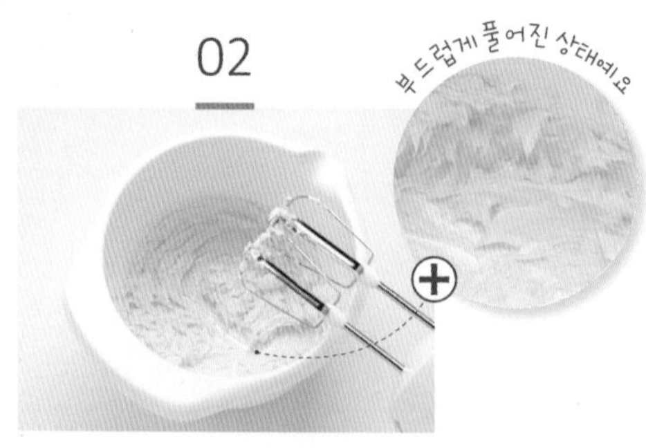

반죽 만들기 큰 볼에 버터를 넣고 핸드믹서의 거품기로 낮은 단에서 20~30초간 푼다.
★마요네즈처럼 부드러운 상태로 푸세요. 볼 옆면에 붙은 버터가 삼각뿔 모양이 되면 잘 풀어진 거예요. 오븐 예열

03

슈가파우더, 소금을 넣고 핸드믹서의 거품기로 낮은 단에서 30초간 섞는다.
★ 슈가파우더를 넣고 주걱으로 가볍게 섞어준 뒤 핸드믹서로 섞으면 슈가파우더가 날리지 않아요.

04

달걀을 넣고 핸드믹서의 거품기로 낮은 단에서 40~50초간 섞는다.

05

체 친 가루 재료를 넣고 완전히 섞일 때까지 볼을 돌려가며 주걱으로 자르듯이 섞는다.
★ 주걱으로 자르듯이 섞어야 반죽에 글루텐이 생기는 것을 최소화해, 쿠키가 질기고 딱딱해지는 것을 막을 수 있어요.

응용 A

체 친 박력분, 아몬드가루, 홍차 가루를 넣고 완전히 섞일 때까지 볼을 돌려가며 주걱으로 자르듯이 섞는다.

응용 B

체 친 박력분, 아몬드가루, 코코아가루, 우유를 넣고 완전히 섞일 때까지 볼을 돌려가며 주걱으로 자르듯이 섞는다.

06

짤주머니에 반죽을 1/3 분량씩 넣고 사진처럼 세운 후 ①의 원에 맞춰 동그랗게 짠다.
★ 가운데 구멍이 생기지 않도록 짠 후 잼을 올려 구워도 좋아요. 반죽이 너무 부드러워졌다면 냉장실에서 30분 정도 휴지시킨 후 짜주세요.

07

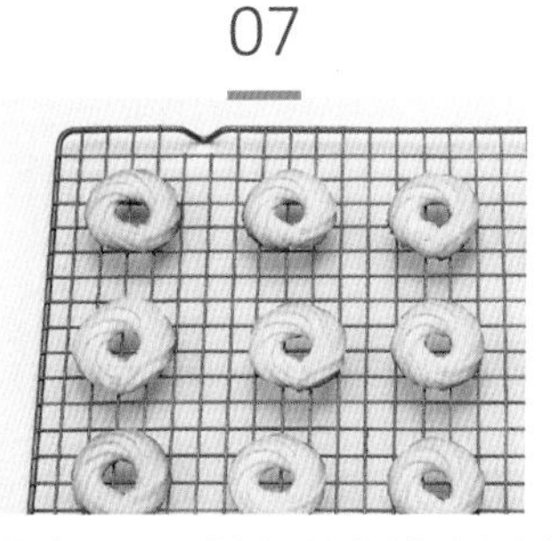

굽기 180℃로 예열된 오븐의 가운데 칸에서 10~13분간 굽는다. 식힘망에 올려 식힌다.
★ 굽는 중간에 팬을 한 번 돌려주면 골고루 구워져요. 팬의 크기에 따라 2회로 나눠 구워요.

마카롱

+초콜릿 마카롱
+오렌지 마카롱

지름 4cm, 25개분 40~50분(+반죽 말리기 1시간) 145℃
마카롱 껍질 : 밀폐용기 _ 실온 2~3일 / 크림을 바른 마카롱 : 밀폐용기 _ 3~5℃ 냉장실 3~7일

기본 레시피 재료
마카롱

- □ 아몬드가루 100g
- □ 슈가파우더 100g
- □ 달걀흰자 A 1개분(40g)
- □ 달걀흰자 B 1개분(40g)
- □ 물 25㎖
- □ 설탕 100g

버터크림
- □ 실온에 둔 버터 100g
- □ 슈가파우더 50g
- □ 생크림 2큰술

+응용 레시피 A
초콜릿 마카롱

- □ 아몬드가루 100g
- □ 슈가파우더 100g
- □ 코코아가루 1작은술
- □ 달걀흰자 A 1개분(40g)
- □ 달걀흰자 B 1개분(40g)
- □ 물 25㎖
- □ 설탕 100g

가나슈
- □ 다크커버춰 초콜릿 110g
- □ 생크림 80㎖
- □ 물엿(또는 올리고당) 8g

★ 가나슈 만들기 56쪽
응용 A-1부터 응용 A-4를 참고

+응용 레시피 B
오렌지 마카롱

- □ 아몬드가루 100g
- □ 슈가파우더 100g
- □ 달걀흰자 A 1개분(40g)
- □ 달걀흰자 B 1개분(40g)
- □ 물 25㎖
- □ 설탕 100g
- □ 오렌지 제스트 1/4개분

오렌지 버터크림
- □ 실온에 둔 버터 100g
- □ 슈가파우더 50g
- □ 생크림 30㎖
- □ 오렌지 제스트 1/2개분
- □ 오렌지 즙 1/2개분

도구 준비하기

푸드 프로세서

볼

주걱
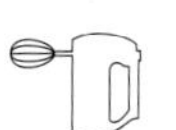
핸드믹서

체
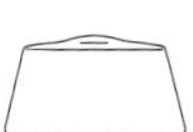
오븐 팬

짤주머니
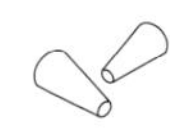
원형 깍지

재료 준비하기

1 버터와 달걀은 1시간 전에 냉장실에서 꺼내 실온에 둔다.
2 짤주머니에 원형 깍지를 끼운다.
3 오븐 팬에 테프론 시트를 깔고 지름 4cm 정도의 원형 쿠키틀에 밀가루(또는 슈가파우더)를 묻혀 사방 2cm 간격으로 유산지 위에 찍는다. ★ 52쪽 과정 ①번 참고

01

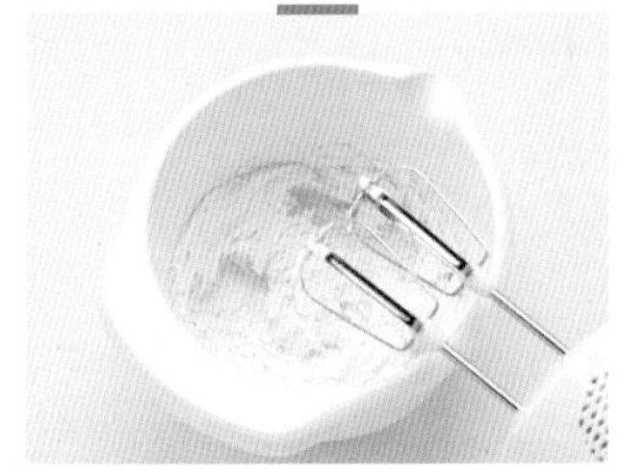
버터크림 만들기 볼에 버터, 슈가파우더, 생크림을 넣는다. 핸드믹서의 거품기로 높은 단에서 5분 이상 휘핑한다.

응용 B

오렌지 버터크림 만들기 볼에 버터, 슈가파우더, 생크림, 오렌지 제스트, 오렌지 즙을 넣는다. 핸드믹서의 거품기로 높은 단에서 5분 이상 휘핑한다.

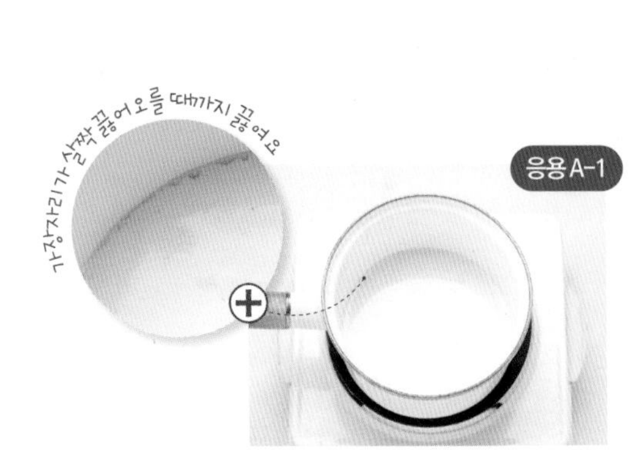

가나슈 만들기 냄비에 생크림을 넣고 중간 불에서 가장자리가 살짝 끓어오를 때까지 끓인 후 불을 끈다.

잘게 다진 다크커버춰 초콜릿을 넣고 거품기로 저어가며 녹인다.

물엿을 넣고 가볍게 섞는다.

가나슈를 볼에 옮겨 담고 주르륵 흐르지 않고 크림처럼 부드러운 상태가 될 때까지 실온에서 굳힌다. ★ 너무 많이 굳어 짜기 어려울 때는 미지근한 물로 중탕하여 살짝 녹이세요.

02

반죽 만들기 푸드 프로세서에 아몬드가루와 슈가파우더를 넣고 곱게 간다. ★ 곱게 갈지 않으면 마카롱의 표면이 매끄럽지 않고, 실패하기 쉬우므로 곱게 갈아주세요.

푸드 프로세서에 아몬드가루와 슈가파우더, 코코아가루를 넣고 곱게 간다.

03

②를 체에 내려 볼에 담은 후 달걀흰자 A를 넣는다. 가장자리의 반죽을 조금씩 무너뜨리며 짓누르듯이 골고루 섞는다. ★ 마카롱에 색을 낼 때는 달걀흰자와 함께 식용 색소를 넣고 반죽하세요.

응용 A

②의 응용 A를 체에 내려 볼에 담은 후 달걀흰자 A를 넣는다. 가장자리의 반죽을 조금씩 무너뜨리며 짓누르듯이 골고루 섞는다.

응용 B

②를 체에 내려 볼에 담은 후 물기를 최대한 제거한 오렌지 제스트, 달걀흰자 A를 넣는다. 가장자리의 반죽을 조금씩 무너뜨리며 짓누르듯이 골고루 섞는다.

04

뾰족한 뿔 모양이 될 때까지 휘핑해요

다른 볼에 달걀흰자 B를 넣고 핸드믹서의 거품기로 중간 단에서 40~50초간 휘핑한다. ★ 핸드믹서의 거품기를 들어 올렸을 때 가운데가 뾰족한 뿔 모양이 될 때까지 휘핑하세요.

05

바닥이 두꺼운 냄비에 물과 설탕을 넣고 중약 불에서 냄비를 기울여가며 설탕을 녹인다. 가운데까지 바글바글 끓어오르면 40~50초간 더 끓인다. ★ 설탕 결정이 생기니 주걱으로 젓지 말고 그대로 녹이세요. 온도계가 있다면 시럽이 118~120℃가 될 때까지 끓이세요.

06

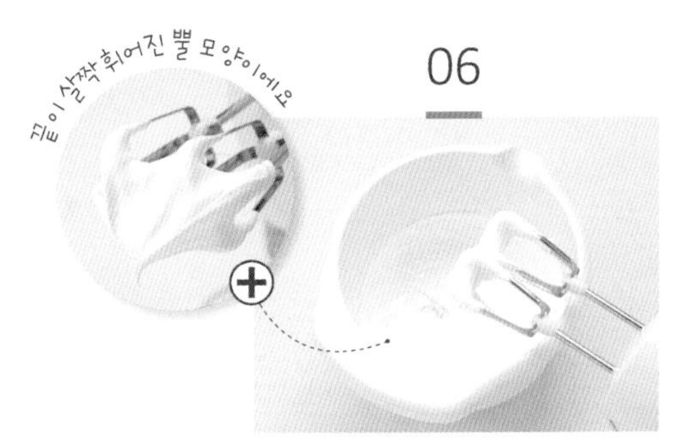

④의 볼에 ⑤를 조금씩 흘려 넣으며 핸드믹서의 거품기로 높은 단에서 2분간 휘핑한다. ★ 거품기로 거품을 들어 올렸을 때 끝이 살짝 휘어지는 삼각뿔 모양이 될 때까지 휘핑하세요.

07

계단 모양이 생기는지 확인하세요

③의 볼에 ⑥을 넣고 주걱으로 아래에서 위로 뒤집듯이 섞은 후 볼의 옆면에 반죽을 펼친다는 느낌으로 섞어 기포를 없앤다. ★ 반죽을 떨어트렸을 때 계단처럼 쌓인 후 서서히 퍼지는 농도가 되면 적당한 거예요.

08

짤주머니에 반죽을 넣고 오븐 팬에서 1cm 정도 높이로 띄워 원에 맞춰 동그랗게 짠다. ★ 반죽을 짠 후 팬을 조심스럽게 들고 오븐 팬 밑면을 손바닥으로 가볍게 치면 윗면이 매끄럽게 퍼져요.

09

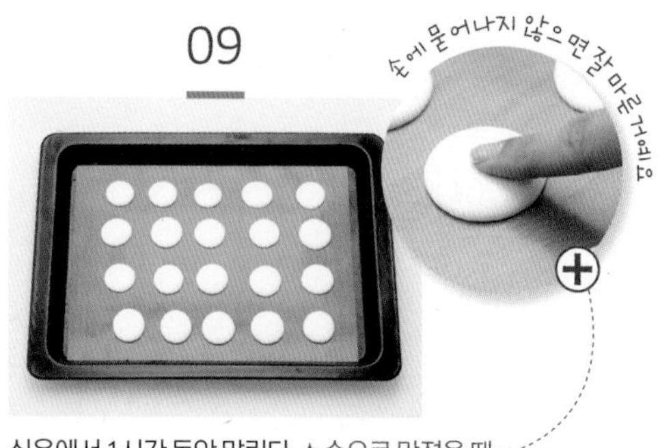

실온에서 1시간 동안 말린다. ★ 손으로 만졌을 때 반죽이 묻어나지 않으면 잘 마른 거예요. 계절, 습도의 영향을 많이 받으므로 상태를 확인하며 말리는 시간을 조절하고, 반죽을 많이 섞어 묽어진 경우에는 말리는 시간을 늘리세요. **오븐 예열**

10

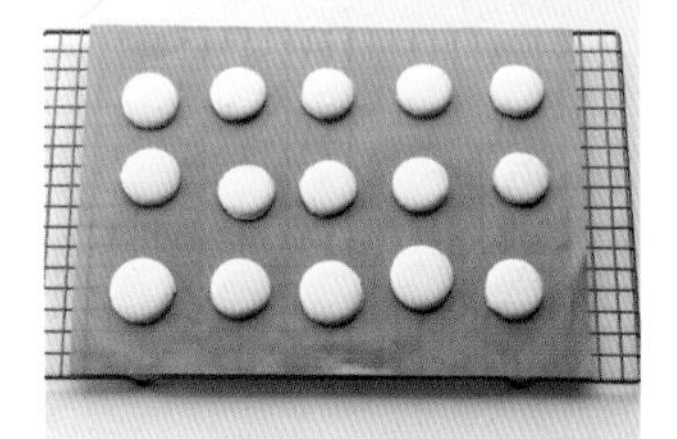

굽기 160℃로 예열된 오븐을 145℃로 낮추고 오븐의 가운데 칸에서 10~12분간 굽는다. ★ 오븐에서 꺼낸 후 테프론 시트 위에서 완전히 식힌 후 떼어내요.

11

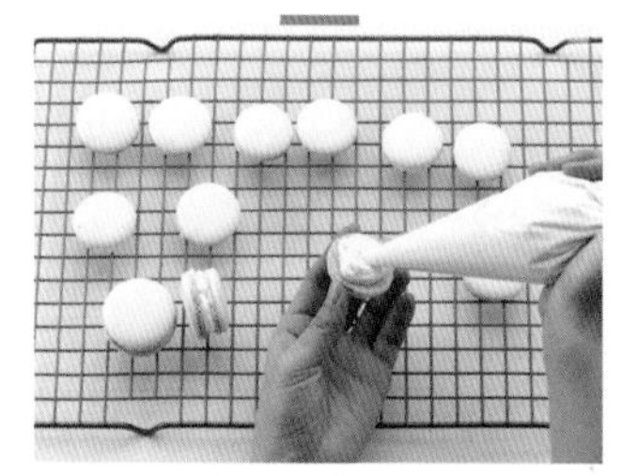

버터 크림(또는 가나슈)을 짤주머니에 담아 마카롱 1/2 분량의 안쪽 면에 짠다. 나머지 마카롱으로 살짝 눌러 덮는다. ★ 크림이 튀어나오지 않도록 마카롱의 가운데 부분에 짜세요.

Tip

마카롱 만들 때 주의사항

과정 ④에서 달걀흰자를 단단하게 휘핑하는 것, 과정 ⑦에서 마카롱의 기포를 없애듯이 짓눌러 반죽하는 것(마카로나주)이 중요해요. 기포를 너무 없애면 형태가 무너지며 퍼지게 되고, 기포가 너무 많이 남으면 반죽은 부풀어 오르지만 윗면이 갈라지거나 밑부분에 프릴 모양(삐에)이 생기지 않으며, 속이 비거나 윤기 없는 마카롱이 된답니다. 완성된 반죽에 윤기가 있고 반죽을 들어올려 떨어트렸을 때 계단 모양을 만들며 천천히 퍼지는 농도가 가장 좋아요.

슈

+쿠키슈
+에클레어

슈 _ 지름 4cm, 20개분 / 쿠키슈 _ 지름 8cm, 7개분 / 에클레어 _ 길이 12cm, 10~12개분 　 1시간~1시간 15분 　 180℃

밀폐용기 _ 3~5℃ 냉장실 1일 (여름철에는 크림이 쉽게 상할 수 있으니 바로 먹는 것이 좋다.)

기본 레시피 재료

슈

- □ 물 90㎖
- □ 소금 1/8작은술
- □ 버터 40g
- □ 박력분 50g
- □ 달걀 2개(90~100g)

커스터드 크림

- □ 달걀노른자 2개분
- □ 설탕 60g
- □ 옥수수 전분 30g
- □ 우유 300㎖
- □ 버터 10g

+응용 레시피 A

쿠키슈

- □ 물 90㎖
- □ 소금 1/8작은술
- □ 버터 40g
- □ 박력분 60g
- □ 달걀 2개(90~100g)

커스터드 크림

- □ 달걀노른자 2개분
- □ 설탕 60g
- □ 옥수수 전분 30g
- □ 우유 300㎖
- □ 버터 10g

쿠키 토핑

- □ 버터 30g
- □ 설탕 30g
- □ 박력분 30g
- □ 아몬드가루 20g

★ 쿠키 토핑 만들기 60쪽 응용 A-1, A-2 참고

+응용 레시피 B

에클레어

- □ 물 90㎖
- □ 소금 1/8작은술
- □ 버터 40g
- □ 박력분 60g
- □ 달걀 2개(90~100g)

초콜릿 커스터드 크림

- □ 달걀노른자 2개
- □ 설탕 60g
- □ 옥수수 전분 30g
- □ 우유 300㎖
- □ 다크커버춰 초콜릿 50g

장식

- □ 코팅용 다크 초콜릿 100g

도구 준비하기

볼 　 거품기 　 주걱 　 냄비 　 체 　 오븐 팬 　 짤주머니 　 원형 깍지

재료 준비하기

1 박력분은 체 친다.
2 슈용 달걀 2개는 볼에 넣어 포크로 멍울을 푼다.
3 짤주머니에 원형 깍지를 끼운다.

응용 A-1

쿠키 토핑 만들기 볼에 버터, 설탕, 체 친 박력분, 아몬드가루를 넣는다. 핸드믹서의 거품기로 낮은 단에서 1분간 한 덩어리가 될 때까지 섞는다. 반죽을 위생팩에 넣고 납작하게 누른 후 냉장실에서 1시간 정도 휴지시킨다.

응용 A-2

⑨번 과정 후 휴지시킨 반죽의 아래위에 비닐을 깔고 밀대로 0.3cm 두께가 되도록 밀어 편다. 지름 4cm의 원형 쿠키커터에 밀가루를 살짝 묻힌 뒤 반죽을 찍어낸다.

★ 쿠키 예쁘게 찍어내기 27쪽 참고

01

커스터드 크림 만들기 볼에 달걀노른자를 넣고 거품기로 멍울을 푼다. 설탕을 넣고 30~40초간 섞은 후 옥수수 전분을 넣고 가볍게 섞는다.

02

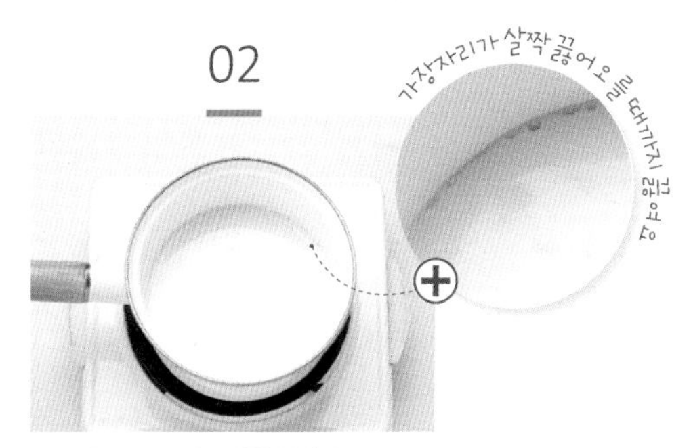

냄비에 우유를 넣고 약한 불에서 가장자리가 살짝 끓어오를 때까지 끓인다.

03

①의 볼에 ②를 조금씩 넣으면서 거품기로 빠르게 섞는다. ★ 뜨거운 우유를 한 번에 넣으면 달걀노른자가 익어 덩어리가 생길 수 있으니 조금씩 넣으면서 빠르게 섞어요.

04

냄비에 ③을 옮겨 담는다. 중간 불에서 거품기로 빠르게 저어주며 1분 30초~2분간 끓인다. ★ 냄비 바닥과 가장자리 반죽은 타기 쉬우므로 거품기로 쉬지 않고 골고루 저으세요.

05

반죽에 윤기가 나며 가운데까지 끓어오르면 불을 끈다. 버터를 넣어 거품기로 섞어가며 녹인다. ★ 커스터드 크림에 덩어리가 생겼을 경우에는 체에 한 번 거르세요.

응용 B

반죽에 윤기가 나며 가운데까지 끓어오르면 불을 끈다. 잘게 다진 다크커버춰 초콜릿을 넣고 거품기로 섞어가며 녹인다.

06

넓고 편편한 용기에 커스터드 크림을 담고 랩을 크림에 붙여 씌워 냉장실에 넣어 완전히 식힌다. ★ 공기와 접촉하지 않도록 랩을 크림에 붙여 씌우고 재빨리 식혀야 커스터드 크림에 세균이 번식하는걸 막을 수 있어요.

07

반죽 만들기 냄비에 물, 소금을 넣는다. 센 불에서 끓여 가장자리가 바글바글 끓어오르면 불을 끄고 버터를 넣어 녹인다.

오븐 예열

08

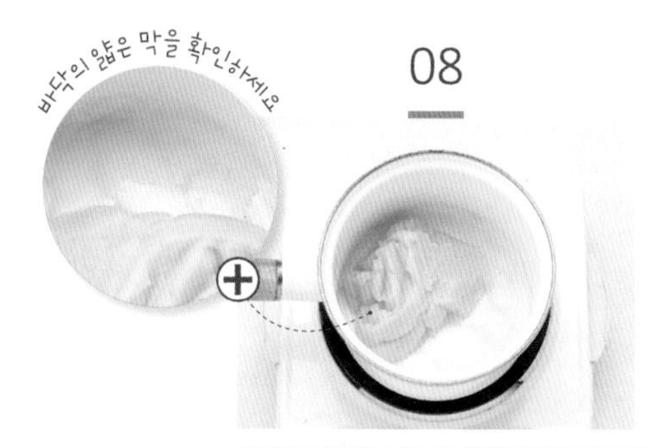

체 친 박력분을 넣고 한 덩어리가 될 때까지 주걱으로 고루 섞는다. 다시 중약 불에 올려 2분간 저어가며 익힌다. ★ 반죽에 윤기가 나고 냄비 바닥에 얇은 막이 생겨 미끄러지는 듯한 느낌이 들면 완성이에요.

09

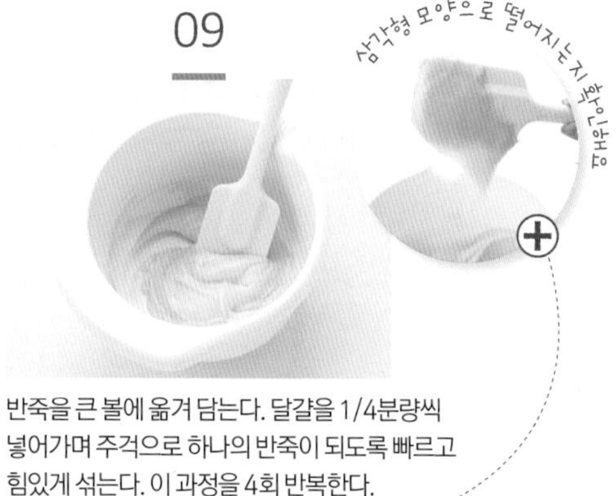

반죽을 큰 볼에 옮겨 담는다. 달걀을 1/4분량씩 넣어가며 주걱으로 하나의 반죽이 되도록 빠르고 힘있게 섞는다. 이 과정을 4회 반복한다.
★ 반죽을 들어 올렸을 때 사진처럼 삼각형 모양으로 부드럽게 떨어지면 잘 된 반죽이에요.

10

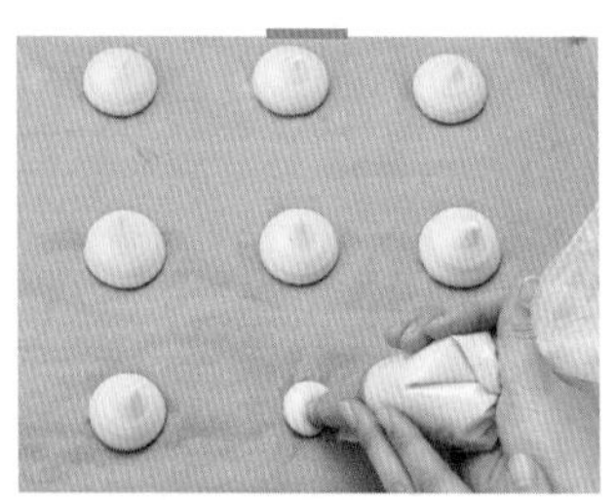

반죽을 짤주머니에 담는다. 짤주머니를 오븐 팬에서 1cm 높이로 띄우고 수직으로 세워 지름 5cm, 높이 3cm의 둥근 모양으로 짠다.
★ 반죽이 구워지면서 조금씩 퍼지니 사방 3cm 간격을 두세요.

응용 A

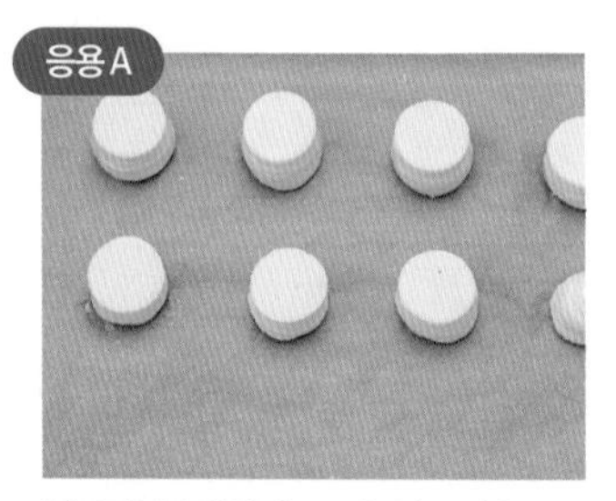

짤주머니를 팬에서 2cm 높이로 띄우고 수직으로 세워 지름 8cm, 높이 3cm 크기의 둥근 모양으로 짠 후 윗면에 쿠키 토핑을 올린다. ★ 반죽이 구워지면서 조금씩 퍼지니 사방 5cm 간격을 두세요.

응용 B

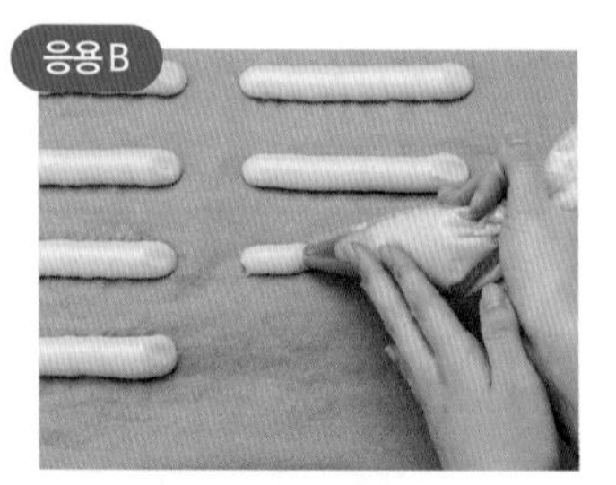

짤주머니를 오븐 팬에서 0.5cm 높이로 띄우고 45°로 기울여 길이 12cm, 높이 1.5cm 크기로 길게 짠다.
★ 반죽이 구워지면서 조금씩 퍼지니 사방 2.5cm 간격을 두세요.

11

굽기 분무기로 반죽 표면에 물을 뿌린다(쿠키슈 제외). 180℃로 예열된 오븐의 가운데 칸에서 15~20분간 구운 후 160℃로 낮춰 10~15분간 더 굽는다. 식힘망에 올려 식힌다. ★ 온도가 내려가면 슈가 꺼질 수 있으니 중간에 오븐을 열지 마세요.

12

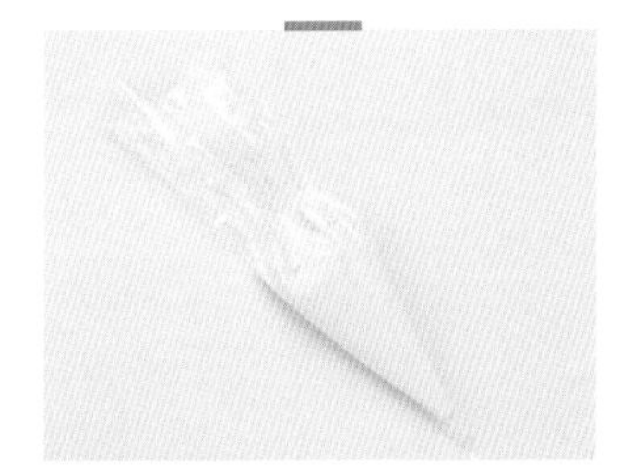

완전히 식힌 ⑥의 커스터드 크림을 거품기로 부드럽게 푼다. 짤주머니에 넣고 끝의 1cm 지점을 가위로 자른다.

13

젓가락으로 구멍을 내요

젓가락을 이용해 슈의 바닥에 구멍을 뚫고 짤주머니의 끝을 넣어 커스터드 크림을 채운다. ★ 쿠키슈도 같은 방법으로 채워요.

응용B

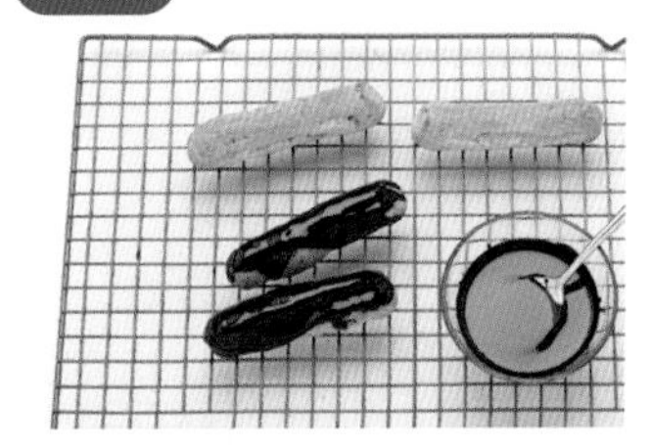

에클레어 바닥 양쪽에 젓가락으로 구멍을 뚫고 짤주머니의 끝을 넣어 초콜릿 커스터드 크림을 채운다. 중탕으로 녹인 코팅용 다크 초콜릿을 숟가락으로 윗면에 바른다.

Tip

전자레인지로 커스터드 크림 만들기

커스터드 크림 만들기 과정 ③까지 동일하게 만든 후 내열용기에 옮겨 담고 전자레인지(700W)에서 30초씩 8~10회 익혀요. 이때 30초에 한 번씩 꺼내 거품기로 고루 섞어주세요. 크림처럼 주르륵 흘러내리는 상태가 되면 바로 랩을 크림에 붙여 씌우고 냉장실에 넣어 완전히 식혀요.

다쿠와즈

+녹차 다쿠와즈
+모카 다쿠와즈

길이 6.5cm, 폭 3cm, 12개분　　30~40분　　180℃　　밀폐용기 _ 실온 7일

기본 레시피 재료

다쿠와즈

- □ 달걀흰자 2개분
- □ 설탕 20g
- □ 아몬드가루 40g
- □ 슈가파우더 30g
- □ 박력분 20g

장식

- □ 슈가파우더 2큰술

가나슈

- □ 다크커버춰 초콜릿 90g
- □ 생크림 65㎖
- □ 물엿 1작은술

+응용 레시피 A

녹차 다쿠와즈

- □ 달걀흰자 2개분
- □ 설탕 20g
- □ 아몬드가루 40g
- □ 슈가파우더 30g
- □ 박력분 20g
- □ 녹차가루 1/2작은술

장식

- □ 슈가파우더 2큰술

가나슈

- □ 다크커버춰 초콜릿 90g
- □ 생크림 65㎖
- □ 물엿 1작은술

+응용 레시피 B

모카 다쿠와즈

- □ 달걀흰자 2개분
- □ 설탕 20g
- □ 아몬드가루 40g
- □ 슈가파우더 30g
- □ 박력분 20g
- □ 입자가 작은 인스턴트 커피가루 1/2작은술

장식

- □ 슈가파우더 2큰술

가나슈

- □ 다크커버춰 초콜릿 90g
- □ 생크림 65㎖
- □ 물엿 1작은술

도구 준비하기

볼

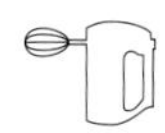
핸드믹서

주걱

체

오븐 팬

짤주머니

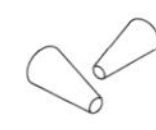
원형 깍지

냄비

재료 준비하기

1 아몬드가루, 슈가파우더, 박력분은 함께 체 친다.
(응용 레시피의 가루 재료들도 함께 체 친다.)
2 짤주머니에 원형 깍지를 끼운다.
3 다크커버춰 초콜릿은 잘게 다진다.

01

반죽 만들기 큰 볼에 달걀흰자를 넣고 핸드믹서의 거품기로 낮은 단으로 작은 거품이 생길 때까지 30~40초간 휘핑한다. 오븐 예열

02

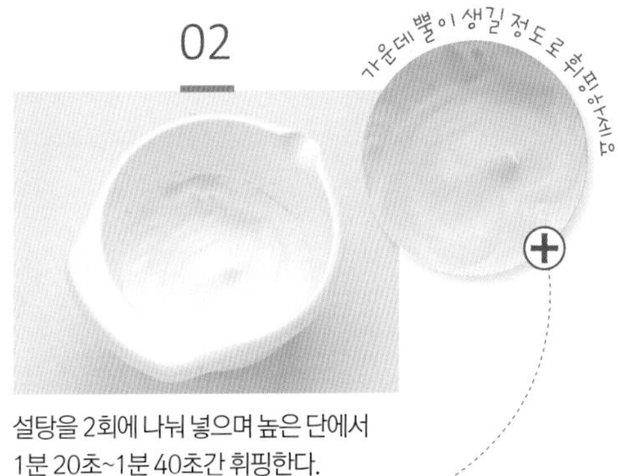

설탕을 2회에 나눠 넣으며 높은 단에서 1분 20초~1분 40초간 휘핑한다.

★ 거품기를 들어 올렸을 때 가운데 뾰족한 삼각뿔 모양이 될 때까지 휘핑하세요.

03

체 친 아몬드가루, 슈가파우더, 박력분을 넣고 주걱으로 아래에서 위로 뒤집듯이 빠르게 섞는다.

응용 A

체 친 아몬드가루, 슈가파우더, 박력분, 녹차가루를 넣고 주걱으로 아래에서 위로 뒤집듯이 빠르게 섞는다.

응용 B

체 친 아몬드가루, 슈가파우더, 박력분, 인스턴트 커피가루를 넣고 주걱으로 아래에서 위로 뒤집듯이 빠르게 섞는다.
★ 입자가 굵은 인스턴트 커피가루는 숟가락 뒷면으로 곱게 으깬 후 넣어주세요.

04

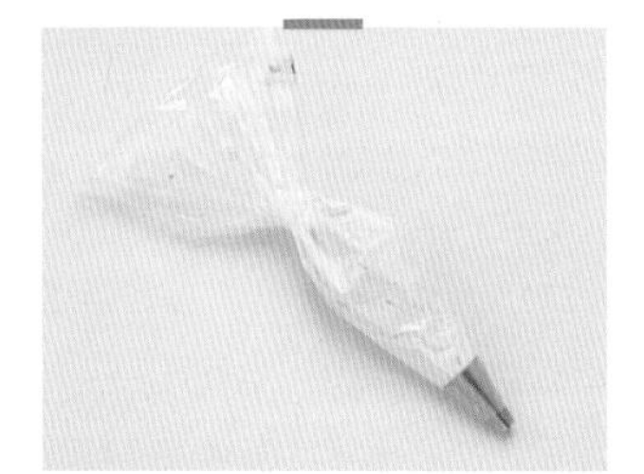

원형 깍지를 끼운 짤주머니에 ③의 반죽을 담는다.

05

유산지를 깐 오븐 팬에 짤주머니를 45˚로 기울여 길이 6cm, 폭 3cm 크기로 짠 후 마지막에 위로 살짝 들어올린다. ★ 구워지면서 조금씩 퍼지니 사방 3cm 간격을 두세요. 팬의 크기에 따라 2회로 나눠 구워요.

06

충분히 뿌리세요

작은 체로 윗면에 장식용 슈가파우더를 2~3회 반복해서 충분히 뿌린다.
★ 슈가파우더를 충분히 뿌려야 굽고 난 후 겉면이 바삭해요.

07

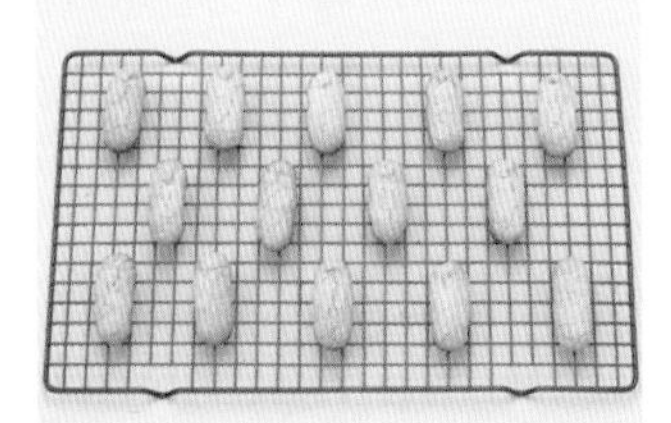

굽기 180℃로 예열된 오븐의 가운데 칸에서 10~12분간 굽는다. 한 김 식힌 후 다쿠와즈를 떼어내고 식힘망에 올려 식힌다.

08

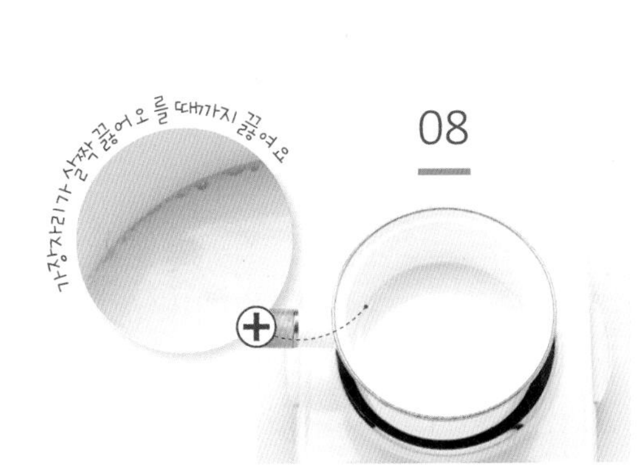

가나슈 만들기 냄비에 생크림을 넣고 중간 불에서 가장자리가 살짝 끓어오를 때까지 끓인 후 불을 끈다.

09

잘게 다진 다크커버춰 초콜릿을 넣고 녹인 후 물엿을 넣어 섞는다.

10

가나슈를 볼에 옮겨 담아 주르륵 흐르지 않고 크림처럼 부드러운 상태가 될 때까지 실온에서 굳힌다. ★ 너무 많이 굳어 짜기 어려울 때는 미지근한 물로 중탕하여 살짝 녹이세요.

11

가나슈를 짤주머니에 담아 끝의 1cm 지점을 가위로 자른다. 다쿠와즈 1/2 분량 안쪽 면에 짠 후 나머지 다쿠와즈로 살짝 눌러 덮는다. ★ 가나슈가 흘러나오지 않도록 다쿠와즈의 가운데 짜 주세요.

Tip

다쿠와즈와 잘 어울리는 모카 버터크림

실온에 둔 버터 50g, 슈가파우더 25g, 생크림 1큰술,
인스턴트 커피가루 1작은술을 볼에 넣고 부드러운 크림 상태가 될 때까지
핸드믹서의 거품기로 높은 단에서 5분 이상 휘핑하세요.
모카 버터크림을 짤주머니에 담아 다쿠와즈 1/2분량의 안쪽 면에 짠 후(약 2g씩)
나머지 다쿠와즈로 살짝 눌러 덮어요.

사브레

+크랜베리 사브레
+단호박 사브레

단호박 사브레
사브레
크랜베리 사브레

지름 4.5cm, 20~22개분 | 35~45분(+휴지 1시간 30분) | 180℃ | 밀폐용기 _ 실온 10일 | 반죽 : 랩 _ 냉동실 15일

기본 레시피 재료

사브레

- □ 실온에 둔 버터 125g
- □ 슈가파우더 60g
- □ 소금 1/8작은술
- □ 달걀노른자 1개분
- □ 박력분 170g

장식(생략 가능)

- □ 설탕 약간

+응용 레시피 A

크랜베리 사브레

- □ 실온에 둔 버터 125g
- □ 슈가파우더 60g
- □ 소금 1/8작은술
- □ 달걀노른자 1개
- □ 박력분 170g
- □ 말린 크랜베리 25g

장식(생략 가능)

- □ 설탕 약간

+응용 레시피 B

단호박 사브레

- □ 실온에 둔 버터 125g
- □ 슈가파우더 60g
- □ 소금 1/8작은술
- □ 달걀노른자 1개
- □ 박력분 170g
- □ 단호박가루 10g

장식(생략 가능)

- □ 설탕 약간
- □ 호박씨(또는 해바라기씨) 15g

도구 준비하기

볼

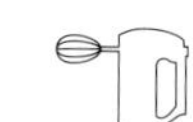
핸드믹서

주걱

체

오븐 팬

칼

재료 준비하기

1 버터는 1시간 전에 냉장실에서 꺼내 실온에 둔다.
2 박력분은 체 친다.
(응용 레시피의 가루 재료들도 함께 체 친다.)

01

반죽 만들기 큰 볼에 버터를 넣고 핸드믹서의 거품기로 낮은 단에서 20~30초간 푼다. ★마요네즈처럼 부드러운 상태로 푸세요.

02

볼 옆면에 붙은 반죽을 주걱으로 긁어 모아준다. ★과정 ⑤까지 반죽을 만드는 중간중간 옆면의 반죽까지 긁어 모아줘야 골고루 잘 섞여요.

03

슈가파우더, 소금을 넣고 핸드믹서의 거품기로 낮은 단에서 15~30초간 섞는다. ★ 슈가파우더를 넣고 주걱으로 가볍게 섞어준 뒤 핸드믹서로 섞으면 슈가파우더가 날리지 않아요.

04

달걀노른자를 넣고 핸드믹서의 거품기로 낮은 단에서 15~30초간 섞는다.

05

체 친 박력분을 넣는다. 완전히 섞일 때까지 볼을 돌려가며 주걱으로 자르듯이 섞는다.
★ 주걱으로 자르듯이 섞어야 반죽에 글루텐이 생기는 것을 최소화해, 쿠키가 질기고 딱딱해지는 것을 막을 수 있어요.

응용 A

체 친 박력분을 넣고 볼을 돌려가며 주걱으로 자르듯이 섞는다. 80% 정도 섞이면 다진 크랜베리를 넣고 가볍게 섞는다.

응용 B

체 친 박력분, 단호박가루를 넣는다. 완전히 섞일 때까지 볼을 돌려가며 주걱으로 자르듯이 섞는다.

06

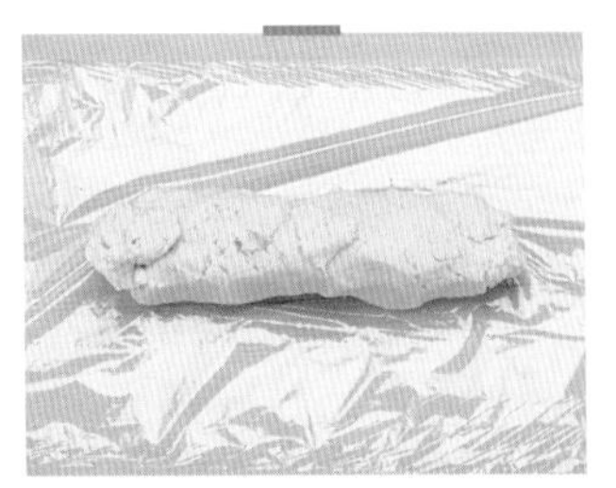

반죽을 랩 위에 길게 올려 감싼다. 지름 2.5cm의 원기둥 모양이 되도록 손으로 모양을 잡은 후 냉장실에서 20~30분간 휴지시킨다.

07

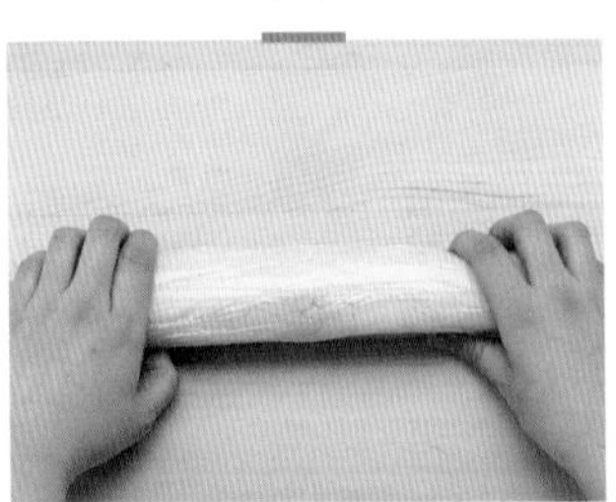

⑥의 반죽을 앞뒤로 굴려가며 울퉁불퉁한 부분을 손으로 매끈하게 정리한 다음 냉동실에서 1시간 이상 휴지시킨다.

08

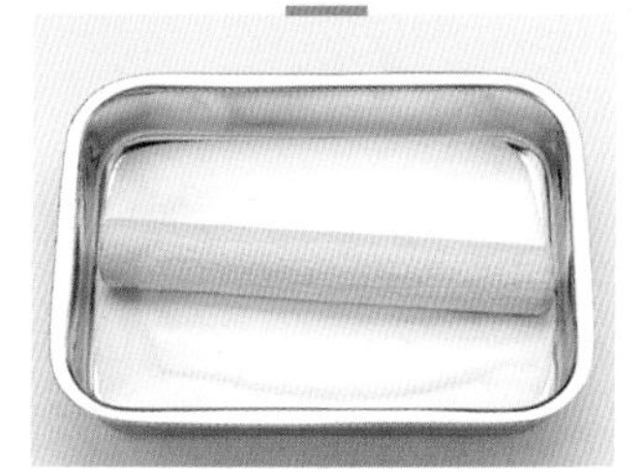

⑦의 반죽을 실온에서 5분간 해동시킨다. 장식용 설탕을 넓은 쟁반에 펼쳐 담고 반죽을 올려 굴려가며 골고루 묻힌다.
★ 이 과정은 생략해도 좋아요. 오븐 예열

09

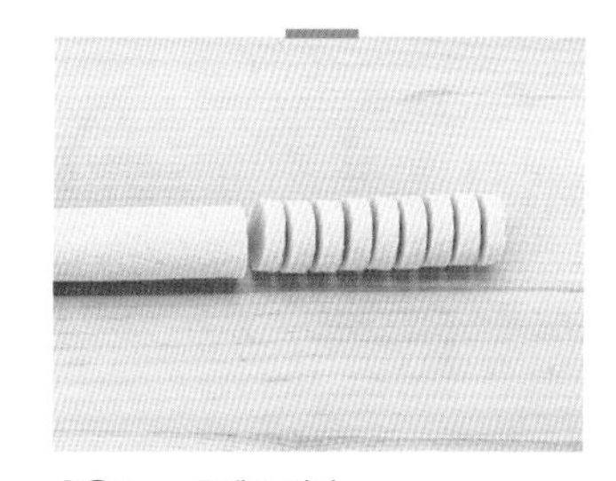

⑧을 1cm 두께로 썬다.
★ 반죽이 많이 녹으면 쿠키를 구웠을 때 모양이 퍼지고, 바삭한 맛이 떨어지니 빨리 썰어 구우세요.

10

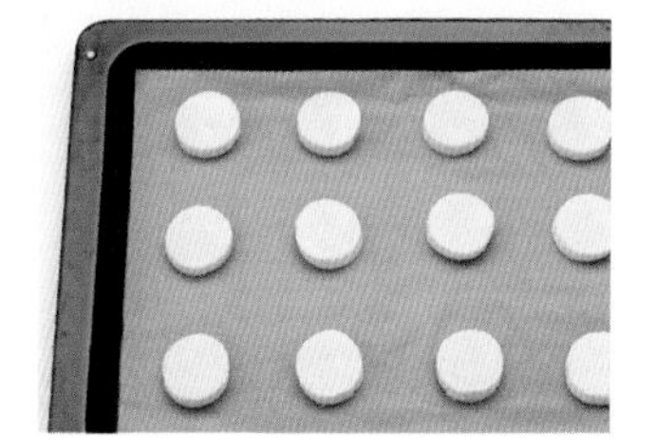

유산지를 깐 오븐 팬에 일정한 간격으로 올린다. ★ 쿠키가 구워지면서 조금씩 퍼지므로 사방 2cm 간격을 두세요.

11

굽기 180℃로 예열된 오븐의 가운데 칸에서 12~15분간 굽는다. 식힘망에 올려 식힌다.
★ 굽는 중간 팬을 한 번 돌려주면 골고루 구워져요. 팬의 크기에 따라 2회로 나눠 구워요.

Tip

균일한 모양의 사브레 만들기

과정 ⑥에서 반죽을 랩으로 싸고 원기둥 모양으로 만들어요. 랩이 감겨있던 단단한 심 안에 넣고 아래위로 10회 정도 흔들어 모양을 잡은 후 그대로 냉동실에서 1시간 이상 휴지시켜요. 또는 반죽을 위생팩에 넣고 긴 자를 이용해 사방을 눌러 사각형 모양으로 만들면 균일하게 만들 수 있어요.

바삭한 식감의 사브레 만들기

차가운 버터를 넣고 푸드 프로세서로 반죽하면 좀 더 바삭한 식감의 사브레를 만들 수 있어요.
푸드 프로세서에 사방 1cm 크기로 썬 차가운 버터 125g, 슈가파우더 60g, 소금 1/8작은술, 달걀노른자 1개분, 체 친 박력분 170g을 넣고 재료가 한 덩어리가 될 때까지 섞어요.
그 후 과정 ⑥에서 원기둥 모양을 잡은 후 휴지를 생략하고 동일한 방법으로 구우세요.
응용 레시피 재료도 모두 함께 넣고 반죽하세요.

비스코티

+초콜릿 비스코티
+레몬 피스타치오 비스코티

길이 9.5cm, 두께 1.5cm, 28개분 | 1시간~1시간 10분 | 180℃ | 밀폐용기 _ 실온 2주

기본 레시피 재료
비스코티

- □ 실온에 둔 버터 50g
- □ 설탕 70g
- □ 소금 1/8작은술
- □ 달걀 1개
- □ 박력분 200g
- □ 아몬드가루 50g
- □ 베이킹파우더 1/2작은술
- □ 말린 크랜베리 50g
- □ 아몬드 50g
- □ 우유 2큰술

+응용 레시피 A
초콜릿 비스코티

- □ 실온에 둔 버터 50g
- □ 설탕 70g
- □ 소금 1/8작은술
- □ 달걀 1개
- □ 박력분 180g
- □ 아몬드가루 50g
- □ 코코아가루 2큰술
- □ 베이킹파우더 1/2작은술
- □ 초코칩 50g
- □ 아몬드 50g
- □ 우유 2큰술

+응용 레시피 B
레몬 피스타치오 비스코티

- □ 실온에 둔 버터 50g
- □ 설탕 70g
- □ 소금 1/8작은술
- □ 레몬즙 2큰술
- □ 달걀 1개
- □ 박력분 200g
- □ 아몬드가루 50g
- □ 베이킹파우더 1/2작은술
- □ 레몬 필 50g
- □ 피스타치오 50g

도구 준비하기

볼

핸드믹서

주걱

체

오븐 팬

칼

재료 준비하기

1 버터와 달걀은 1시간 전에 냉장실에서 꺼내 실온에 둔다.
2 박력분, 아몬드가루, 베이킹파우더는 함께 체 친다.
(응용 레시피의 가루 재료들도 함께 체 친다.)

01

반죽 만들기 큰 볼에 버터를 넣고 핸드믹서의 거품기로 낮은 단에서 20~30초간 푼다. ★마요네즈처럼 부드러운 상태로 푸세요. 오븐 예열

02

볼 옆면에 붙은 반죽을 주걱으로 긁어 모아준다. ★과정 ⑤까지 반죽을 만드는 중간중간 옆면의 반죽까지 긁어 모아줘야 골고루 잘 섞여요.

03

설탕, 소금을 넣고 핸드믹서의 거품기로 낮은 단에서 30초간 섞는다. 달걀을 넣고 30초간 더 섞는다.

응용 B

설탕, 소금, 레몬즙을 넣고 핸드믹서의 거품기로 낮은 단에서 30초간 섞는다. 달걀을 넣고 30초간 더 섞는다.

04

체 친 박력분, 아몬드가루, 베이킹파우더를 넣고 80% 정도 섞일 때까지 볼을 돌려가며 주걱으로 자르듯이 섞는다. ★ 주걱으로 자르듯이 섞어야 반죽에 글루텐이 생기는 것을 최소화해, 쿠키가 질기고 딱딱해지는 것을 막을 수 있어요.

응용 A

체 친 박력분, 아몬드가루, 코코아가루, 베이킹파우더를 넣고 80% 정도 섞일 때까지 볼을 돌려가며 주걱으로 자르듯이 섞는다.

05

말린 크랜베리, 아몬드, 우유를 넣고 주걱으로 골고루 섞는다.

응용 A

초코칩, 아몬드, 우유를 넣고 주걱으로 골고루 섞는다.

응용 B

레몬 필, 피스타치오를 넣고 주걱으로 골고루 섞는다.

06

손에 덧밀가루를 바르고 반죽을 2등분한 후 8.5×12×1.5cm 크기의 직사각형 모양으로 만든다. 유산지를 깐 오븐 팬에 올린다.

07

굽기 180℃로 예열된 오븐의 가운데 칸에서 30분간 구운 후 식힘망에 올려 실온에서 20~30분간 식힌다. ★ 손으로 만져 보았을 때 체온 정도로 약간 따뜻하게 식히는 것이 좋아요.

08

식칼을 이용해 1.5cm 폭으로 썬다.
★ 비스코티는 톱날이 없는 식칼을 이용해 위에서 아래로 한 번에 눌러 썰어야 부서지지 않아요.

09

유산지를 깐 오븐 팬에 비스코티를 일정한 간격으로 올린다. 180℃의 오븐 가운데 칸에서 25분간 굽는다. ★ 팬의 크기에 따라 2회로 나눠 구워요.

10

오븐을 열고 비스코티를 뒤집은 다음 10분간 더 굽는다. ★ 중간에 비스코티를 뒤집으면 아래위가 일정하게 골고루 구워져요. 뒤집을 때 비스코티가 뜨거우니 주의하세요.

Tip

좀 더 쉽게 비스코티 굽기

과정 ⑨에서 오븐 팬 위에 오븐 렉을 올리고
그 위에 일정한 간격으로 비스코티를 올려요.
오븐 렉을 이용하면 열이 아래위로
전달되어 중간에 뒤집는 과정을 생략해도
골고루 구워져요.

스콘

+요구르트 블루베리 스콘
+양파 베이컨 스콘

12개분 | 40분~1시간 5분(+크랜베리 절이기 30분) | 180℃ | 밀폐용기 _ 실온 3일

기본 레시피 재료
스콘

- □ 말린 크랜베리 40g
- □ 럼(크랜베리 절임용) 1작은술
- □ 박력분 270g
- □ 베이킹파우더 1/2큰술
- □ 설탕 70g
- □ 소금 1/2작은술
- □ 차가운 버터 110g
- □ 생크림(또는 우유) 150㎖
- □ 다진 호두 20g(생략 가능)
- □ 우유 2큰술(생략 가능)

+응용 레시피 A
요구르트 블루베리 스콘

- □ 말린 블루베리 70g
- □ 럼(블루베리 절임용) 1작은술
- □ 박력분 270g
- □ 베이킹파우더 1/2큰술
- □ 설탕 70g
- □ 소금 1/2작은술
- □ 차가운 버터 110g
- □ 우유 75㎖
- □ 떠먹는 플레인 요구르트 80㎖
- □ 우유 2큰술(생략 가능)

+응용 레시피 B
양파 베이컨 스콘

- □ 양파 50g
- □ 베이컨 40g
- □ 식용유 1/2작은술
- □ 소금 1/8작은술
- □ 후춧가루 1/8작은술
- □ 박력분 270g
- □ 베이킹파우더 1/2큰술
- □ 설탕 70g
- □ 소금 1/2작은술
- □ 차가운 버터 110g
- □ 생크림(또는 우유) 150㎖
- □ 우유 2큰술(생략 가능)

도구 준비하기

볼

스크래퍼

체

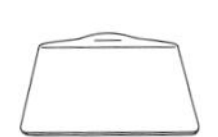
오븐 팬

붓

재료 준비하기

1 차가운 버터는 사방 1cm 크기로 썬다.
2 박력분, 베이킹파우더는 함께 체 친다.

01

크랜베리 절이기 볼에 말린 크랜베리와 럼을 넣고 가볍게 섞은 후 30분간 절인다.
★ 절이는 중간중간 숟가락으로 섞어주면 골고루 절여져요. 럼 대신 레몬즙 1/2작은술 + 물 1/2작은술 + 설탕 1/4작은술로 대체해도 돼요.

응용 A

볼에 말린 블루베리와 럼을 넣고 가볍게 섞은 후 30분간 절인다.

응용 B

양파와 베이컨은 사방 1cm 크기로 썬다. 달군 냄비나 팬에 식용유를 두르고 양파와 베이컨을 넣어 약한 불에서 3분 30초~4분간 볶은 후 소금, 후춧가루로 간한다. 키친타월에 올려 기름기를 뺀 후 식힌다.

02

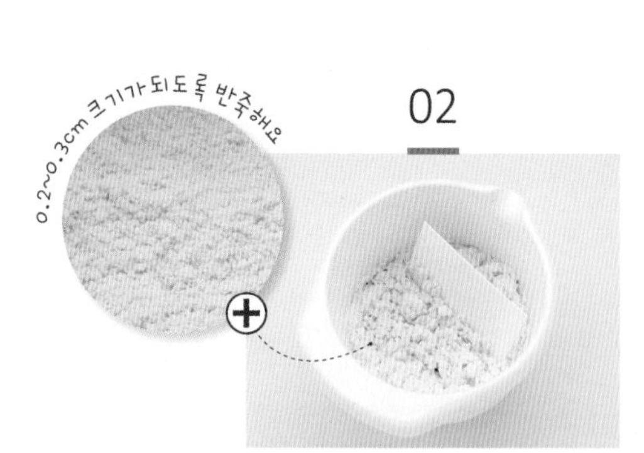

반죽 만들기 볼에 체 친 박력분, 베이킹파우더, 설탕, 소금, 버터를 넣는다. 버터가 0.2~0.3cm 크기가 될 때까지 스크래퍼로 위에서 아래로 자르듯이 눌러가며 반죽한다.

03

볼 바닥에 붙은 반죽을 스크래퍼로 모아준다.

★ 과정 ⑤까지 반죽을 만드는 중간중간 바닥의 반죽까지 긁어 모아줘야 골고루 잘 섞여요.

04

반죽이 부슬부슬한 상태가 되면 생크림을 넣고 볼을 돌려가며 스크래퍼로 자르듯이 섞는다. 오븐 예열

응용 A

반죽이 부슬부슬한 상태가 되면 우유와 떠먹는 플레인 요구르트를 넣고 볼을 돌려가며 스크래퍼로 자르듯이 섞는다.

05

크랜베리와 호두를 넣고 가볍게 섞은 후 스크래퍼로 반죽을 한 덩어리로 만든다.

★ 이 과정에서 너무 많이 섞으면 스콘이 딱딱해질 수 있으니 주의하세요.

응용 A

럼에 절인 블루베리를 넣고 가볍게 섞은 후 스크래퍼로 반죽을 한 덩어리로 만든다.

응용 B

볶은 양파와 베이컨을 넣고 가볍게 섞은 후 스크래퍼로 반죽을 한 덩어리로 만든다.

06

반죽을 2등분한다. 덧밀가루를 뿌린 도마에 올리고 손으로 4cm 두께의 동그란 모양으로 만든다. ★ 버터가 너무 녹아서 반죽이 질어졌다면 냉장실에 30분 정도 두고 단단하게 한 후 사용해도 좋아요.

07

스크래퍼로 반죽을 6등분한다.

08

유산지를 깐 오븐 팬에 일정한 간격으로 올린다. ★ 스콘이 구워지면서 퍼지니 사방 3cm 간격을 두세요.

09

붓으로 윗면에 우유를 바른다. ★ 우유를 바르면 윤기가 나고 좀 더 먹음직스러운 색으로 구워져요.

10

굽기 180℃로 예열된 오븐의 가운데 칸에서 25분간 굽는다. 식힘망에 올려 식힌다. ★ 굽는 중간 팬을 한 번 돌려주면 골고루 구워져요. 팬의 크기에 따라 2회로 나눠 구워요.

Tip

푸드 프로세서로 쉽게 반죽하기

스크래퍼로 버터를 잘게 자르는 것이 어렵다면 푸드 프로세서를 이용하여 좀 더 쉽게 반죽할 수 있어요. 체 친 박력분, 베이킹파우더, 설탕, 소금, 버터를 넣고 버터가 0.2~0.3cm 크기의 부슬부슬한 상태가 될 때까지 섞어요. 볼에 옮겨 담고 과정 ④부터 동일한 방법으로 만들어요.

페이스트리 쿠키

+ 치즈 페이스트리 쿠키
+ 검은깨 페이스트리 쿠키

길이 10cm, 폭 1.5cm, 40개분 | 40~55분(+휴지 1시간) | 180℃ | 밀폐용기 _ 실온 7일

기본 레시피 재료

페이스트리 쿠키

- ☐ 박력분 200g
- ☐ 설탕 1큰술
- ☐ 소금 1/8작은술
- ☐ 차가운 버터 150g
- ☐ 차가운 물 75㎖

달걀물

- ☐ 달걀노른자 1개분
- ☐ 우유 1큰술

장식

- ☐ 설탕 20g
- ☐ 아몬드 슬라이스 30g

+응용 레시피 A

치즈 페이스트리 쿠키

- ☐ 박력분 200g
- ☐ 설탕 1큰술
- ☐ 소금 1/8작은술
- ☐ 차가운 버터 150g
- ☐ 차가운 물 75㎖

달걀물

- ☐ 달걀노른자 1개분
- ☐ 우유 1큰술

장식

- ☐ 파마산 치즈가루 30g

+응용 레시피 B

검은깨 페이스트리 쿠키

- ☐ 박력분 200g
- ☐ 설탕 1큰술
- ☐ 소금 1/8작은술
- ☐ 차가운 버터 150g
- ☐ 차가운 물 75㎖
- ☐ 검은깨(또는 통깨) 25g

도구 준비하기

볼

스크래퍼

체

밀대

칼

오븐 팬

재료 준비하기

1 차가운 버터는 사방 1cm 크기로 썬다.
2 박력분은 체 친다.

01

0.2~0.3cm 크기가 되도록 반죽해요

반죽 만들기 볼에 체 친 박력분, 설탕, 소금, 버터를 넣는다. 버터가 0.2~0.3cm 크기가 될 때까지 스크래퍼로 위에서 아래로 자르듯이 눌러가며 반죽한다.

02

반죽이 부슬부슬한 상태가 되면 차가운 물을 골고루 넣는다. 볼을 돌려가며 스크래퍼로 자르듯이 섞는다.

03

가루 재료가 보이지 않을 정도로 섞이면 스크래퍼로 반죽을 한 덩어리로 만든다.
★ 이 과정에서 너무 많이 섞으면 페이스트리 쿠키가 딱딱해질 수 있으니 주의하세요.

응용B

가루 재료가 80% 정도 섞이면 검은깨를 넣고 섞은 후 스크래퍼로 반죽을 한 덩어리로 만든다.

04

덧밀가루를 뿌린 도마나 작업대에 반죽을 올리고 손으로 반죽을 편편하게 누른다. 스크래퍼로 2등분한다.

05

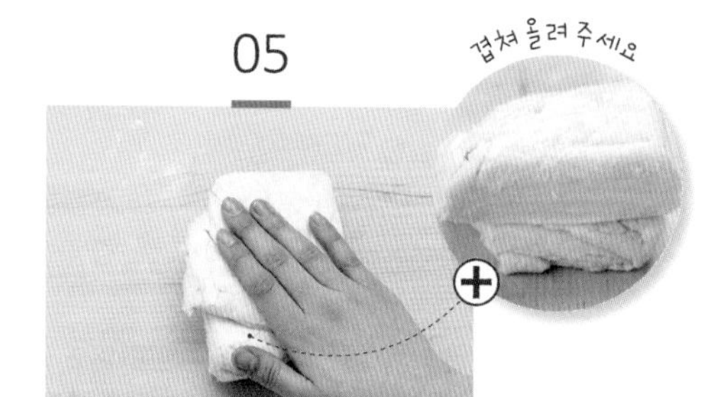

사진처럼 겹쳐 올린 후 다시 편편하게 누른다. 자르고 겹쳐 올리는 과정을 4회 반복한다. ★ 이 때 손의 열로 인해 버터가 녹지 않도록 빠르게 반복해요.

06

⑤의 반죽을 위생팩에 넣고 납작하게 누른다. 냉장실에서 1시간 정도 휴지시킨다.

07

중간중간 덧밀가루를 뿌려요

⑥의 반죽의 아래위에 비닐을 깔고 0.5cm 두께, 20×20cm 크기가 되도록 밀대로 밀어 편다.
★ 반죽이 비닐에 달라 붙으면 중간중간 덧밀가루(박력분)를 뿌려요. 오른 예열

08

윗면에 달걀물을 바르고 설탕과
아몬드 슬라이스를 골고루 뿌린다.

응용A

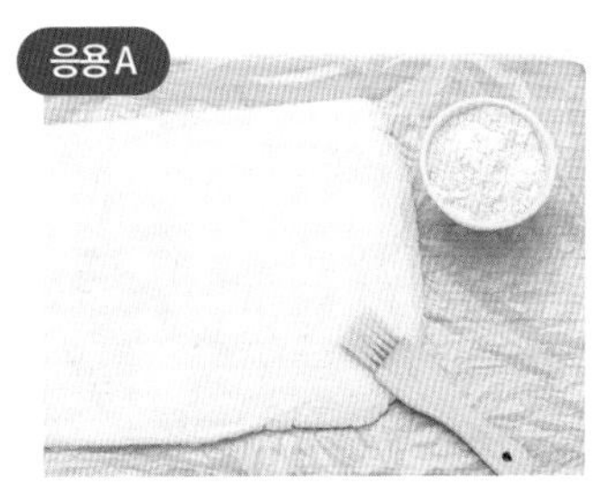

윗면에 달걀물을 바르고 파마산 치즈가루를
골고루 뿌린다.

09

트위스트 모양을 만들어도 좋아요

반죽을 10cm 길이, 1cm 폭으로 길게 썬다.
★반죽을 썬 후 양 끝을 두 손으로 잡고 2바퀴
돌려 트위스트 모양으로 만들어도 좋아요.

10

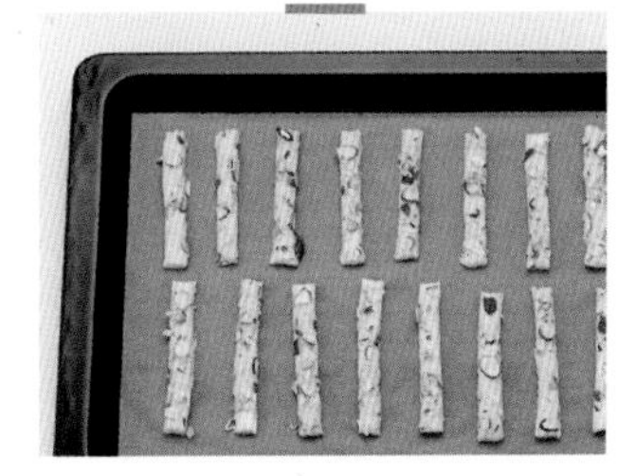

유산지를 깐 오븐 팬에 일정한 간격으로
올린다. ★쿠키가 구워지면서 부풀어
오르니 사방 1.5cm 간격을 두세요.

11

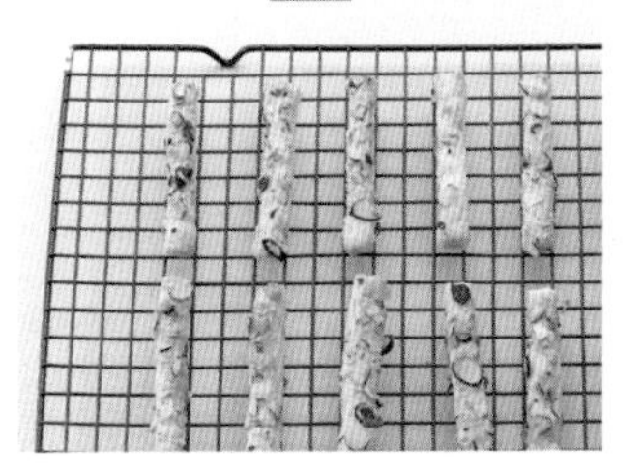

굽기 180℃로 예열된 오븐의 가운데 칸에서
15~20분간 굽는다. 식힘망에 올려 식힌다.
★굽는 중간 팬을 한 번 돌려주면 골고루
구워져요. 팬의 크기에 따라 2회로 나눠
구워요.

Tip

푸드 프로세서로 쉽게 반죽하기

스크래퍼로 버터를 잘게 자르는 것이 어렵다면
푸드 프로세서를 이용하여 좀 더
쉽게 반죽할 수 있어요. 박력분, 설탕,
소금, 버터를 넣고 버터가 0.2~0.3cm 크기가
될 때까지 섞어요. 볼에 옮겨 담고
과정 ②부터 동일한 방법으로 만들어요.

슈가볼

+초콜릿 슈가볼
+콩가루 슈가볼

지름 3cm, 25개분 | 35~50분(+휴지 1시간) | 170℃ | 밀폐용기 _ 실온 10일 | 반죽 : 지퍼백 _ 냉동실 15일

기본 레시피 재료

슈가볼

- □ 실온에 둔 버터 80g
- □ 슈가파우더 40g
- □ 소금 1/8작은술
- □ 박력분 120g
- □ 아몬드가루 40g
- □ 아몬드 슬라이스 30g(생략 가능)

장식

- □ 슈가파우더 2큰술

+응용 레시피 A

초콜릿 슈가볼

- □ 실온에 둔 버터 80g
- □ 슈가파우더 40g
- □ 소금 1/8작은술
- □ 박력분 120g
- □ 아몬드가루 30g
- □ 코코아가루 15g
- □ 아몬드 슬라이스 30g(생략 가능)

장식

- □ 슈가파우더 2큰술

+응용 레시피 B

콩가루 슈가볼

- □ 실온에 둔 버터 80g
- □ 슈가파우더 40g
- □ 소금 1/8작은술
- □ 박력분 100g
- □ 볶은 콩가루 40g
- □ 아몬드 슬라이스 30g
  (또는 다진 땅콩, 생략 가능)

장식

- □ 슈가파우더 1큰술
- □ 볶은 콩가루 1큰술

도구 준비하기

볼

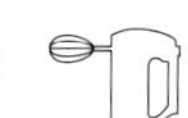
핸드믹서

주걱

체

오븐 팬

재료 준비하기

1 버터는 1시간 전에 냉장실에서 꺼내 실온에 둔다.
2 박력분, 아몬드가루는 함께 체 친다.
(응용 레시피의 가루 재료들도 함께 체 친다.)
3 위생팩에 아몬드 슬라이스를 넣고 손으로 잘게 부순다.

부드럽게 풀어진 상태예요

01

반죽 만들기 큰 볼에 버터를 넣고 핸드믹서의 거품기로 낮은 단에서 30초간 푼다.
★ 마요네즈처럼 부드러운 상태로 푸세요. 볼 옆면에 붙은 버터가 삼각뿔 모양이 되면 잘 풀어진 거예요.

02

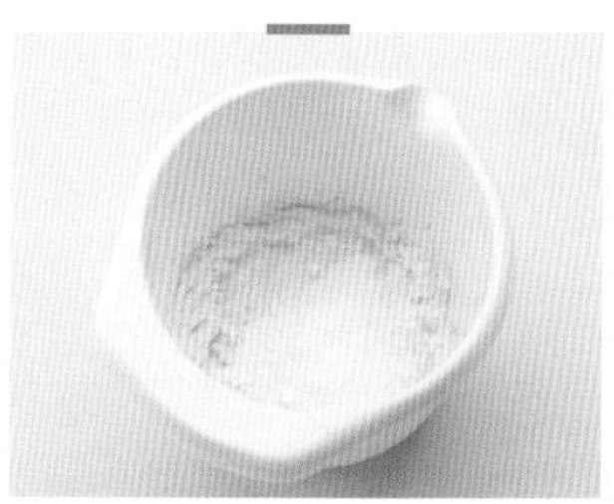

슈가파우더와 소금을 넣고 핸드믹서의 거품기로 낮은 단에서 30초간 섞는다.
★ 슈가파우더를 넣고 주걱으로 가볍게 섞어준 뒤 핸드믹서로 섞으면 슈가파우더가 날리지 않아요.

03

체 친 박력분과 아몬드가루를 넣고 80% 정도 섞일 때까지 볼을 돌려가며 주걱으로 자르듯이 섞는다. ★ 주걱으로 자르듯이 섞어야 반죽에 글루텐이 생기는 것을 최소화해, 쿠키가 질기고 딱딱해지는 것을 막을 수 있어요.

응용 A

체 친 박력분, 아몬드가루, 코코아가루를 넣고 80% 정도 섞일 때까지 볼을 돌려가며 주걱으로 자르듯이 섞는다.

응용 B

체 친 박력분, 볶은 콩가루를 넣고 80% 정도 섞일 때까지 볼을 돌려가며 주걱으로 자르듯이 섞는다.

04

잘게 부순 아몬드 슬라이스를 넣고 완전히 섞일 때까지 주걱으로 가볍게 섞는다.

05

반죽을 위생팩에 넣고 납작하게 누른다. 냉장실에서 1시간 정도 휴지시킨다.

06

반죽을 12g씩 25개로 나눈 후 지름 3cm 크기로 동그랗게 빚는다. ★ 반죽이 손에 달라붙으면 손에 덧밀가루(박력분)를 묻혀가며 빚으세요. 오븐 예열

07

굽기 유산지를 깐 오븐 팬 위에 반죽을 올린다. 170℃로 예열된 오븐의 가운데 칸에서 15분간 굽는다. 식힘망에 올려 식힌다. ★ 굽는 중간에 팬을 한 번 돌려주면 골고루 구워져요. 팬의 크기에 따라 2회로 나눠 구워요.

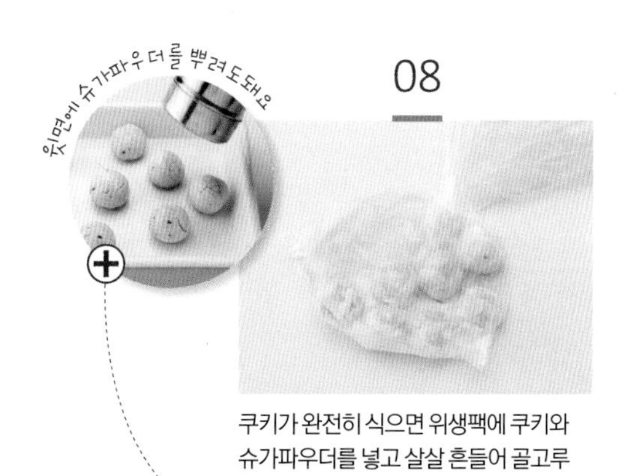

08

쿠키가 완전히 식으면 위생팩에 쿠키와 슈가파우더를 넣고 살살 흔들어 골고루 묻힌다. ★ 담백한 맛을 즐기고 싶다면 슈가파우더를 생략하거나 윗면에 살짝만 뿌리세요.

응용B

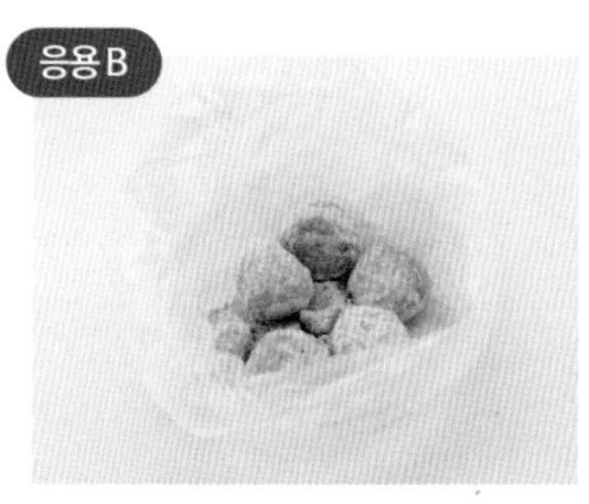

위생팩에 쿠키와 슈가파우더, 볶은 콩가루를 넣고 살살 흔들어 골고루 묻힌다.

Tip

슈가볼 반죽 냉동하기

슈가볼 반죽은 넉넉히 만들어 냉동해 두었다가 사용해도 좋아요.
과정 ⑥까지 반죽을 만들어요. 편편한 금속 쟁반 위에 올려 2시간 이상 급속 냉동한 후 지퍼백에 넣어 냉동실에서 15일간 보관이 가능해요.
굽기 전 냉장실에서 1시간 정도 해동시킨 후 서로 붙어있는 쿠키가 있다면 떼어내고 동그랗게 굴려 과정 ⑦부터 동일하게 만들어요.

블러섬 초콜릿 쿠키

+블러섬 잼 쿠키
+블러섬 아몬드 쿠키

지름 4cm, 20~22개분 | 50분~1시간(+휴지 1시간) | 180℃ | 밀폐용기 _ 실온 10일 | 반죽 : 지퍼백 _ 냉동실 15일

기본 레시피 재료

블러섬 초콜릿 쿠키

- □ 실온에 둔 버터 70g
- □ 땅콩버터 30g
- □ 슈가파우더 100g
- □ 소금 1/8작은술
- □ 달걀노른자 2개분
- □ 박력분 120g
- □ 아몬드가루 50g
- □ 키세스 초콜릿 20~22개

장식(생략 가능)

- □ 달걀흰자 1개분
- □ 다진 피칸 40g

+ 응용 레시피 A

블러섬 잼 쿠키

- □ 실온에 둔 버터 70g
- □ 땅콩버터 30g
- □ 슈가파우더 100g
- □ 소금 1/8작은술
- □ 달걀노른자 2개분
- □ 박력분 120g
- □ 아몬드가루 50g
- □ 산딸기잼(또는 딸기잼) 2큰술

장식(생략 가능)

- □ 달걀흰자 1개분
- □ 다진 피칸 40g

+ 응용 레시피 B

블러섬 아몬드 쿠키

- □ 실온에 둔 버터 70g
- □ 땅콩버터 30g
- □ 슈가파우더 100g
- □ 소금 1/8작은술
- □ 달걀노른자 2개분
- □ 박력분 100g
- □ 코코아가루 20g
- □ 아몬드가루 50g
- □ 우유 1큰술
- □ 아몬드 20~22개

장식(생략 가능)

- □ 달걀흰자 1개분
- □ 다진 피칸 40g

도구 준비하기

볼

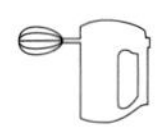
핸드믹서

주걱

체

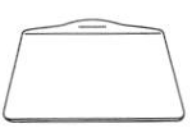
오븐 팬

재료 준비하기

1 버터는 1시간 전에 냉장실에서 꺼내 실온에 둔다.
2 박력분, 아몬드가루는 함께 체 친다.
(응용 레시피의 가루 재료들도 함께 체 친다.)
3 장식용 피칸은 푸드 프로세서로 잘게 간다.

01

반죽 만들기 큰 볼에 버터와 땅콩버터를 넣고 핸드믹서의 거품기로 낮은 단에서 30초간 푼다.
★ 마요네즈처럼 부드러운 상태로 푸세요. 볼 옆면에 붙은 버터가 삼각뿔 모양이 되면 잘 풀어진 거예요.

02

슈가파우더와 소금을 넣고 핸드믹서의 거품기로 낮은 단에서 30초간 섞는다. 달걀노른자를 넣고 1분간 더 섞는다.

03

체 친 박력분, 아몬드가루를 넣고 완전히 섞일 때까지 볼을 돌려가며 주걱으로 자르듯이 섞는다. 위생팩에 넣고 납작하게 눌러 냉장실에서 1시간 정도 휴지시킨다.

응용 B

체 친 박력분, 코코아가루, 아몬드가루를 넣고 볼을 돌려가며 주걱으로 자르듯이 섞는다. 우유를 넣고 가볍게 섞는다. 위생팩에 넣고 납작하게 눌러 냉장실에서 1시간 정도 휴지시킨다.

05

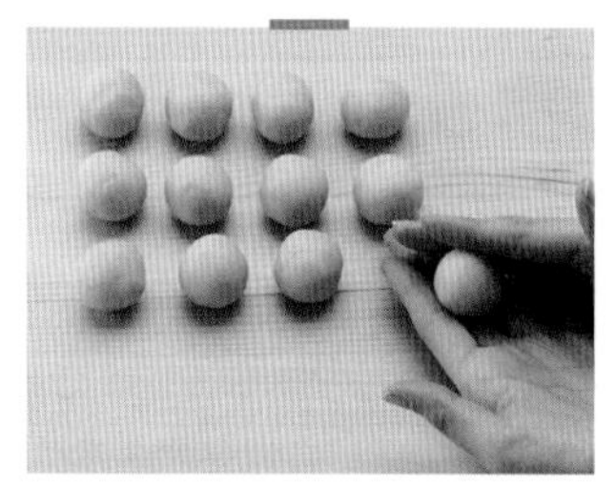

반죽을 12g씩 22개로 나눈 후 지름 4cm 크기로 동그랗게 빚는다. ★ 반죽이 손에 달라붙으면 손에 덧밀가루(박력분)를 묻혀가며 빚으세요. 오븐 예열

06

장식하기 ⑤의 반죽에 달걀흰자를 묻힌 다음 다진 피칸에 올려 굴려가며 골고루 묻힌다. ★ 다진 피칸을 묻히면 좀 더 고소해져요. 이 과정은 생략해도 좋아요.

07

유산지를 깐 오븐 팬 위에 반죽을 올리고 1cm 두께로 납작하게 누른다. ★ 쿠키가 구워지면서 조금씩 퍼지니 사방 2cm 간격을 두세요.

응용 B

유산지를 깐 오븐 팬 위에 반죽을 올리고 1cm 두께로 납작하게 누른다. 가운데 아몬드를 올려 살짝 눌러 박는다.

08

굽기 180℃로 예열된 오븐의 가운데 칸에서 15분간 굽는다. ★ 굽는 중간에 팬을 한 번 돌려주면 골고루 구워져요. 팬의 크기에 따라 2회로 나눠 구워요.

09

오븐에서 꺼내자마자 젓가락 뒷면으로 눌러 쿠키 중앙에 동그랗게 홈을 만든다. ★ 쿠키가 부드러워 깨질 수 있으니 젓가락 뒷면으로 살살 누르세요.

10

한 김 식힌 후 가운데 키세스 초콜릿을 올린다. ★ 식히지 않고 뜨거운 상태일 때 초콜릿를 올리면 녹아버리니 주의하세요.

응용A

짤주머니에 산딸기잼을 넣고 끝의 1cm 지점을 가위로 자른다. 완전히 식힌 후 가운데 잼을 짜 넣는다.

Tip

블러섬 쿠키 반죽 냉동하기

과정 ⑤까지 반죽을 만들어요. 편편한 금속 쟁반 위에 올려 2시간 이상 급속 냉동한 후 지퍼백에 넣어 냉동실에서 15일간 보관이 가능해요.
굽기 전 냉장실에서 1시간 정도 해동시킨 후 서로 붙어있는 쿠키가 있다면 떼어내고 동그랗게 굴려 과정 ⑥부터 동일한 방법으로 만들어요.

크랜베리 포켓 쿠키

+초코칩 포켓 쿠키
+고구마 포켓 쿠키

지름 6cm, 30개분 | 40~45분(+휴지 1시간) | 180℃ | 밀폐용기 _ 실온 7일

기본 레시피 재료

크랜베리 포켓 쿠키

- □ 실온에 둔 버터 90g
- □ 설탕 110g
- □ 소금 1/8작은술
- □ 달걀 1개
- □ 박력분 220g
- □ 베이킹소다 1/2작은술

필링 (약 5g씩)

- □ 말린 크랜베리 60g
- □ 말린 블루베리 60g
- □ 크림치즈 50g

+응용 레시피 A

초코칩 포켓 쿠키

- □ 실온에 둔 버터 90g
- □ 설탕 110g
- □ 소금 1/8작은술
- □ 달걀 1개
- □ 박력분 200g
- □ 베이킹소다 1/2작은술
- □ 코코아가루 2큰술

필링 (약 2g씩)

- □ 다진 피스타치오 30g
- □ 다진 호두 20g
- □ 초코칩 45g

+응용 레시피 B

고구마 포켓 쿠키

- □ 실온에 둔 버터 90g
- □ 설탕 110g
- □ 소금 1/8작은술
- □ 달걀 1개
- □ 박력분 220g
- □ 베이킹소다 1/2작은술

필링(약 6g씩)

- □ 삶은 고구마 180g
- □ 생크림(또는 우유) 20㎖
- □ 꿀 20g

도구 준비하기

볼

주걱

핸드믹서

체

오븐 팬

재료 준비하기

1 버터와 필링용 크림치즈는 1시간 전에 냉장실에서 꺼내 실온에 둔다.
2 박력분, 베이킹소다는 함께 체 친다.
(응용 레시피의 가루 재료들도 함께 체 친다.)
3 필링용 말린 과일은 잘게 다진다.(응용 레시피의 견과류도 잘게 다진다.)

01

필링 만들기 작은 볼에 다진 크랜베리, 다진 블루베리, 크림치즈를 넣고 골고루 섞는다.

응용 A

작은 볼에 다진 피스타치오, 다진 호두, 초코칩을 넣고 골고루 섞는다.

응용 B

작은 볼에 삶은 고구마를 넣고 포크로 으깬다. 생크림, 꿀을 넣고 골고루 섞는다.
★고구마 삶기 95쪽 참고

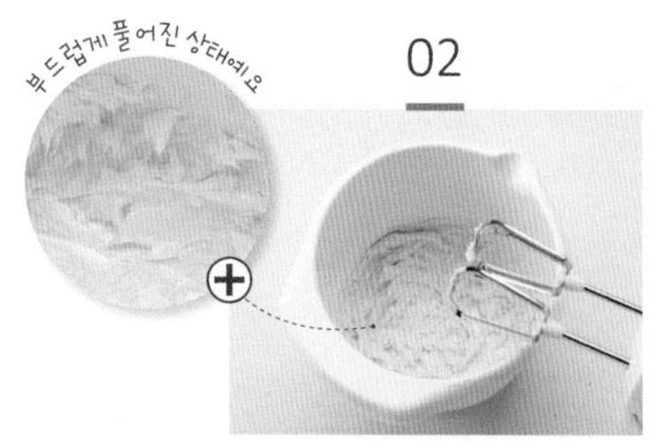

02

볼에 버터를 넣고 핸드믹서의 거품기로 낮은 단에서 30초간 푼다.
★ 마요네즈처럼 부드러운 상태로 푸세요. 볼 옆면에 붙은 버터가 삼각뿔 모양이 되면 잘 풀어진 거예요.

03

설탕, 소금을 넣고 핸드믹서의 거품기로 낮은 단에서 30초간 섞는다. 달걀을 넣고 1분간 더 섞는다.

04

체 친 박력분, 베이킹소다를 넣고 완전히 섞일 때까지 볼을 돌려가며 주걱으로 자르듯이 섞는다. ★ 주걱으로 자르듯이 섞어야 반죽에 글루텐이 생기는 것을 최소화해, 쿠키가 질기고 딱딱해지는 것을 막을 수 있어요.

체 친 박력분, 베이킹소다, 코코아가루를 넣고 완전히 섞일 때까지 볼을 돌려가며 주걱으로 자르듯이 섞는다.

05

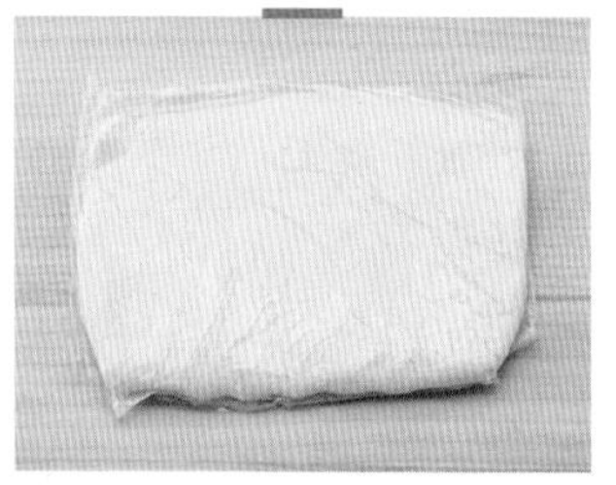

반죽을 위생팩에 넣고 납작하게 누른다. 냉장실에서 1시간 정도 휴지시킨다.

06

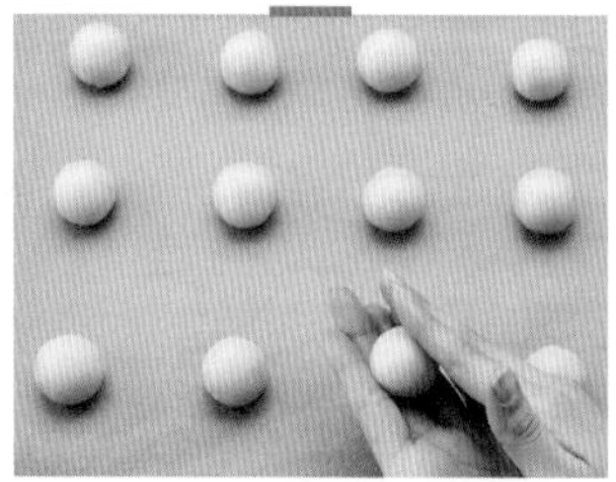

반죽을 15g씩 30개로 나눈 후 지름 3cm 크기로 동그랗게 빚는다. ★ 반죽이 손에 달라붙으면 손에 덧밀가루(박력분)를 묻혀가며 빚으세요. 오븐 예열

07

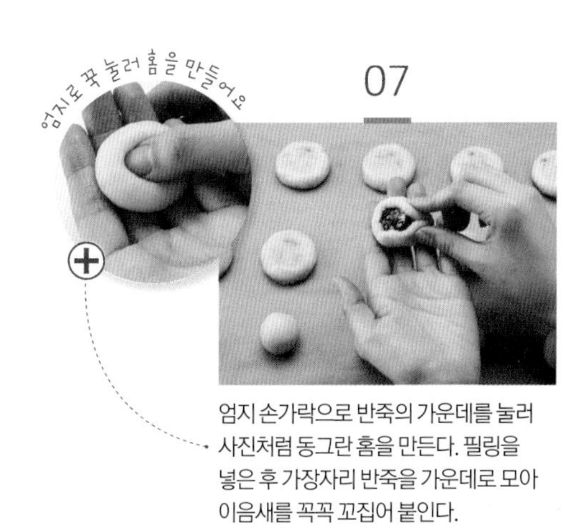

엄지 손가락으로 반죽의 가운데를 눌러 사진처럼 동그란 홈을 만든다. 필링을 넣은 후 가장자리 반죽을 가운데로 모아 이음새를 꼭꼭 꼬집어 붙인다.

08

굽기 유산지를 깐 오븐 팬 위에 반죽을 올리고 1cm 두께로 납작하게 누른다. 180℃로 예열된 오븐의 가운데 칸에서 10~13분간 굽는다.
★ 굽는 중간에 팬을 한 번 돌려주면 골고루 구워져요. 팬의 크기에 따라 2~3회로 나눠 구워요.

필링용 고구마 삶는 법

고구마를 깨끗이 씻은 후 껍질을 벗기고 사방 2cm 크기로 썰어요.
내열용기에 고구마, 물 3큰술을 넣고 뚜껑 또는 랩을 씌운 후
전자레인지(700W)에서 4~5분간 돌려요.
내열용기에 담긴 여분의 물은 따라 낸 후 볼에 고구마를 넣고 포크로 으깨요.

검은깨 롤 쿠키

잼 롤 쿠키

시나몬 롤 쿠키

시나몬 롤 쿠키

+잼 롤 쿠키
+검은깨 롤 쿠키

지름 5cm, 28개분 | 40~55분(+휴지 1시간) | 180℃ | 밀폐용기 _ 실온 7일 | 반죽 : 지퍼백 _ 냉동실 15일

기본 레시피 재료

시나몬 롤 쿠키

- □ 실온에 둔 버터 90g
- □ 설탕 80g
- □ 소금 1/4작은술
- □ 달걀 1개
- □ 박력분 200g

필링

- □ 설탕 30g
- □ 흑설탕(또는 황설탕) 15g
- □ 시나몬가루 1작은술
- □ 아몬드 슬라이스 30g
- □ 녹인 버터 10g

+응용 레시피 A

잼 롤 쿠키

- □ 실온에 둔 버터 90g
- □ 설탕 80g
- □ 소금 1/4작은술
- □ 달걀 1개
- □ 박력분 200g

필링

- □ 산딸기잼(또는 딸기잼) 40g
- □ 다진 크랜베리 20g

+응용 레시피 B

검은깨 롤 쿠키

- □ 실온에 둔 버터 90g
- □ 설탕 80g
- □ 소금 1/4작은술
- □ 달걀 1개
- □ 박력분 200g

필링

- □ 검은깨 80g
- □ 설탕 50g
- □ 뜨거운 물 2큰술

도구 준비하기

볼

주걱

핸드믹서

체 밀대

칼

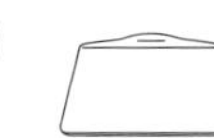
오븐 팬

재료 준비하기

1 버터와 달걀은 1시간 전에 냉장실에서 꺼내 실온에 둔다.
2 박력분은 체 친다.

01

필링 만들기 작은 볼에 설탕, 흑설탕, 시나몬가루, 아몬드 슬라이스를 넣고 골고루 섞는다.

응용 B

푸드 프로세서에 검은깨, 설탕, 뜨거운 물을 넣고 곱게 간다.

02

반죽 만들기 볼에 버터를 넣고 핸드믹서의 거품기로 낮은 단에서 30초간 푼다.
★ 마요네즈처럼 부드러운 상태로 푸세요. 볼 옆면에 붙은 버터가 삼각뿔 모양이 되면 잘 풀어진 거예요.

03

설탕, 소금을 넣고 핸드믹서의 거품기로 낮은 단에서 30초간 섞는다.

04

달걀을 넣고 핸드믹서의 거품기로 낮은 단에서 1분간 섞는다.

05

완성된 반죽 상태예요

체 친 박력분을 넣고 완전히 섞일 때까지 볼을 돌려가며 주걱으로 자르듯이 섞는다.
★ 주걱으로 자르듯이 섞어야 반죽에 글루텐이 생기는 것을 최소화해, 쿠키가 질기고 딱딱해지는 것을 막을 수 있어요.

06

위생팩에 넣고 납작하게 누른다. 냉장실에서 1시간 정도 휴지시킨다.

07

중간중간 덧밀가루를 뿌려요

⑥의 반죽 아래위에 비닐을 깔고 두께 0.5cm, 28×18cm 크기가 되도록 밀대로 밀어 편다.
★ 반죽이 비닐에 달라 붙으면 중간중간 덧밀가루(박력분)를 뿌리세요.

08

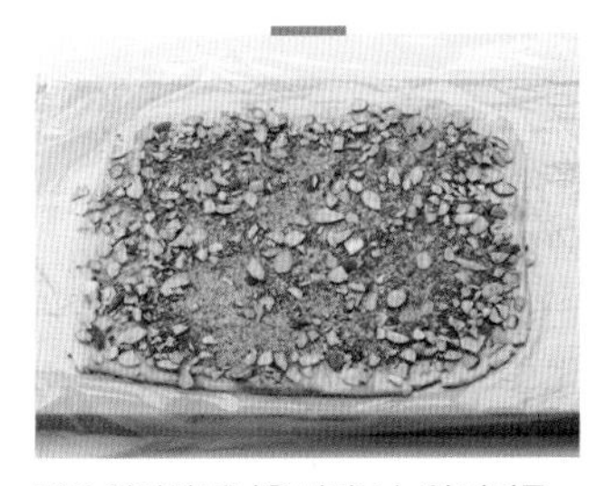

반죽 윗면의 비닐을 벗기고 녹인 버터를 바른 후 ①의 필링을 골고루 뿌린다.
★ 반죽을 말면서 필링이 조금씩 밀릴 수 있으니 사방 1cm 정도의 공간을 남겨 두세요.

응용 A

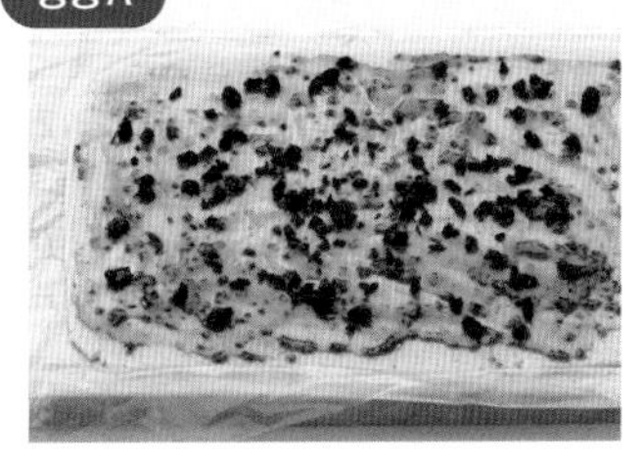

반죽 윗면의 비닐을 벗기고 스패튤라로 산딸기잼을 바른 후 크랜베리를 골고루 뿌린다.

응용 B

반죽 윗면의 비닐을 벗기고 검은깨 필링을 골고루 뿌린 후 손으로 살짝 눌러 붙인다.

09

사진처럼 가로면 반죽 끝에서부터 조심스럽게 돌돌 만다. 유산지로 반죽을 감싸 냉동실에서 30분간 휴지시킨다.
오븐 예열

10

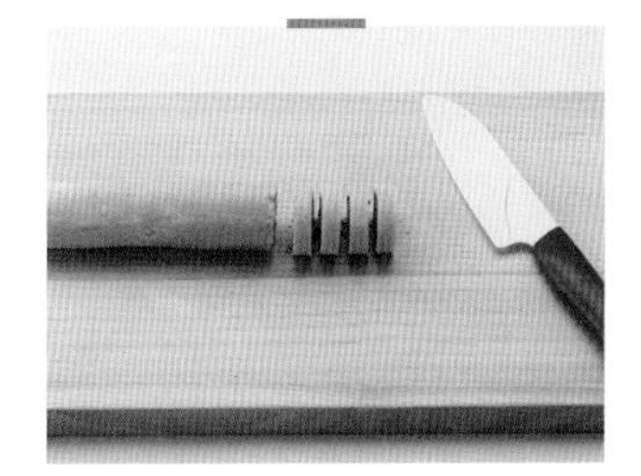

⑨의 반죽을 도마에 올린 후 1cm 두께로 썬다.

11

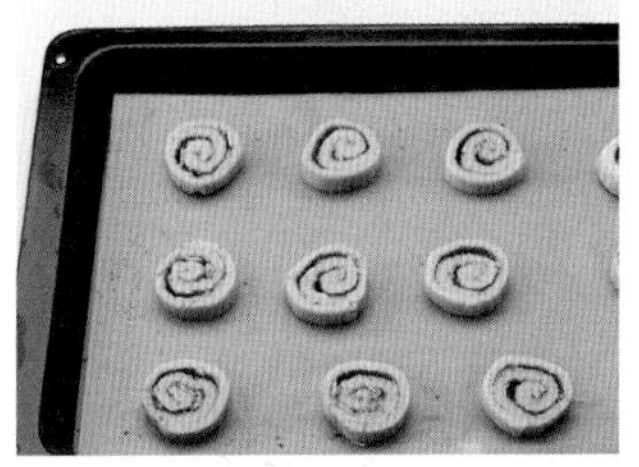

굽기 유산지를 깐 오븐 팬 위에 반죽을 올리고 180℃로 예열된 오븐의 가운데 칸에서 13~15분간 굽는다. ★ 굽는 중간 팬을 한 번 돌려주면 골고루 구워져요. 팬의 크기에 따라 2~3회로 나눠 구워요.

Tip

롤 쿠키 반죽 냉동하기

과정 ⑨까지 반죽을 만들고 유산지로 돌돌 만 후 다시 한번 비닐로 감싸요. 편편한 쟁반에 올려 냉동 보관하면 냉동실에서 15일간 보관이 가능해요. 굽기 전 냉장실로 옮겨 30분 정도 해동시킨 후 과정 ⑩부터 동일한 방법으로 만들어요.

모양틀 쿠키

+진저맨 쿠키
+사탕 쿠키

지름 6cm, 55~60개분 | 35~50분(+휴지 1시간, 아이싱 장식 제외) | 180℃ | 밀폐용기 _ 실온 7일

기본 레시피 재료

모양틀 쿠키

- □ 실온에 둔 버터 130g
- □ 설탕 80g
- □ 달걀 1개
- □ 박력분 200g
- □ 아몬드가루 50g

아이싱

- □ 달걀흰자 1개분(30g)
- □ 슈가파우더 200g
- □ 레몬즙 1큰술
- □ 식용색소 약간(생략 가능)

+응용 레시피 A

진저맨 쿠키

- □ 실온에 둔 버터 130g
- □ 설탕 80g
- □ 달걀 1개
- □ 박력분 200g
- □ 아몬드가루 50g
- □ 시나몬가루 1과 1/2작은술
- □ 생강즙 2작은술
  (또는 생강가루 1/2작은술)

+응용 레시피 B

사탕 쿠키

- □ 실온에 둔 버터 130g
- □ 설탕 80g
- □ 달걀 1개
- □ 박력분 200g
- □ 아몬드가루 50g
- □ 잘게 부순 사탕 5~6개

도구 준비하기

볼

핸드믹서

주걱

체

밀대

쿠키커터

오븐 팬

재료 준비하기

1 버터와 달걀은 1시간 전에 냉장실에서 꺼내 실온에 둔다.
2 박력분과 아몬드가루는 함께 체 친다.
(응용 레시피의 가루 재료들도 함께 체 친다.)

01

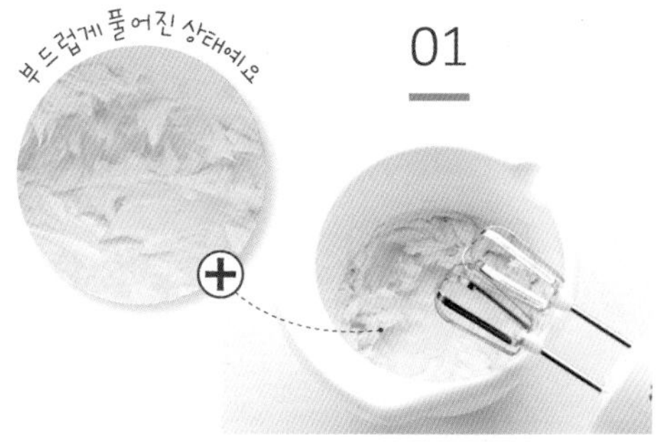

반죽 만들기 볼에 버터를 넣고 핸드믹서의 거품기로 낮은 단에서 30초간 푼다.
★ 마요네즈처럼 부드러운 상태로 푸세요. 볼 옆면에 붙은 버터가 삼각뿔 모양이 되면 잘 풀어진 거예요.

02

설탕을 넣고 핸드믹서의 거품기로 낮은 단에서 1분간 섞는다. 달걀을 넣고 1분간 더 섞는다.

03

체 친 박력분, 아몬드가루를 넣고 완전히 섞일 때까지 볼을 돌려가며 주걱으로 자르듯이 섞는다. ★ 주걱으로 자르듯이 섞어야 반죽에 글루텐이 생기는 것을 최소화해, 쿠키가 질기고 딱딱해지는 것을 막을 수 있어요.

응용 A

체 친 박력분, 아몬드가루, 시나몬가루를 넣고 볼을 돌려가며 주걱으로 자르듯이 섞는다. 생강즙을 넣고 주걱으로 가볍게 섞는다.

04

위생팩에 넣어 납작하게 누른다. 냉장실에서 1시간 이상 휴지시킨다.

05

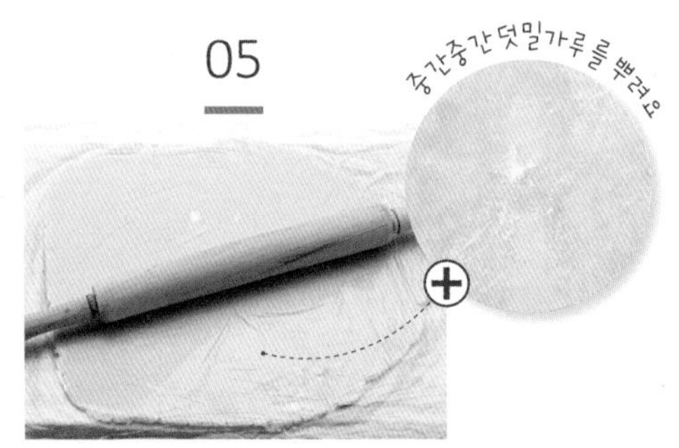

④의 반죽 아래위에 비닐을 깔고 두께 0.5cm가 되도록 밀대로 밀어 편다. ★ 반죽이 비닐에 달라붙으면 중간중간 덧밀가루(박력분)를 뿌려요. 밀어 펴는 것을 반복하다 질어졌다면 냉동실에서 10분간 휴지시켜주세요. **오븐 예열**

06

윗면의 비닐을 떼어낸다. 쿠키커터에 밀가루를 살짝 묻힌 뒤 반죽을 찍어낸다. 유산지를 깐 오븐 팬에 일정한 간격으로 올린다. ★ 쿠키가 구워지며 부풀어 오르니 사방 2cm 간격을 두세요. 쿠키 커터로 찍어내기 27쪽 참고

응용 B

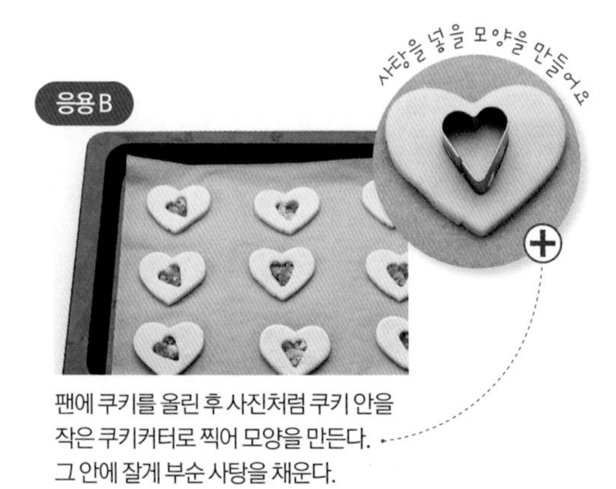

팬에 쿠키를 올린 후 사진처럼 쿠키 안을 작은 쿠키커터로 찍어 모양을 만든다. 그 안에 잘게 부순 사탕을 채운다. ★ 사탕을 위생팩에 넣고 밀대로 두드려 부셔요.

07

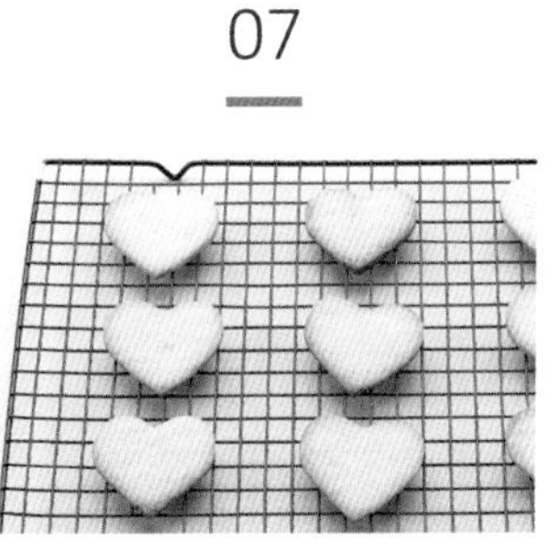

굽기 180℃로 예열된 오븐의 가운데 칸에서 12분간 굽는다. 식힘망에 올려 식힌다. ★ 굽는 중간 팬을 한 번 돌려주면 골고루 구워져요. 팬의 크기에 따라 2~3회로 나눠 구워요.

08

아이싱 만들기 큰 볼에 뜨거울 물을 담고 그 위에 달걀흰자를 넣은 볼을 올린다. 핸드믹서의 거품기로 낮은 단에서 작은 거품이 올라올 때까지 15초간 휘핑한다. ★ 뜨거운 물에 중탕하며 휘핑하면 달걀흰자를 살균할 수 있어 좋아요.

09

슈가파우더를 넣고 핸드믹서의 거품기로 낮은 단에서 15초간 섞는다. 레몬즙을 넣고 10초간 가볍게 섞는다.
★ 달걀흰자의 양에 따라 슈가파우더의 양을 조절하세요.

10

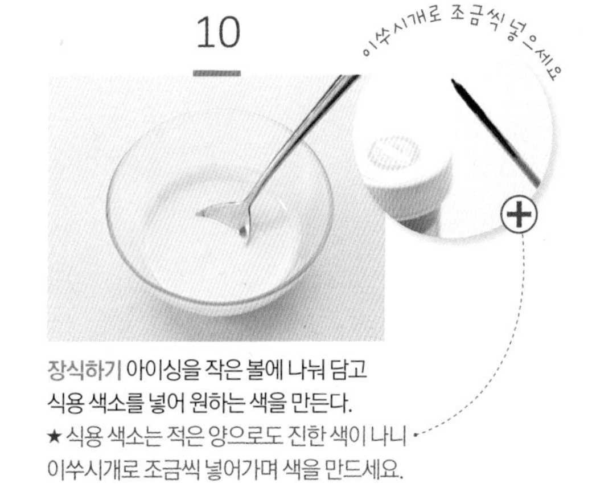

장식하기 아이싱을 작은 볼에 나눠 담고 식용 색소를 넣어 원하는 색을 만든다.
★ 식용 색소는 적은 양으로도 진한 색이 나니 이쑤시개로 조금씩 넣어가며 색을 만드세요.

11

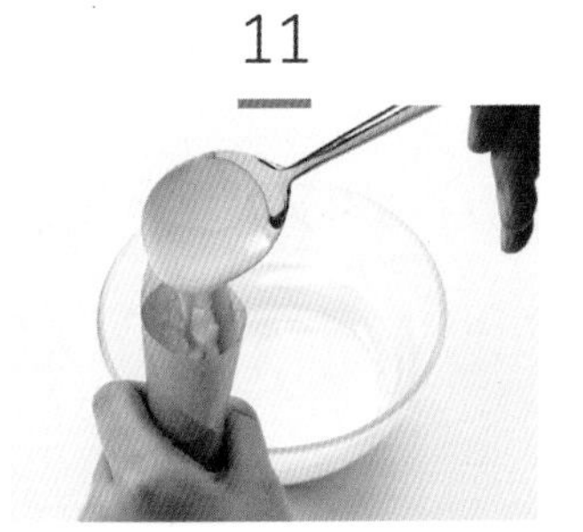

짤주머니 또는 원뿔 모양으로 접은 삼각형 유산지에 숟가락으로 아이싱을 담는다. ★ 삼각형 유산지에 아이싱 넣기 26쪽 참고

12

완전히 식은 쿠키 위에 아이싱으로 겉 테두리를 그려준 후 그 안을 편편하게 채운다. 완전히 다 마르면 그 위에 원하는 모양을 그려 장식한다.

페퍼 크래커

+허브 크래커
+치즈 크래커

사방 3.5cm 크기, 70개분 | 35~50분(+휴지 1시간) | 170℃ | 밀폐용기 _ 실온 10일

기본 레시피 재료

페퍼 크래커

- □ 박력분 150g
- □ 소금 1작은술
- □ 후춧가루 1/2작은술
- □ 차가운 버터 45g
- □ 차가운 우유 60g

+ 응용 레시피 A

허브 크래커

- □ 박력분 150g
- □ 소금 1작은술
- □ 말린 바질가루 (또는 말린 허브가루) 2작은술
- □ 차가운 버터 45g
- □ 차가운 우유 60g

+ 응용 레시피 B

치즈 크래커

- □ 박력분 150g
- □ 소금 1작은술
- □ 파마산 치즈가루 4큰술
- □ 차가운 버터 45g
- □ 차가운 우유 60g

도구 준비하기

볼

스크래퍼

체

밀대

쿠키커터

오븐 팬

재료 준비하기

1 차가운 버터는 사방 1cm 크기로 썬다.
2 박력분은 체 친다.

01

반죽 만들기 볼에 체 친 박력분과 소금, 후춧가루, 버터를 넣는다. 버터가 0.2~0.3cm 크기가 될 때까지 스크래퍼로 위에서 아래로 자르듯이 눌러가며 반죽한다.

응용 A

볼에 체 친 박력분과 소금, 바질가루를 넣는다. 버터가 0.2~0.3cm 크기가 될 때까지 스크래퍼로 위에서 아래로 자르듯이 눌러가며 반죽한다.

응용 B

볼에 체 친 박력분과 소금, 파마산 치즈가루를 넣는다. 버터가 0.2~0.3cm 크기가 될 때까지 스크래퍼로 위에서 아래로 자르듯이 눌러가며 반죽한다.

02

반죽이 부슬부슬한 상태가 되면 차가운 우유를 골고루 넣는다. 볼을 돌려가며 스크래퍼로 자르듯이 반죽을 섞는다.

03

가루 재료가 보이지 않을 정도로 섞이면 반죽을 한 덩어리로 만든다. 위생팩에 넣어 납작하게 누른 후 냉장실에서 1시간 정도 휴지시킨다. ★ 차가운 버터를 넣고 반죽하면 페이스트리처럼 바삭한 식감의 쿠키가 돼요.

04

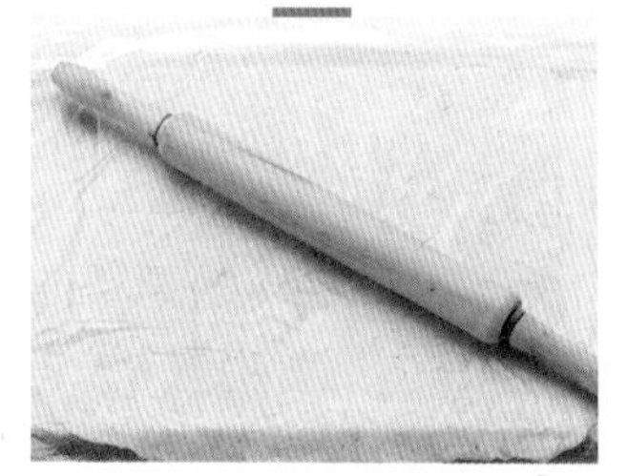

③의 반죽 아래위에 비닐을 깔고 두께 0.2cm, 35×30cm 크기가 되도록 밀대로 밀어 편다. ★ 반죽이 비닐에 달라붙으면 중간중간 덧밀가루(박력분)를 뿌리세요. **오븐 예열**

05

윗면의 비닐을 떼어낸다. 쿠키커터에 밀가루를 살짝 묻힌 뒤 반죽을 찍어낸다. 유산지를 깐 오븐 팬에 일정한 간격으로 올린 후 반죽 위에 포크로 구멍을 낸다. ★ 쿠키가 구워지며 부풀어 오르니 사방 1cm 간격을 두세요.

06

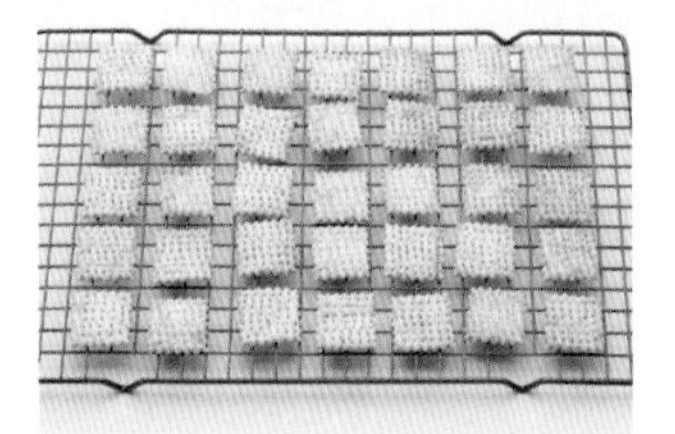

굽기 170℃로 예열된 오븐의 가운데 칸에서 12~15분간 굽는다. 식힘망에 올려 식힌다. ★ 굽는 중간 팬을 한 번 돌려주면 골고루 구워져요. 팬의 크기에 따라 2~3회로 나눠 구워요.

Tip

푸드 프로세서로 쉽게 반죽하기

스크래퍼로 버터를 잘게 자르는 것이 어렵다면
푸드 프로세서를 이용하여
좀 더 쉽게 반죽할 수 있어요.
박력분, 소금, 후춧가루, 버터를 넣고
버터가 0.2~0.3cm 크기가 될 때까지
섞어요. 볼에 옮겨 담고
과정 ②부터 동일한 방법으로 만들어요.

마들렌

+ 홍차 마들렌
+ 초콜릿 마들렌

18개분 | 25~35분 | 180℃ | 밀폐용기 _ 실온 7일

기본 레시피 재료

마들렌

- □ 달걀 2개
- □ 설탕 50g
- □ 소금 1/8작은술
- □ 꿀 20g
- □ 박력분 70g
- □ 아몬드가루(또는 박력분) 30g
- □ 베이킹파우더 1/2작은술
- □ 녹인 버터 100g
- □ 식용유(틀에 바르는용) 약간

+응용 레시피 A

홍차 마들렌

- □ 달걀 2개
- □ 설탕 50g
- □ 소금 1/8작은술
- □ 꿀 20g
- □ 박력분 70g
- □ 홍차 가루(또는 홍차 잎) 2g
- □ 아몬드가루(또는 박력분) 30g
- □ 베이킹파우더 1/2작은술
- □ 녹인 버터 100g
- □ 식용유(틀에 바르는용) 약간

+응용 레시피 B

초콜릿 마들렌

- □ 달걀 2개
- □ 설탕 50g
- □ 소금 1/8작은술
- □ 꿀 20g
- □ 박력분 70g
- □ 아몬드가루(또는 박력분) 30g
- □ 코코아가루 10g
- □ 베이킹파우더 1/2작은술
- □ 녹인 버터 100g
- □ 식용유(틀에 바르는용) 약간

도구 준비하기

볼

주걱

거품기

체

짤주머니

붓

마들렌 틀

재료 준비하기

1 달걀은 1시간 전에 냉장실에서 꺼내 실온에 둔다.
2 박력분, 아몬드가루, 베이킹파우더는 함께 체 친다. (응용 레시피의 가루 재료들도 함께 체 친다.)
3 마들렌 틀에 식용유를 골고루 바른다.
4 버터는 중탕(또는 전자레인지)으로 녹인다.

01

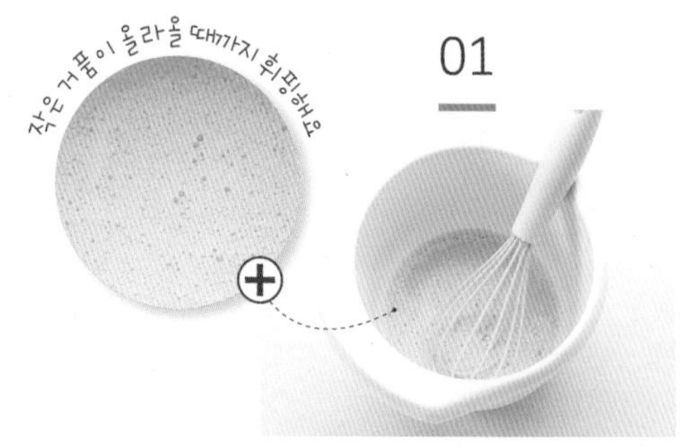

반죽 만들기 볼에 달걀을 넣고 거품기로 멍울을 푼다. 작은 거품이 올라올 때까지 가볍게 휘핑한다. 오븐 예열

02

설탕, 소금을 넣고 거품기로 설탕이 녹을 때까지만 섞는다.
꿀을 넣고 거품기로 가볍게 섞는다.

03

체 친 박력분, 아몬드가루, 베이킹파우더를 넣고 거품기로 섞는다.

응용A

체 친 박력분, 홍차 가루, 아몬드가루, 베이킹파우더를 넣고 거품기로 섞는다.

응용B

체 친 박력분 아몬드가루, 코코아가루, 베이킹파우더를 넣고 거품기로 섞는다.

04

녹인 버터를 넣고 거품기로 골고루 반죽을 섞는다. ★ 버터가 볼 바닥에 가라앉지 않도록 골고루 섞어주세요.

05

짤주머니에 반죽을 담고 끝의 2.5cm 지점을 가위로 자른다. 식용유를 바른 마들렌 틀에 80% 정도 반죽을 채운다. 바닥에 틀을 가볍게 탁탁 내려쳐 반죽 속의 기포를 없앤다.
★ 틀에 식용유나 녹인 버터를 바르고 밀가루를 뿌려요. 밀가루를 털어내고 반죽을 채우면 마들렌이 더 잘 떨어져요.

06

굽기 180℃로 예열된 오븐의 가운데 칸에서 10~12분간 굽는다. 틀에서 꺼내 식힘망에 올려 식힌다. ★ 마들렌 틀을 바닥에 가볍게 2~3회 친 뒤에 틀에서 꺼내세요.

Tip

마들렌 반죽 숙성하기

마들렌 반죽은 만든 후 냉장실에서 30분~24시간 정도 숙성시키면 맛과 향이 더욱 깊어져요. 냉장 휴지시킨 후 만들기 30분 전에 실온에 꺼내두고 주걱으로 부드럽게 섞어준 후 과정 ⑤부터 동일한 방법으로 만들어요.

브라우니

+크림치즈 브라우니
+모카 브라우니

브라우니

모카 브라우니

크림치즈 브라우니

20×20cm 사각 틀 1개분 | 50~55분 | 180℃ | 밀폐용기 _ 실온 3일

기본 레시피 재료
브라우니

- □ 버터 180g
- □ 다크커버춰 초콜릿 200g
- □ 설탕 200g
- □ 달걀 4개
- □ 박력분 4큰술
- □ 코코아가루 6큰술
- □ 베이킹파우더 1/2작은술
- □ 다진 호두 50g
  (또는 다진 피칸, 생략 가능)

+응용 레시피 A
크림치즈 브라우니

- □ 버터 90g
- □ 다크커버춰 초콜릿 100g
- □ 설탕 100g
- □ 달걀 2개
- □ 박력분 2큰술
- □ 코코아가루 3큰술
- □ 베이킹파우더 1/4작은술
- □ 다진 호두 25g
  (또는 다진 피칸, 생략 가능)

크림치즈 반죽
- □ 크림치즈 240g
- □ 설탕 40g
- □ 달걀 1개
- □ 생크림 65㎖
  ★ 크림치즈 반죽 만들기 111쪽
  응용 A-1, 응용 A-2 참고

+응용 레시피 B
모카 브라우니

- □ 버터 180g
- □ 다크커버춰 초콜릿 200g
- □ 설탕 200g
- □ 달걀 4개
- □ 인스턴트 커피가루 2작은술
- □ 박력분 4큰술
- □ 코코아가루 6큰술
- □ 베이킹파우더 1/2작은술
- □ 다진 호두 50g
  (또는 다진 피칸, 생략 가능)

도구 준비하기

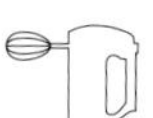
핸드믹서

볼

주걱

냄비

거품기

체

사각 틀

재료 준비하기

1 달걀, 크림치즈는 1시간 전에 냉장실에서 꺼내 실온에 둔다.
2 박력분, 코코아가루, 베이킹파우더는 함께 체 친다.
3 다크커버춰 초콜릿은 잘게 다진다.
4 사각 틀에 유산지를 깐다.

응용 A-1

크림치즈 반죽 만들기 볼에 크림치즈를 넣고 핸드믹서의 거품기로 낮은 단에서 30초간 푼다. ★ 마요네즈처럼 부드러운 상태로 푸세요.

응용 A-2

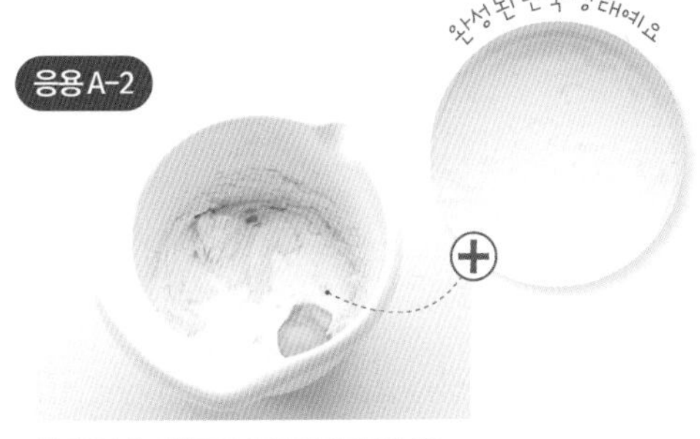

설탕을 넣고 핸드믹서의 거품기로 낮은 단에서 1분간 섞는다. 달걀과 생크림을 넣고 1분간 더 섞는다.

01

반죽 만들기 냄비에 버터를 넣어 약한 불에서 끓여 냄비를 기울여가며 녹인다. ★ 버터를 너무 높은 온도에서 끓이면 다크커버춰 초콜릿이 분리될 수 있으니 버터가 녹을 정도로만 끓여요. 오븐 예열

02

버터가 녹으면 불을 끈다. 다크커버춰 초콜릿을 넣고 거품기로 저어가며 녹인다.

03

②를 볼에 옮겨 담는다. 설탕을 넣고 녹을 때까지 거품기로 섞는다.

응용 B

②를 볼에 옮겨 담는다. 설탕과 인스턴트 커피가루를 넣고 녹을 때까지 거품기로 섞는다.

04

달걀을 하나씩 넣으며 거품기로 재빨리 섞는다. ★ 달걀이 익어 덩어리 질 수 있으니 재빨리 섞으세요.

05

체 친 박력분, 코코아가루, 베이킹파우더를 넣고 완전히 섞일 때까지 거품기로 섞는다. 호두를 넣고 가볍게 섞는다.

06

유산지를 깐 사각 틀에 반죽을 채운다.

응용 A

유산지를 깐 사각 틀에 반죽을 채우고
반죽 위에 크림치즈 반죽을 올린다.

07

굽기 180℃로 예열된 오븐의 가운데
칸에서 35~40분간 굽는다. 틀에서 꺼내
식힘망에 올려 식힌다. ★굽는 중간 틀을
한 번 돌려주면 골고루 구워져요.

Tip

브라우니 타르트 만들기

162쪽의 기본 타르트 반죽 만들기를 참고하여 타르트 반죽을 만들어 초벌구이해요.
브라우니 반죽 1/2분량을 만든 후 타르트 안에 채우고
180℃로 예열된 오븐의 가운데 칸에서 25~30분간 구워요.

통밀 빼빼로

빼빼로데이에 통밀과 통깨를 넣어 건강하고 고소하게 만든 홈메이드 빼빼로를 선물해보세요.
밀크나 화이트 코팅용 초콜릿을 이용하면 좀 더 달콤한 빼빼로로,
초콜릿을 바르지 않고 만들면 담백하고 고소한 통밀 쿠키로 만들 수 있어요.

길이 10cm, 폭 1cm 약 42개분 | 1시간~1시간 20분(+휴지 1시간) | 180℃ | 밀폐용기 _ 실온 10일

재료

- □ 실온에 둔 버터 80g
- □ 설탕 70g
- □ 소금 1/2작은술
- □ 중력분(또는 박력분) 250g
- □ 통밀가루 50g
- □ 베이킹파우더 1/2작은술
- □ 우유 70㎖
- □ 통깨(또는 검은깨) 2큰술

장식

- □ 코팅용 다크 초콜릿 100g

도구 준비하기

볼

핸드믹서

주걱

체

밀대

오븐 팬

재료 준비하기

1 버터는 1시간 전에 냉장실에서 꺼내 실온에 둔다.
2 중력분, 통밀가루, 베이킹파우더는 함께 체 친다.

01

반죽 만들기 큰 볼에 버터를 넣고 핸드믹서의 거품기로 낮은 단에서 30초간 푼다. ★ 마요네즈처럼 부드러운 상태로 푸세요.

02

설탕과 소금을 넣고 핸드믹서의 거품기로 낮은 단에서 45초~1분간 섞는다.

03

체 친 중력분, 통밀가루, 베이킹파우더를 넣고 80% 정도 섞일 때까지 볼을 돌려가며 주걱으로 자르듯이 섞는다.

04

우유와 통깨를 넣고 완전히 섞일 때까지 주걱으로 가볍게 섞는다.

05

반죽을 위생팩에 넣어 납작하게 누른 후 냉장실에서 1시간 이상 휴지시킨다.

06

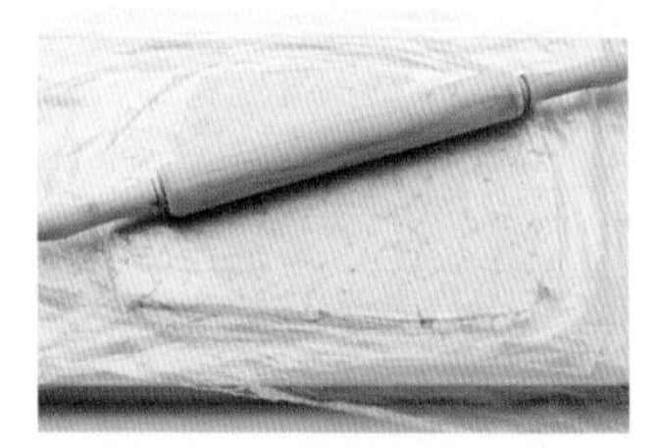

반죽의 아래위에 비닐을 깔고 0.5cm 두께, 20×25cm 크기가 되도록 밀대로 밀어 편다.
★ 반죽이 비닐에 달라 붙으면 중간중간 덧밀가루(박력분)를 뿌리세요. **오븐 예열**

07

10×1cm 크기의 길쭉한 모양으로 썬다.

08

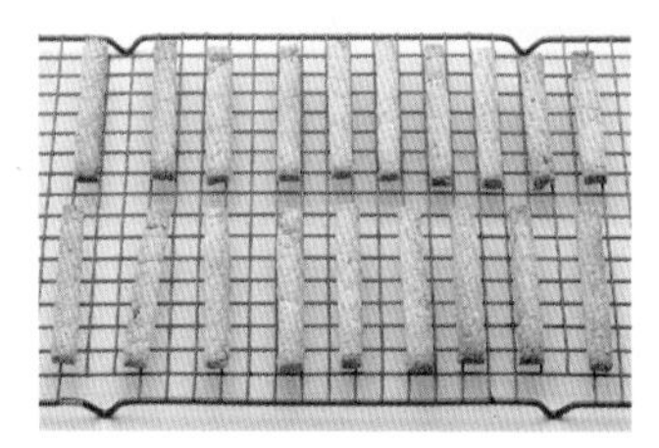

굽기 유산지를 깐 오븐 팬에 일정한 간격으로 올린다. 180℃로 예열된 오븐의 가운데 칸에서 20~22분간 구운 후 식힘망에 올려 완전히 식힌다. ★ 굽는 중간 팬을 한 번 돌려주면 골고루 구워져요. 팬의 크기에 따라 2~3회로 나눠 구워요.

09

장식하기 큰 볼에 뜨거운 물을 넣고 그 위에 코팅용 다크 초콜릿을 넣은 볼을 올린다. 주걱으로 저어가며 중탕으로 골고루 녹인다.

10

사진처럼 숟가락으로 빼빼로의 2/3지점까지 코팅용 초콜릿을 씌운다. 유산지에 올려 굳힌다.
★ 녹인 코팅용 초콜릿을 컵에 담고 빼빼로를 담갔다 빼도 좋아요.

만주

말랑말랑하고 끈기가 있는 반죽으로 속 재료를 감싸 만드는 만주는
만두에서 유래되었다는 이야기가 전해져요. 호두, 밤 등 장식을 올려 다양하게 만들 수 있어요.
만든 후 1~2일이 지나면 속에서 수분이 배어 나와 더 부드러워 진답니다.

지름 6.5cm, 12개분 | 55분~1시간 10분(+휴지 1시간) | 180℃ | 밀폐용기 _ 실온 5일

재료

- □ 달걀 1개
- □ 설탕 40g
- □ 소금 1/8작은술
- □ 연유 30g
- □ 녹인 버터 10g
- □ 박력분 135g
- □ 베이킹파우더 1/2작은술
- □ 적앙금(또는 백앙금) 300g

달걀물

- □ 달걀노른자 1개분
- □ 우유 1큰술

장식

- □ 호두 6개(생략 가능)
- □ 호박씨 18개(생략 가능)

도구 준비하기

볼 / 거품기 / 주걱 / 밀대 / 오븐 팬

재료 준비하기

1 앙금은 1시간 전에 냉장실에서 꺼내 실온에 둔다.
2 박력분, 베이킹파우더는 함께 체 친다.
3 버터는 중탕(또는 전자레인지)으로 녹인다.

01

반죽 만들기 큰 볼에 뜨거운 물을 넣고 그 위에 달걀, 설탕, 소금, 연유, 녹인 버터를 넣은 볼을 올린다. 설탕이 녹을 때까지 거품기로 섞은 후 중탕 볼에서 내린다.

02

체 친 박력분, 베이킹파우더를 넣는다. 반죽이 한 덩어리가 될 때까지 주걱으로 자르듯이 섞는다.

03

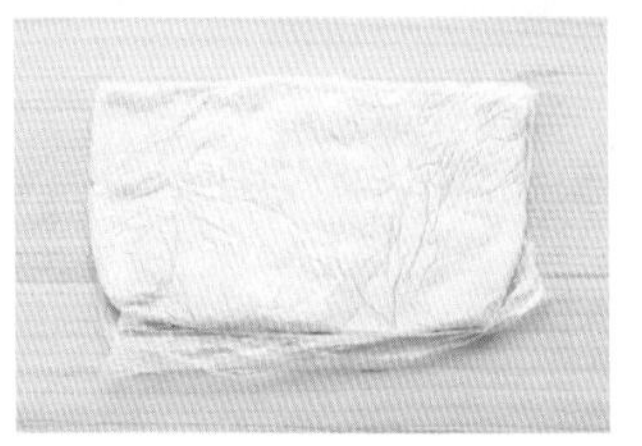

②의 반죽을 위생팩에 넣고 납작하게 누른다. 냉장실에서 1시간 정도 휴지시킨다.

04

앙금 준비하기 적앙금을 25g씩 12개로 나눈 후 동그랗게 빚는다. 오븐 예열

05

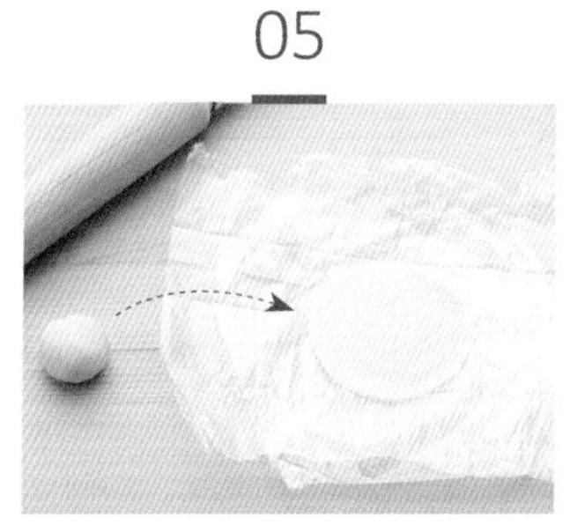

③의 반죽을 20g씩 12개로 나눈 후 동그랗게 빚는다. 반죽의 아래위에 비닐을 깔고 0.2cm 두께가 되도록 밀대로 밀어 편다. ★ 반죽이 비닐에 달라 붙으면 중간중간 덧밀가루(박력분)를 뿌리세요.

06

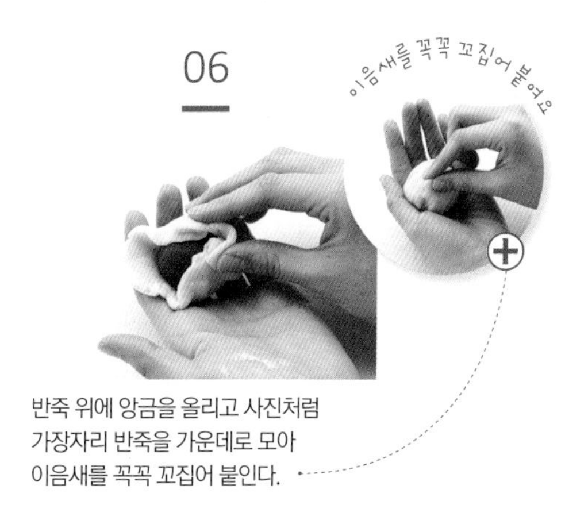

반죽 위에 앙금을 올리고 사진처럼 가장자리 반죽을 가운데로 모아 이음새를 꼭꼭 꼬집어 붙인다.

07

유산지를 깐 오븐 팬에 ⑥을 이음새 부분이 밑으로 가도록 올린다. 손으로 가볍게 눌러 2cm 높이의 둥글 납작한 모양으로 만든다.

08

윗면에 달걀물을 바르고 호두와 호박씨를 올려 살짝 누른다.

09

굽기 180℃로 예열된 오븐의 가운데 칸에서 15분간 굽는다. 식힘망에 올려 식힌다. ★ 굽는 중간 팬을 한 번 돌려주면 골고루 구워져요. 팬의 크기에 따라 2회로 나눠 구워요.

Tip

앙금 만드는 법

팥 100g을 씻은 후 끓는 물에 2분간 데쳐요.
냄비에 데친 팥과 물 7컵(1.4L)을 넣고 끓여,
끓어오르면 중약불로 줄이고 중간중간
주걱으로 젓고, 거품을 걷어가며 1시간 동안 삶아요.
삶는 동안 물이 부족하면 1/2컵(100ml)씩
물을 부어가며 타지 않도록 삶아주세요.
팥을 체에 밭쳐 물기를 제거하고
볼에 팥, 설탕 60g, 소금 1/3작은술을 넣고
핸드 블렌더로 곱게 갈아 앙금을 만들어요.

양갱

양갱(羊羹)의 한자 뜻은 '양고기 국'이에요. 중국에서 양고기 국의 국물이 식으면서
고기의 젤라틴에 의해 굳어진 부분을 음식으로 만들었던 것이 양갱의 시초라고 해요.
이것이 일본으로 전파되면서 앙금과 한천으로 만드는 지금의 양갱이 되었답니다.
달지 않고 부드러운 식감의 양갱을 정성껏 만들어 선물해 보세요.

14×14cm 사각 틀 1개분 | 35~40분(+굳히기 2시간) | 밀폐용기 _ 실온 2~3일, 3~5℃ 냉장실 7일

재료

- □ 찬물 300㎖
- □ 한천가루 1큰술
- □ 설탕 50g
- □ 물엿(또는 올리고당, 꿀) 60g
- □ 적앙금(또는 백앙금) 500g
- □ 맛밤 100g(생략 가능)

도구 준비하기

냄비 주걱 사각틀 칼

재료 준비하기

1 사각 틀 안쪽에 물을 뿌린 후 랩을 깐다.

01

냄비에 찬물과 한천가루를 넣고 15분간 불린다. 냄비를 중약 불에 올리고 주걱으로 저어가며 2~3분간 한천이 녹을 때까지 끓인다.

02

불을 끄고 설탕, 물엿, 적앙금을 넣은 후 주걱으로 저어가며 앙금을 푼다.

03

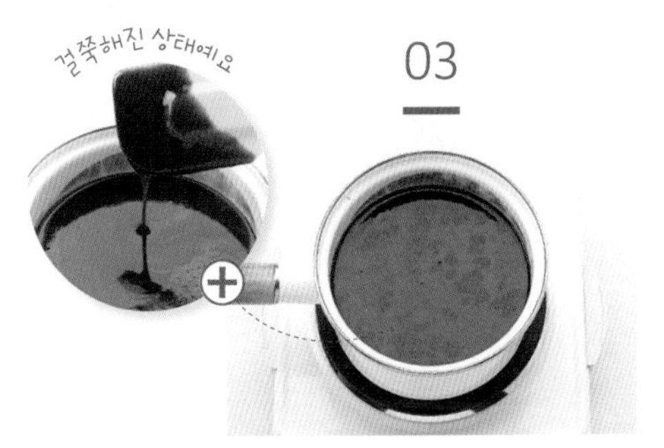

다시 중간 불에서 앙금이 걸쭉해질 때까지 주걱으로 저어가며 2~3분간 끓인다. 약한 불로 줄이고 주걱으로 계속 저어가며 10분간 더 끓인다. ★ 밑바닥까지 골고루 저어가며 끓여야 눌어붙지 않아요.

04

한 김 식힌 후 랩을 깐 사각 틀에 ③을 붓고 완전히 굳기 전에 윗면에 밤을 올려 장식한다. 서늘한 곳(15~18℃)에서 2시간 동안 충분히 굳힌다. 틀에서 꺼낸 후 랩을 제거하고 먹기 좋은 크기로 썬다.

상투과자

가운데가 봉긋한 모양이 상투머리를 닮았다고 해서
상투과자라 이름 붙여졌어요. 달콤한 앙금과 고소한 아몬드가루가 들어간
부드러운 상투과자는 특히 어른들이 좋아하는 과자예요.
명절이나 기념일 등에 다양한 색으로 만들어 선물해보세요.

지름 3cm, 50개분 | 40~55분 | 180℃ | 밀폐용기 _ 실온 10일

재료

- □ 백앙금 250g
- □ 아몬드가루 50g
- □ 달걀노른자 1개분
- □ 물엿(또는 올리고당, 꿀) 1/2큰술
- □ 우유 1큰술
- □ 녹차가루, 단호박가루, 코코아가루 각 1작은술(생략 가능)

도구 준비하기

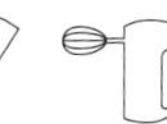

볼 주걱 핸드믹서 짤주머니 별모양 깍지 오븐 팬

재료 준비하기

1 앙금은 1시간 전에 냉장실에서 꺼내 실온에 둔다.
2 아몬드가루는 체 친다.
3 짤주머니에 별모양 깍지를 끼운다.

01

반죽 만들기 큰 볼에 백앙금을 넣고 핸드믹서의 거품기로 낮은 단에서 부드러운 상태가 될 때까지 30초간 푼다. 체 친 아몬드가루, 달걀노른자, 물엿, 우유를 넣고 되직한 상태가 될 때까지 30초간 섞는다. **오븐 예열**

02

반죽을 3등분하여 볼에 나눠 담는다. 각각의 볼에 녹차가루, 단호박가루, 코코아가루를 넣고 주걱으로 가볍게 섞는다.
★ 한 가지 색으로만 만들거나 이 과정을 생략해도 좋아요.

03

별모양 깍지를 끼운 짤주머니에 ②의 반죽 중 하나를 넣는다. 유산지를 깐 오븐 팬에 짤주머니를 1cm 높이로 띄우고 수직으로 세워 지름 3cm, 높이 2cm 크기로 짠다. ★ 한가지 색 반죽을 다 짜고 나면 다음 반죽을 넣고 짜세요.

04

굽기 180℃로 예열된 오븐의 가운데 칸에서 15~17분간 굽는다. 식힘망에 올려 식힌다.
★ 굽는 중간 팬을 한 번 돌려주면 골고루 구워져요. 팬의 크기에 따라 2~3회로 나눠 구워요.

생 초콜릿

사랑의 마음을 전하는
밸런타인데이에는 입안에
넣으면 사르르 녹아 내리는
생 초콜릿을 만들어
선물하세요. 생크림이
들어가 부드럽고 진한
초콜릿의 풍미를 즐길 수
있어 모두가 좋아한답니다.
한입 크기로 썰어
코코아가루, 녹차가루,
슈가파우더 등으로 다양하게
장식하세요.

4×14cm 사각 틀 1개분 | 10~15분(+굳히기 1시간 30분) | 밀폐용기 _ 냉장실 7일

기본재료

□ 생크림 100㎖
□ 다크커버춰 초콜릿 200g
□ 오렌지 술 1작은술(생략 가능)

장식

□ 코코아가루(또는 녹차가루, 슈가파우더) 2큰술

도구 준비하기

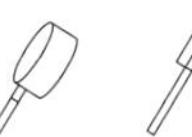

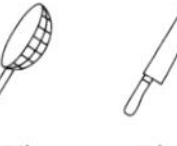

냄비 주걱 사각 틀 체 칼

재료 준비하기

1 다크커버춰 초콜릿을 잘게 다진다.
2 사각 틀 안쪽에 물을 뿌리고 랩을 씌운다.

01

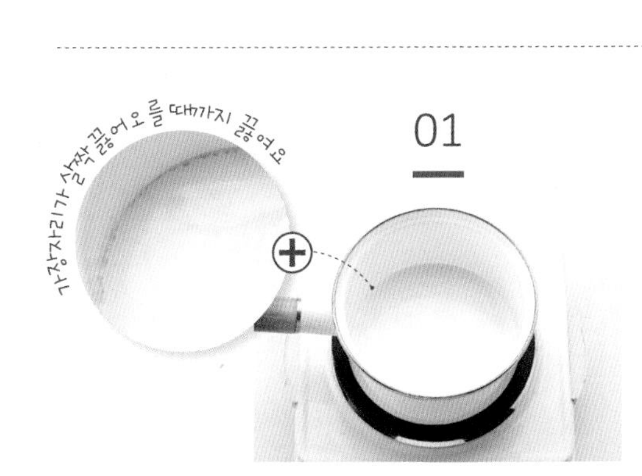

냄비에 생크림을 넣고 중약 불에서 가장자리가 살짝 끓어오를 때까지 끓인다.

02

불을 끄고 다진 다크커버춰 초콜릿을 넣은 후 주걱으로 가운데부터 저어가며 녹인다. 오렌지 술을 넣고 주걱으로 가볍게 섞는다.

03

랩을 깐 사각 틀에 ②를 채우고 서늘한 곳(15~18℃)에서 1시간~1시간 30분 동안 굳힌다.

04

틀에서 꺼낸 후 랩을 제거하고 3×3cm 크기로 썬다. 작은 체로 윗면에 코코아가루를 뿌려 장식한다. ★ 자르고 남은 자투리를 모아 손으로 동그랗게 빚은 후 가루를 묻혀도 좋아요.

MUFFIN & POUND CAKE

한 가지 반죽으로 모두 완성!
선물하기 좋은 머핀 & 파운드 케이크 10가지

머핀과 파운드 케이크는 부드럽고
촉촉한 식감으로 남녀노소 모두가
좋아하죠. 포장하기도 쉬워
선물용으로도 안성맞춤이에요.
머핀 반죽을 만든 후 파운드 케이크 틀
(길이 22cm)에 넣고 굽거나,
파운드 케이크 반죽을 만든 후
머핀 틀에 나누어 넣고 구워도 된답니다.
다만 파운드 케이크는 반죽 양에 따라
만들어지는 머핀의 갯수가 조금씩 다를 수
있으니 2번에 나누어 굽거나,
일회용 머핀 컵을 이용해 구우세요.

호두 머핀

아몬드가루와 호두를 넣어 달지 않고 고소한 머핀이에요. 기호에 따라 호두 대신
다른 견과류, 말린 과일 등을 넣어 다양하게 응용할 수 있는 기본 머핀이랍니다.
그냥 먹어도 맛있지만 달콤한 버터크림, 가나슈, 생크림 등을 올려 컵케이크로 만들어도 잘 어울려요.

아랫지름 5.5cm, 높이 4.5cm 머핀 틀 6~8개분 | 35~40분 | 180℃ | 밀폐용기 _ 실온 3일

재료

- □ 실온에 둔 버터 100g
- □ 설탕 80g
- □ 소금 1/4작은술
- □ 아몬드가루 60g
- □ 달걀 2개
- □ 꿀 1큰술
- □ 중력분 160g
- □ 베이킹파우더 1작은술
- □ 우유 120㎖
- □ 다진 호두 90g

도구 준비하기

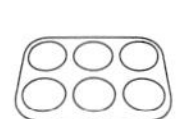

볼 핸드믹서 주걱 체 짤주머니 머핀 틀

재료 준비하기

1 버터와 달걀은 1시간 전에 냉장실에서 꺼내 실온에 둔다.
2 머핀 틀에 머핀 유산지를 깐다.
3 중력분, 베이킹파우더는 함께 체 친다.
아몬드가루는 따로 체 친다.

01

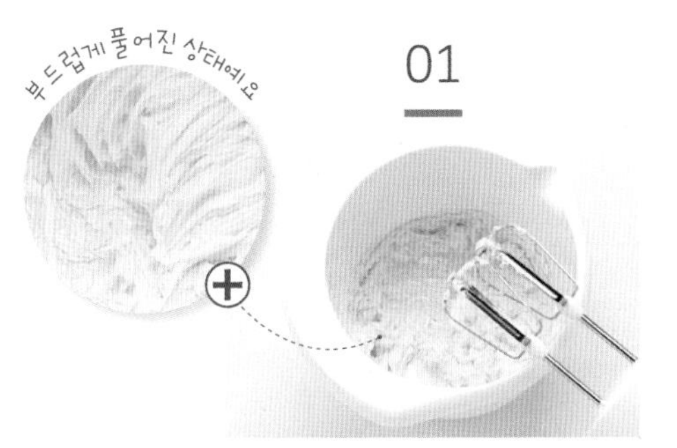

반죽 만들기 큰 볼에 버터를 넣고 핸드믹서의 거품기로 낮은 단에서 30초~1분간 푼다.
★ 마요네즈처럼 부드러운 상태로 푸세요. 볼 옆면에 붙은 버터가 삼각뿔 모양이 되면 잘 풀어진 거예요.

02

설탕과 소금을 2번에 나누어 넣으며 핸드믹서의 거품기로 낮은 단에서 2~3분간 휘핑한다. ★ 반죽이 아이보리색이 될 때까지 휘핑하세요.

03

체 친 아몬드가루를 넣고 핸드믹서의 거품기로 낮은 단에서 15초간 섞는다.
★ 버터에 비해 수분(달걀)의 비율이 높은 반죽은 아몬드가루를 먼저 섞으면 반죽에서 수분이 분리되는 것을 방지할 수 있어요.

04

달걀 1개와 꿀을 넣고 핸드믹서의 거품기로 낮은 단에서 1분, 다시 달걀 1개를 넣고 1분간 더 휘핑한다. ★ 반죽이 부드러운 크림 상태가 될 때까지 휘핑하세요.
오븐 예열

05

체 친 중력분과 베이킹파우더를 넣고 80% 정도 섞일 때까지 볼을 돌려가며 주걱으로 아래에서 위로 뒤집듯이 반죽을 섞는다. ★ 이 때 너무 많이 섞으면 머핀이 질겨지니 주의하세요.

06

우유를 넣고 주걱으로 아래에서 위로 뒤집듯이 섞는다.

07

장식용 호두 1큰술을 덜어둔다. 나머지 호두를 넣고 주걱으로 가볍게 섞는다. ★ 장식용 호두를 올리지 않을 때는 반죽에 전부 넣고 섞어요.

08

짤주머니에 반죽을 담고 끝의 2.5cm 지점을 가위로 자른다. 머핀 유산지를 깐 머핀 틀에 짤주머니를 수직으로 세우고 바닥부터 천천히 머핀 유산지의 80% 정도까지 반죽을 채운다.

09

윗면에 장식용 호두를 골고루 올린다. ★ 이 과정은 생략해도 좋아요.

10

굽기 180℃로 예열된 오븐의 가운데 칸에서 20~23분간 굽는다. 틀에서 꺼내 식힘망에 올려 식힌다. ★ 꼬지로 반죽을 찔러보았을 때 반죽이 묻어나지 않으면 다 익은 거예요.

모카 머핀

모카(Mocha)는 초콜릿 향이 나는 커피원두 이름으로 최고급 커피를 수출하는
예멘의 항구도시 무카(Al-Mukh)에서 유래되었어요.
반 고흐가 좋아했다고 알려진 예멘의 모카 커피는 진한 다크 초콜릿 향이 특징이랍니다.
모카 머핀은 커피맛 머핀에 초콜릿만큼 달콤한 아이싱을 곁들여 만들었어요.

아랫지름 5.5cm, 높이 4.5cm 머핀 틀 6~7개분 | 40~45분 | 180℃ | 밀폐용기 _ 실온 3일

재료

- □ 실온에 둔 버터 100g
- □ 입자가 작은 인스턴트 커피가루 1작은술
- □ 설탕 100g
- □ 소금 1/2작은술
- □ 달걀 1개
- □ 박력분 170g
- □ 베이킹파우더 1작은술
- □ 떠먹는 플레인 요구르트 80g

모카 아이싱(생략 가능)

- □ 슈가파우더 60g
- □ 입자가 작은 인스턴트 커피가루 1/2작은술
- □ 우유 2작은술

도구 준비하기

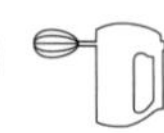

볼 핸드믹서 주걱 체
짤주머니 거품기 머핀 틀

재료 준비하기

1 버터와 달걀은 1시간 전에 냉장실에서 꺼내 실온에 둔다.
2 머핀 틀에 머핀 유산지를 깐다.
3 박력분, 베이킹파우더는 함께 체 친다.

01

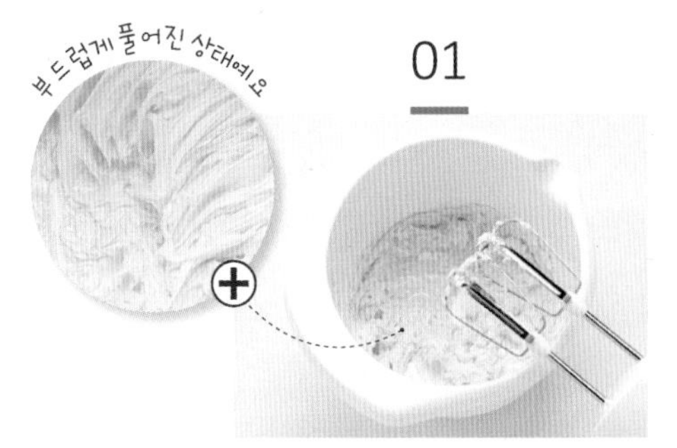

반죽 만들기 큰 볼에 버터를 넣고 핸드믹서의 거품기로 낮은 단에서 30초~1분간 푼다. ★마요네즈처럼 부드러운 상태로 푸세요. 볼 옆면에 붙은 버터가 삼각뿔 모양이 되면 잘 풀어진 거예요.

02

인스턴트 커피가루를 넣고 설탕과 소금을 2번에 나누어 넣으며 핸드믹서의 거품기로 낮은 단에서 2~3분간 휘핑한다. ★입자가 큰 인스턴트 커피가루는 숟가락 뒷면으로 곱게 으깬 후 사용하세요.

03

달걀을 넣고 핸드믹서의 거품기로 낮은 단에서 2분간 휘핑한다. ★반죽이 부드러운 크림 상태가 될 때까지 휘핑하세요.
오븐 예열

04

체 친 박력분, 베이킹파우더를 넣고 80% 정도 섞일 때까지 볼을 돌려가며 주걱으로 아래에서 위로 뒤집듯이 섞는다.

05

떠먹는 플레인 요구르트를 넣고
주걱으로 아래에서 위로 뒤집듯이 섞는다.
★ 이 때 너무 많이 섞으면 머핀이 질겨지니
주의하세요.

06

짤주머니에 반죽을 담고 끝의 2.5cm 지점을
가위로 자른다. 머핀 유산지를 깐 머핀 틀에
짤주머니를 수직으로 세우고 바닥부터 천천히
머핀 유산지의 80% 정도까지 반죽을 채운다.

07

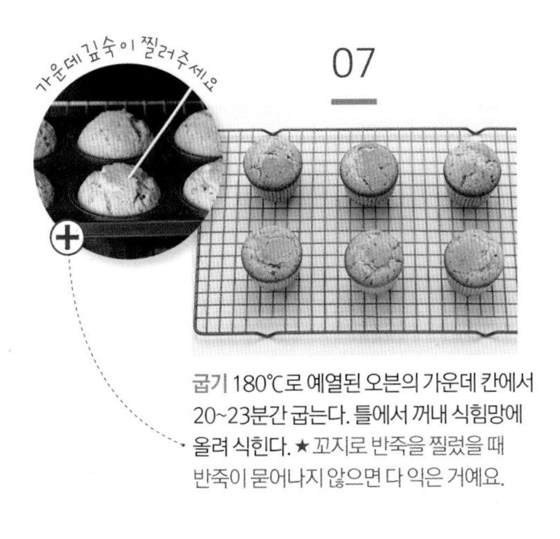

굽기 180℃로 예열된 오븐의 가운데 칸에서
20~23분간 굽는다. 틀에서 꺼내 식힘망에
올려 식힌다. ★ 꼬지로 반죽을 찔렀을 때
반죽이 묻어나지 않으면 다 익은 거예요.

08

모카 아이싱 장식하기 볼에 슈가파우더,
인스턴트 커피가루, 우유를 넣고 거품기로
골고루 섞는다. ★ 입자가 큰 인스턴트
커피가루는 숟가락 뒷면으로 곱게 으깬 후
사용하세요.

09

아이싱을 짤주머니에 담고
스크래퍼로 밀어 앞쪽으로 모은다.
끝의 0.5cm 지점을 가위로 자른다.

10

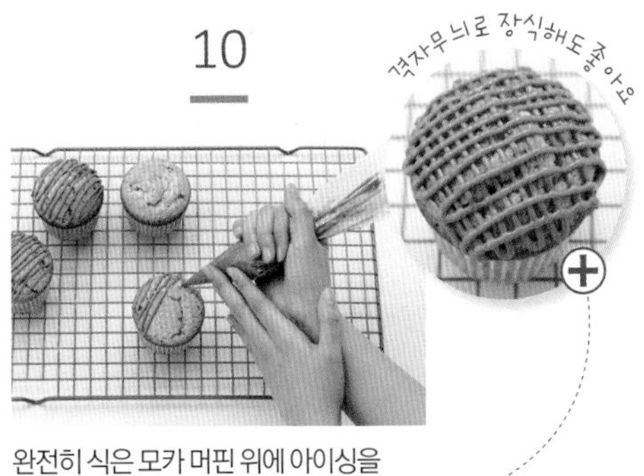

완전히 식은 모카 머핀 위에 아이싱을
지그재그로 짜 장식하거나 달팽이 모양으로
빈틈없이 짜 윗면을 완전히 덮는다.
★ 포장할 때는 실온에서 30분간 아이싱을
완전히 굳힌 뒤에 담으세요.

블루베리 머핀

플레인 요구르트와 말린 블루베리를 넣어 만든 새콤달콤한 맛의 머핀이에요.
부드러운 머핀 속에 쫀득한 블루베리를 넉넉히 넣어 맛과 식감을 살렸어요.
기호에 따라 럼에 절인 반건조 무화과나 말린 크랜베리를 넣어도 좋아요.

아랫지름 5.5cm, 높이 4.5cm 머핀 틀 6~7개분 | 35~40분(+블루베리 절이기 1시간) | 180℃ | 밀폐용기 _ 실온 3일

재료

- □ 말린 블루베리 100g
- □ 럼 1큰술(또는 물 1/2큰술 + 레몬즙 1/2큰술)
- □ 실온에 둔 버터 80g
- □ 설탕 70g
- □ 소금 1/2작은술
- □ 달걀 2개
- □ 박력분 170g
- □ 베이킹파우더 1/2작은술
- □ 우유 50㎖
- □ 떠먹는 플레인 요구르트 80g

도구 준비하기

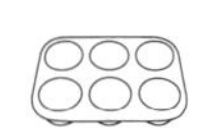

볼 핸드믹서 주걱 체 짤주머니 머핀 틀

재료 준비하기

1 버터와 달걀은 1시간 전에 냉장실에서 꺼내 실온에 둔다.
2 머핀 틀에 머핀 유산지를 깐다.
3 박력분, 베이킹파우더는 함께 체 친다.

01

블루베리 절이기 볼에 말린 블루베리와 럼을 넣고 1시간 동안 절인다. ★골고루 절여지도록 중간중간 숟가락으로 섞어주세요.

02

반죽 만들기 큰 볼에 버터를 넣고 핸드믹서의 거품기로 낮은 단에서 30초~1분간 푼다.
★마요네즈처럼 부드러운 상태로 푸세요. 볼 옆면에 붙은 버터가 삼각뿔 모양이 되면 잘 풀어진 거예요.

03

설탕과 소금을 2번에 나누어 넣으며 핸드믹서의 거품기로 낮은 단에서 2~3분간 휘핑한다. ★반죽이 아이보리색이 될 때까지 휘핑하세요.

04

달걀 1개를 넣고 핸드믹서의 거품기로 낮은 단에서 1분, 다시 달걀 1개를 넣고 1분간 더 휘핑한다. ★반죽이 부드러운 크림 상태가 될 때까지 휘핑하세요.

오븐 예열

05

체 친 박력분과 베이킹파우더를 넣고 80% 정도 섞일 때까지 볼을 돌려가며 주걱으로 아래에서 위로 뒤집듯이 섞는다.
★이 때 너무 많이 섞으면 머핀이 질겨지니 주의하세요.

06

우유와 떠먹는 플레인 요구르트를 넣고 주걱으로 아래에서 위로 뒤집듯이 섞는다.

07

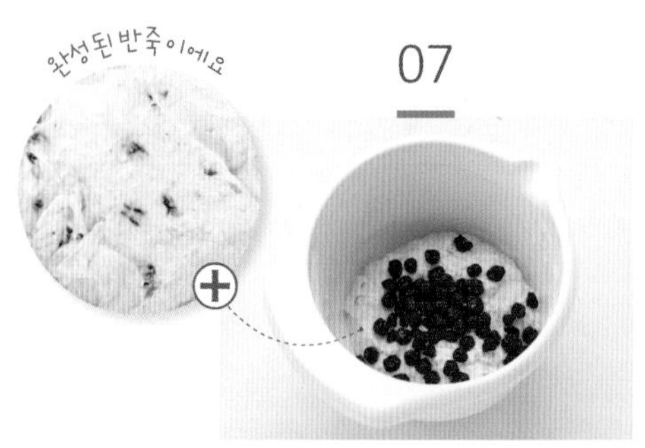

장식용 블루베리 2큰술을 덜어둔다. 나머지 블루베리를 넣고 주걱으로 가볍게 섞는다. ★장식용 블루베리를 올리지 않을 때는 전부 반죽에 넣어 섞어요.

08

짤주머니에 반죽을 담고 끝의 3cm 지점을 가위로 자른다. 머핀 유산지를 깐 머핀 틀에 짤주머니를 수직으로 세우고 바닥부터 천천히 머핀 유산지의 80% 정도까지 반죽을 채운다.

09

윗면에 장식용 블루베리를 골고루 올린다.
★이 과정은 생략해도 좋아요.

10

굽기 180℃로 예열된 오븐의 가운데 칸에서 20~25분간 굽는다. 틀에서 꺼내 식힘망에 올려 식힌다. ★꼬지로 반죽을 찔러보았을 때 반죽이 묻어나지 않으면 다 익은 거예요.

크림치즈 머핀

크림치즈와 레몬즙을 넣은 새콤한 맛의 머핀이에요.
부드럽고 가벼운 식감의 머핀으로, 휘핑한 생크림을 올려 컵케이크로 만들어도 좋아요.
새콤한 맛이 부담스럽다면 레몬즙 대신 우유를 넣어 만들어보세요.

아랫지름 5.5cm, 높이 4.5cm 머핀 틀 6~7개분 | 35~40분 | 180℃ | 밀폐용기 _ 실온 3일

재료

- □ 실온에 둔 크림치즈 100g
- □ 실온에 둔 버터 50g
- □ 설탕 70g
- □ 달걀 2개
- □ 박력분 120g
- □ 베이킹파우더 1/2작은술
- □ 레몬즙(또는 우유) 2작은술

장식(생략 가능)

- □ 아몬드 슬라이스 10g

도구 준비하기

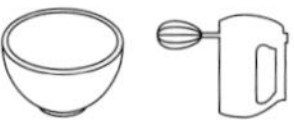

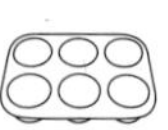

볼 핸드믹서 주걱 체 짤주머니 머핀 틀

재료 준비하기

1 크림치즈, 버터, 달걀은 1시간 전에 냉장실에서 꺼내 실온에 둔다.
2 머핀 틀에 머핀 유산지를 깐다.
3 박력분, 베이킹파우더는 함께 체 친다.

01

반죽 만들기 큰 볼에 크림치즈와 버터를 넣고 핸드믹서의 거품기로 낮은 단에서 30초~1분간 푼다. ★마요네즈처럼 부드러운 상태로 푸세요. 볼 옆면에 붙은 버터가 삼각뿔 모양이 되면 잘 풀어진 거예요.

02

설탕을 2번에 나누어 넣으며 핸드믹서의 거품기로 낮은 단에서 2~3분간 휘핑한다.
★반죽이 아이보리색이 될 때까지 휘핑하세요.

03

달걀 1개를 넣고 핸드믹서의 거품기로 낮은 단에서 1분, 다시 달걀 1개를 넣고 1분간 더 휘핑한다. ★반죽이 부드러운 크림 상태가 될 때까지 휘핑하세요.
오븐 예열

04

체 친 박력분, 베이킹파우더를 넣고 80% 정도 섞일 때까지 볼을 돌려가며 주걱으로 아래에서 위로 뒤집듯이 섞는다.

05

레몬즙을 넣고 주걱으로 아래에서 위로 뒤집듯이 가볍게 섞는다.
★이 때 너무 많이 섞으면 머핀이 질겨지니 주의하세요.

06

짤주머니에 반죽을 담고 끝의 2.5cm 지점을 가위로 자른다. 머핀 유산지를 깐 머핀 틀에 짤주머니를 수직으로 세우고 바닥부터 천천히 머핀 유산지의 80% 정도까지 반죽을 채운다.

07

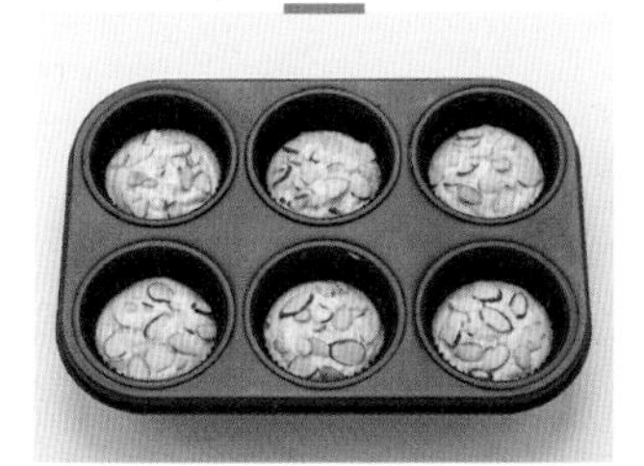

윗면에 장식용 아몬드 슬라이스를 골고루 올린다. ★이 과정은 생략해도 좋아요.

08

가운데 깊숙이 찔러보세요

굽기 180℃로 예열된 오븐의 가운데 칸에서 20~25분간 굽는다. 틀에서 꺼내 식힘망에 올려 식힌다. ★꼬지로 반죽을 찔러보았을 때 반죽이 묻어나지 않으면 다 익은 거예요.

Tip

크림치즈 머핀에 크림치즈 필링 넣기

크림치즈 머핀에 크림치즈 필링을 넣으면 더욱 진한 크림치즈의 맛을 느낄 수 있어요.
볼에 실온에 둔 크림치즈 60g, 실온에 둔 버터 15g을 넣어요. 핸드믹서의 거품기로 낮은 단에서 부드러운 상태가 될 때까지 30초간 풀어준 다음 슈가파우더 20g을 넣고 30초간 더 섞어요.
머핀 유산지의 50% 정도까지 반죽을 채우고 가운데 크림치즈 필링(약 10~12g)을 짜 넣은 후 다시 머핀 유산지의 80% 정도까지 반죽을 채워요
180℃로 예열된 오븐의 가운데 칸에서 20~25분간 구우세요.

당근 머핀

부드러운 머핀 속에 새콤달콤한 크림치즈 필링을 넣고 만들어 남녀노소 모두가 좋아하는 머핀이에요.
비타민과 베타카로틴이 풍부한 당근을 듬뿍 넣었지만 당근의 향과 맛이 거의 느껴지지 않아
채소를 싫어하는 아이들에게 만들어주기 좋은 영양 간식이랍니다.

아랫지름 5.5cm, 높이 4.5cm 머핀 틀 6~7개분 | 35~40분 | 180℃ | 밀폐용기 _ 실온 3일

재료

- □ 당근 100g
- □ 달걀 2개
- □ 설탕 100g
- □ 소금 1/2작은술
- □ 식용유(또는 포도씨유) 90㎖
- □ 강력분 90g
- □ 베이킹파우더 1/2작은술
- □ 시나몬가루 1작은술
- □ 다진 호두 20g
- □ 말린 크랜베리 20g

크림치즈 필링

- □ 실온에 둔 크림치즈 100g
- □ 실온에 둔 버터 25g
- □ 슈가파우더 30g

도구 준비하기

볼

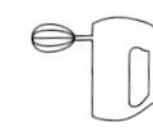
핸드믹서

주걱

푸드 프로세서

체

짤주머니

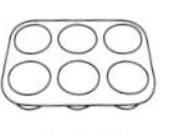
머핀 틀

재료 준비하기

1 달걀, 크림치즈, 버터는 1시간 전에 냉장실에서 꺼내 실온에 둔다.
2 머핀 틀에 머핀 유산지를 깐다.
3 강력분, 베이킹파우더, 시나몬가루는 함께 체 친다.

01

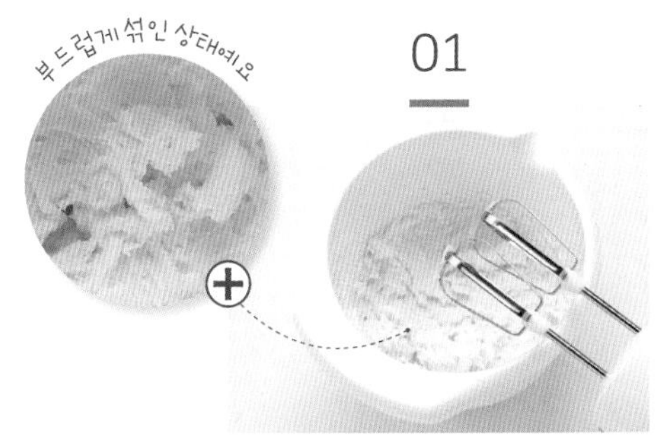

크림치즈 필링 만들기 볼에 크림치즈와 버터를 넣고 핸드믹서의 거품기로 낮은 단에서 30초간 푼다. 슈가파우더를 넣고 30초간 더 섞는다. 짤주머니에 담고 끝의 2.5cm 지점을 가위로 자른다.

02

당근 갈기 당근은 푸드 프로세서에 넣고 사방 0.3cm 크기로 잘게 다진다.
★ 푸드 프로세서가 없을 때는 강판으로 갈거나 칼로 잘게 다져도 좋아요.

03

반죽 만들기 볼에 달걀을 넣고 핸드믹서의 거품기로 높은 단에서 30초간 휘핑한다.
★ 작은 거품이 올라올 때까지 휘핑하세요.
오븐 예열

04

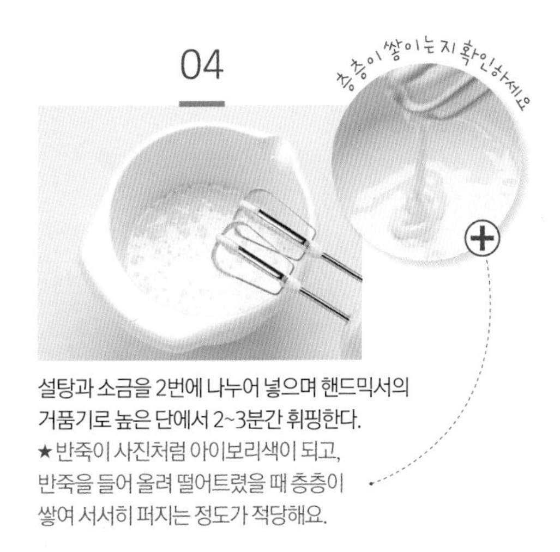

설탕과 소금을 2번에 나누어 넣으며 핸드믹서의 거품기로 높은 단에서 2~3분간 휘핑한다.
★ 반죽이 사진처럼 아이보리색이 되고, 반죽을 들어 올려 떨어트렸을 때 층층이 쌓여 서서히 퍼지는 정도가 적당해요.

05

식용유를 조금씩 흘려 넣으며 핸드믹서의 거품기로 높은 단에서 식용유가 완전히 반죽에 섞일 때까지 30초간 휘핑한다.

06

체 친 강력분, 베이킹파우더, 시나몬가루를 넣고 80% 정도 섞일 때까지 볼을 돌려가며 주걱으로 아래에서 위로 뒤집듯이 섞는다.

07

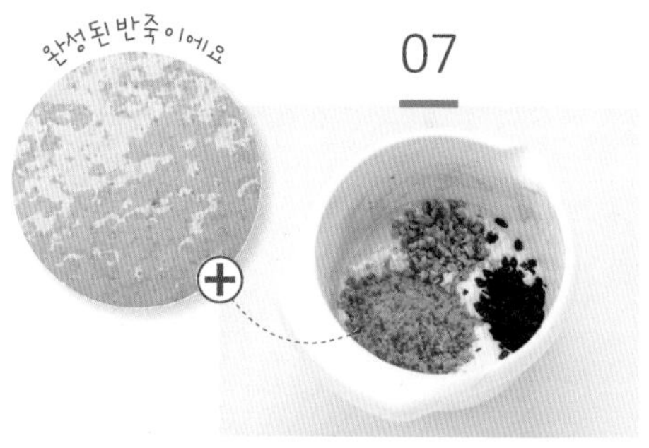

②의 당근, 다진 호두, 말린 크랜베리를 넣고 주걱으로 아래에서 위로 뒤집듯이 가볍게 섞는다.

08

⑦을 짤주머니에 담고 끝의 2.5cm 지점을 가위로 자른다. 머핀 유산지를 깐 머핀 틀에 짤주머니를 수직으로 세우고 바닥부터 천천히 머핀 유산지의 70% 정도까지 반죽을 채운다. ★ 묽은 반죽은 길이가 긴 통에 짤주머니를 씌우고 반죽을 담으면 편해요.

09

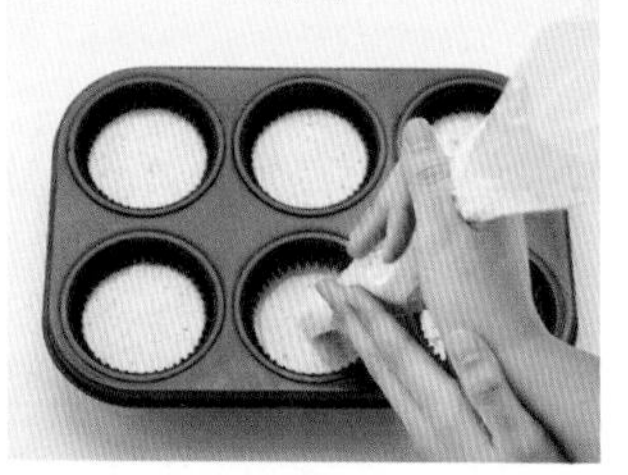

①의 짤주머니 끝을 반죽의 가운데 넣고 머핀 반죽이 유산지의 90% 정도 올라올 때까지 크림치즈 필링을 짠다.

10

굽기 180℃로 예열된 오븐의 가운데 칸에서 20~23분간 굽는다. 틀에서 꺼내 식힘망에 올려 식힌다. ★ 꼬치로 반죽의 가장자리를 찔렀을 때 반죽이 묻어나지 않으면 다 익은 거예요.

사과 크럼블 파운드 케이크

새콤달콤한 사과 필링과 고소한 크럼블이 절묘하게 어우러진 파운드 케이크예요.
만든 지 1~2일이 지나면 사과의 수분과 향이 골고루 퍼져 더욱 맛있어져요.
선물용으로도 좋은 파운드 케이크랍니다.

길이 25cm 파운드 틀 1개분 | 1시간~1시간 5분 | 180℃ | 밀폐용기 _ 실온 5일

재료

- □ 실온에 둔 버터 200g
- □ 설탕 160g
- □ 달걀 4개
- □ 박력분 200g
- □ 베이킹파우더 1작은술

사과 필링

- □ 사과 1개분(200g)
- □ 버터 15g
- □ 설탕 2큰술
- □ 시나몬가루 1/4작은술 (생략 가능)

크럼블

- □ 버터 12g
- □ 설탕 12g
- □ 박력분 12g
- □ 아몬드가루 12g

도구 준비하기

프라이팬 볼 핸드믹서 주걱 체 파운드 틀

재료 준비하기

1 버터와 달걀은 1시간 전에 냉장실에서 꺼내 실온에 둔다.
2 파운드 틀에 유산지를 깐다. ★유산지 깔기 26쪽 참고
3 반죽용 박력분, 베이킹파우더를 함께 체 치고, 크럼블용 박력분, 아몬드가루를 함께 체 친다.

01

사과 필링 만들기 사과는 껍질을 벗기고 씨 부분을 제거한 후 사방 1cm 크기로 썬다. 달군 팬에 버터를 넣어 녹인 후 사과를 넣고 중간 불에서 1분간 볶는다.

02

설탕을 골고루 뿌리고 중간 불에서 사과가 말랑말랑해지고 수분이 없어질 때까지 주걱으로 저어가며 5분간 졸인다. 불을 끄고 시나몬가루를 넣어 섞은 뒤 넓은 접시에 펼쳐 담아 식힌다.

03

크럼블 만들기 볼에 크럼블용 재료를 모두 넣고 핸드믹서의 거품기로 중간 단에서 보슬보슬한 상태가 될 때까지 20~30초간 섞는다. 오븐 예열

04

반죽 만들기 큰 볼에 버터를 넣고 핸드믹서의 거품기로 중간 단에서 1분~1분 30초간 푼다.
★마요네즈처럼 부드러운 상태로 푸세요. 볼 옆면에 붙은 버터가 삼각뿔 모양이 되면 잘 풀어진 거예요.

05

설탕을 3번에 나누어 넣으며 핸드믹서의 거품기로 중간 단에서 2~3분간 휘핑한다.
★반죽이 아이보리색이 될 때까지 휘핑하세요.

06

달걀 1개를 넣어 핸드믹서의 거품기로 중간 단에서 1분, 다시 달걀 1개를 넣고 1분씩 반복하여 총 4분간 휘핑한다.
★반죽이 부드러운 크림 상태가 될 때까지 휘핑하세요.

07

체 친 박력분과 베이킹파우더를 넣고 80% 정도 섞일 때까지 볼을 돌려가며 주걱으로 아래에서 위로 뒤집듯이 섞는다.

08

완전히 식은 사과 필링을 넣고 주걱으로 아래에서 위로 뒤집듯이 섞는다.
★사과 필링이 완전히 식지 않으면 버터가 녹을 수 있으니 주의하세요.

09

유산지를 깐 파운드 틀에 사진처럼 가운데가 낮고 가장자리 부분이 높은 U자 모양이 되도록 반죽을 채운다. 크럼블을 골고루 올린다.

10

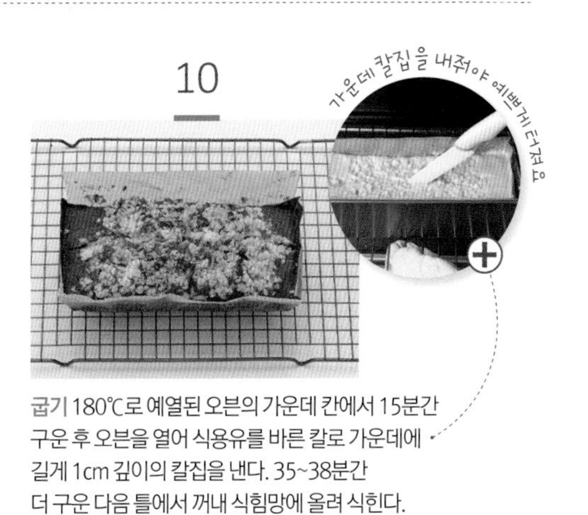

굽기 180℃로 예열된 오븐의 가운데 칸에서 15분간 구운 후 오븐을 열어 식용유를 바른 칼로 가운데에 길게 1cm 깊이의 칼집을 낸다. 35~38분간 더 구운 다음 틀에서 꺼내 식힘망에 올려 식힌다.

레몬 파운드 케이크

상큼한 레몬 향의 촉촉한 파운드 케이크에 레몬 아이싱을 발라 달콤하게 만들었어요.
한 조각 먹으면 한 주간의 피로가 풀린다고 하여 '위크엔드 케이크'(Weekend cake)라고도 불린답니다.
기호에 따라 레몬 대신 오렌지를 이용해도 좋아요.

길이 25cm 파운드 틀 1개분 | 1시간~1시간 5분 | 180℃ | 밀폐용기 _ 실온 7일

재료

- □ 실온에 둔 버터 200g
- □ 설탕 180g
- □ 달걀 4개
- □ 박력분 210g
- □ 베이킹파우더 1작은술
- □ 레몬 제스트 1개분
- □ 레몬 필 50g(생략 가능)
- □ 다진 호두(또는 다진 아몬드, 다진 피칸) 80g

레몬 아이싱

- □ 슈가파우더 100g
- □ 레몬즙 1개분(30㎖)

장식(생략 가능)

- □ 다진 피스타치오 3개분

도구 준비하기

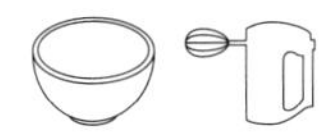

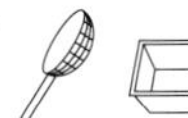

볼 핸드믹서 주걱 체 파운드 틀 스패튤라

재료 준비하기

1 버터와 달걀은 1시간 전에 냉장실에서 꺼내 실온에 둔다.
2 파운드 틀에 유산지를 깐다. ★ 유산지 깔기 26쪽 참고
3 박력분, 베이킹파우더는 함께 체 친다.

01

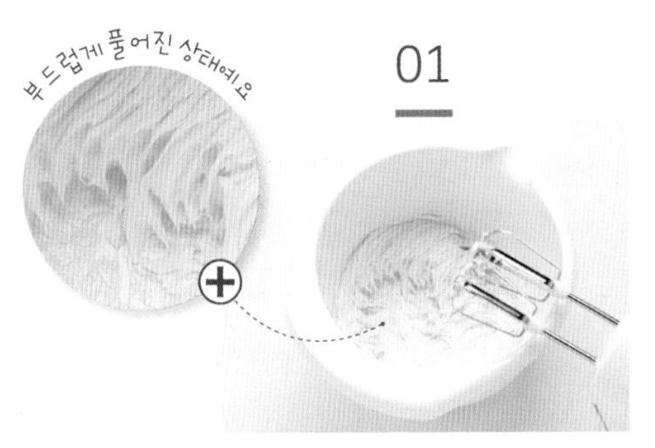

반죽 만들기 큰 볼에 버터를 넣고 핸드믹서의 거품기로 중간 단에서 1분 ~ 1분 30초간 푼다.
★ 마요네즈처럼 부드러운 상태로 푸세요. 볼 옆면에 붙은 버터가 삼각뿔 모양이 되면 잘 풀어진 거예요.

02

설탕을 3번에 나누어 넣으며 핸드믹서의 거품기로 중간 단에서 2~3분간 휘핑한다.
★ 반죽이 아이보리색이 될 때까지 휘핑하세요.

03

달걀 1개를 넣어 핸드믹서의 거품기로 중간 단에서 1분, 다시 달걀 1개를 넣고 1분씩 반복하여 총 4분간 휘핑한다.
★ 반죽이 부드러운 크림 상태가 될 때까지 휘핑하세요. **오븐 예열**

04

체 친 박력분, 베이킹파우더를 넣고 80% 정도 섞일 때까지 볼을 돌려가며 주걱으로 아래에서 위로 뒤집듯이 섞는다.

05

레몬 제스트, 레몬 필, 다진 호두를 넣고 주걱으로 아래에서 위로 뒤집듯이 섞는다. ★이 때 너무 많이 섞으면 파운드 케이크가 질겨지니 주의하세요.

06

유산지를 깐 파운드 틀에 사진처럼 가운데가 낮고 가장자리 부분이 높은 U자 모양이 되도록 반죽을 채운다.

07

굽기 180℃로 예열된 오븐의 가운데 칸에서 15분간 구운 후 오븐을 열어 식용유를 바른 칼로 가운데에 길게 1cm 깊이의 칼집을 낸다. 30~35분간 더 구운 다음 틀에서 꺼내 식힘망에 올려 식힌다.

08

파운드 케이크가 완전히 식으면 빵칼로 봉긋하게 솟은 윗부분을 편편하게 썰어낸다. ★잘라내지 않고 봉긋한 윗 부분에 아이싱을 발라도 돼요.

09

레몬 아이싱 장식하기 작은 볼에 레몬 아이싱용 슈가파우더와 레몬즙을 넣고 숟가락으로 골고루 섞는다.

10

사진처럼 식힘망 위에 ⑧을 뒤집어 올린다. 레몬 아이싱을 스패튤라로 윗면과 옆면에 골고루 바른다. 윗면에 다진 피스타치오를 뿌린다. ★아이싱이 굳기 전에 재빨리 발라야 매끈하게 골고루 바를 수 있어요.

초콜릿 마블 파운드 케이크

불규칙적으로 생기는 마블 모양이 특징인 파운드 케이크예요.
버터의 풍미와 달콤 쌉싸름한 초콜릿의 맛이 잘 어우러져 아이부터 어른까지 모두가 좋아해요.
따뜻한 차와 초콜릿 마블 파운드 케이크를 준비해서 가족과 함께 티 타임을 가져보세요.

길이 25cm 파운드 틀 1개분 | 1시간~1시간 5분 | 180℃ | 밀폐용기 _ 실온 7일

재료

- □ 실온에 둔 버터 200g
- □ 설탕 150g
- □ 소금 1/8작은술
- □ 달걀 3개
- □ 박력분 180g
- □ 베이킹파우더 1작은술
- □ 우유 2큰술
- □ 초코칩(또는 다진 피칸) 50g

초콜릿 반죽

- □ 코코아가루 15g
- □ 아몬드가루 30g
- □ 우유 1큰술

도구 준비하기

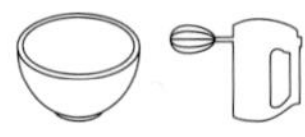

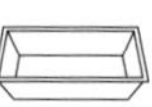

볼 핸드믹서 주걱 체 파운드 틀

재료 준비하기

1 버터와 달걀은 1시간 전에 냉장실에서 꺼내 실온에 둔다.
2 파운드 틀에 유산지를 깐다. ★유산지 깔기 26쪽 참고
3 반죽용 박력분, 베이킹파우더를 함께 체 치고,
초콜릿 반죽용 코코아가루, 아몬드가루를 함께 체 친다.

01

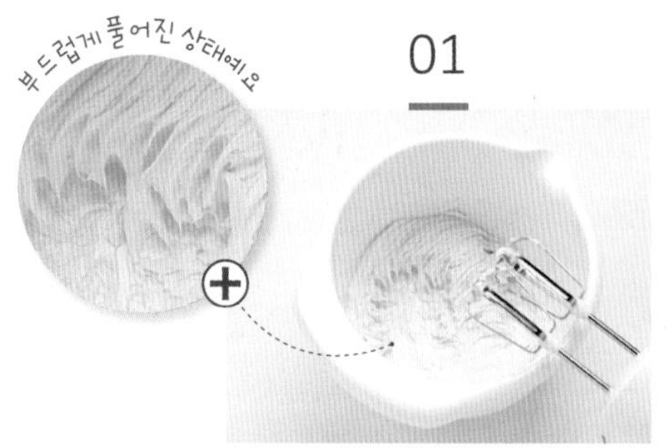

반죽 만들기 큰 볼에 버터를 넣고 핸드믹서의 거품기로 중간 단에서 1분~1분 30초간 푼다.
★마요네즈처럼 부드러운 상태로 푸세요. 볼 옆면에 붙은 버터가 삼각뿔 모양이 되면 잘 풀어진 거예요.

02

설탕과 소금을 3번에 나누어 넣으며 핸드믹서의 거품기로 중간 단에서 2~3분간 휘핑한다. ★반죽이 아이보리색이 될 때까지 휘핑하세요.

03

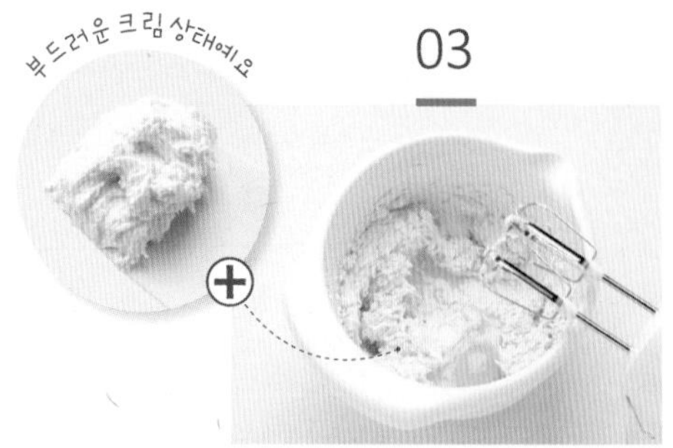

달걀 1개를 넣어 핸드믹서의 거품기로 중간 단에서 1분, 다시 달걀 1개를 넣고 1분씩 반복하여 총 3분간 휘핑한다.
★반죽이 부드러운 크림 상태가 될 때까지 휘핑하세요. 오븐 예열

04

체 친 박력분과 베이킹파우더를 넣고 80% 정도 섞일 때까지 볼을 돌려가며 주걱으로 아래에서 위로 뒤집듯이 섞는다.

05

우유를 넣고 주걱으로 아래에서 위로 뒤집듯이 반죽을 섞은 후 초코칩을 넣고 가볍게 섞는다. ★이 때 너무 많이 섞으면 파운드 케이크가 질겨지니 주의하세요.

06

초콜릿 반죽 섞기 ⑤의 반죽 1/2 분량을 다른 볼에 옮겨 담은 후 체 친 코코아가루, 아몬드가루, 우유를 넣고 주걱으로 아래에서 위로 뒤집듯이 가볍게 섞는다.

07

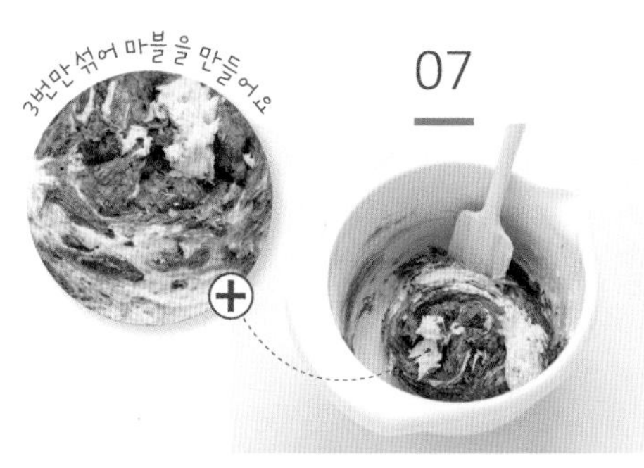

⑤의 볼에 ⑥의 초콜릿 반죽을 넣고 볼을 돌려가며 주걱으로 아래에서 위로 뒤집듯이 3번만 섞는다. ★반죽을 3번 이상 섞으면 마블 모양이 사라질 수 있으니 주의하세요.

08

유산지를 깐 파운드 틀에 사진처럼 가운데가 낮고 가장자리 부분이 높은 U자 모양이 되도록 반죽을 채운다.

09

굽기 180℃로 예열된 오븐의 가운데 칸에서 15분간 구운 다음 오븐을 열고 식용유를 바른 칼로 가운데에 길게 1cm 깊이의 칼집을 낸다. ★칼집을 넣어주면 가운데가 봉긋하고 균일한 모양의 파운드 케이크가 돼요.

10

다시 180℃의 오븐 가운데 칸에서 35~38분간 구운 다음 틀에서 꺼내 식힘망에 올려 식힌다. ★칼집을 내고 15분 정도 구운 후 윗 색이 너무 진하면 테프론 시트(또는 알루미늄 포일)로 윗면을 덮고 구우세요.

바나나 오트밀 파운드 케이크

달콤한 바나나와 고소한 오트밀을 넣어 담백하게 만든 파운드 케이크예요.
만든 지 1~2일이 지나면 바나나의 수분과 향이 배어 나와 가장 촉촉하고 맛있어요.
기호에 따라 오트밀 양을 조금 줄이고 줄인 만큼 피칸, 호두, 초코칩 등을 넣어도 좋아요.

길이 25cm 파운드 틀 1개분 | 1시간~1시간 5분 | 180℃ | 밀폐용기 _ 실온 5일

재료

- □ 바나나 3개(300g)
- □ 실온에 둔 버터 160g
- □ 설탕 140g
- □ 소금 1/4작은술
- □ 달걀 3개
- □ 박력분 300g
- □ 베이킹파우더 1작은술
- □ 다진 호두 40g
- □ 오트밀 40g

장식(생략 가능)

- □ 오트밀 5g

도구 준비하기

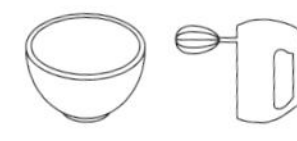
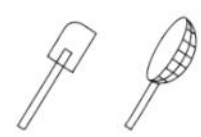
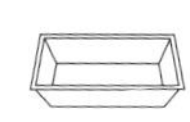

볼 핸드믹서 주걱 체 파운드 틀

재료 준비하기

1 버터와 달걀은 1시간 전에 냉장실에서 꺼내 실온에 둔다.
2 파운드 틀에 유산지를 깐다. ★유산지 깔기 26쪽 참고
3 박력분, 베이킹파우더는 함께 체 친다.

01

바나나 으깨기 바나나를 포크로 으깬다.

02

반죽 만들기 큰 볼에 버터를 넣고 핸드믹서의 거품기로 중간 단에서 1분~1분 30초간 푼다.
★마요네즈처럼 부드러운 상태로 푸세요. 볼 옆면에 붙은 버터가 삼각뿔 모양이 되면 잘 풀어진 거예요.

03

설탕과 소금을 3번에 나누어 넣으며 핸드믹서의 거품기로 중간 단에서 2~3분간 휘핑한다. ★반죽이 아이보리색이 될 때까지 휘핑하세요.

04

달걀 1개를 넣어 핸드믹서의 거품기로 중간 단에서 1분, 다시 달걀 1개를 넣고 1분씩 반복하여 총 3분간 휘핑한다.
★반죽이 부드러운 크림 상태가 될 때까지 휘핑하세요. 오븐 예열

05

체 친 박력분, 베이킹파우더를 넣고
80% 정도 섞일 때까지 볼을 돌려가며
주걱으로 아래에서 위로 뒤집듯이 섞는다.

06

으깬 바나나를 넣고 주걱으로 아래에서
위로 뒤집듯이 섞는다.

07

다진 호두, 오트밀을 넣고 주걱으로
아래에서 위로 뒤집듯이 가볍게 섞는다.
★ 이 때 너무 많이 섞으면 파운드
케이크가 질겨지니 주의하세요.

08

유산지를 깐 파운드 틀에 사진처럼
가운데가 낮고 가장자리 부분이 높은
U자 모양이 되도록 주걱으로 반죽을
채운다.

09

윗면에 장식용 오트밀을 올린다.
★ 이 과정은 생략해도 좋아요.

10

굽기 180℃로 예열된 오븐의 가운데 칸에서
15분간 구운 후 오븐을 열어 식용유를 바른
칼로 가운데에 길게 1cm 깊이의 칼집을
낸다. 35~38분간 더 구운 다음 틀에서 꺼내
식힘망에 올려 식힌다.

채소 파운드 케이크

채소 파운드 케이크는 일본에서 큰 인기를 얻고 있는 파운드 케이크예요.
달콤한 파운드 케이크에 짭짤한 채소 필링을 넣어
프랑스어로 '소금맛의 케이크'란 뜻의 '케이크 사레'(Cake Salé) 라고도 불린답니다.
채소 파운드 케이크를 따뜻하게 데운 후 샐러드를 곁들여 식사 대용으로 먹어도 좋아요.

길이 25cm 파운드 틀 1개분 | 1시간~1시간 5분 | 180℃ | 밀폐용기 _ 실온 5일

재료

- □ 실온에 둔 버터 120g
- □ 설탕 100g
- □ 소금 1/4작은술
- □ 달걀 3개
- □ 박력분 150g
- □ 베이킹파우더 1과 1/2작은술
- □ 파마산 치즈가루 45g
- □ 우유 30㎖

채소 필링

- □ 베이컨 4줄(긴 것, 56g)
- □ 양파 1/4개(50g)
- □ 파프리카 1/4개(50g)
- □ 브로콜리 1/6개(50g)
- □ 식용유 1작은술
- □ 소금 1/8작은술
- □ 후춧가루 1/8작은술

도구 준비하기

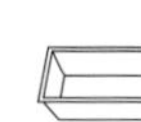

프라이팬 볼 핸드믹서 주걱 체 파운드 틀

재료 준비하기

1 버터와 달걀은 1시간 전에 냉장실에서 꺼내 실온에 둔다.
2 파운드 틀에 유산지를 깐다. ★유산지 깔기 26쪽 참고
3 박력분, 베이킹파우더는 함께 체 친다.
4 양파, 파프리카, 브로콜리, 베이컨은 사방 1cm 크기로 썬다.

01

채소 필링 만들기 달군 팬에 베이컨을 넣고 약한 불에서 3분간 바삭하게 볶는다. 키친타월에 올려 기름기를 뺀 후 식힌다.

02

①의 팬을 키친타월로 닦아낸 후 다시 달군다. 식용유를 두르고 양파, 파프리카, 브로콜리, 소금, 후춧가루를 넣고 중간 불에서 3분간 볶는다. 키친타월에 올려 기름기를 뺀 후 식힌다.

03

부드럽게 풀어진 상태예요

반죽 만들기 큰 볼에 버터를 넣고 핸드믹서의 거품기로 중간 단에서 1분~1분 30초간 푼다.
★마요네즈처럼 부드러운 상태로 푸세요. 볼 옆면에 붙은 버터가 삼각뿔 모양이 되면 잘 풀어진 거예요. 오븐 예열

04

설탕과 소금을 3번에 나누어 넣으며 핸드믹서의 거품기로 중간 단에서 2~3분간 휘핑한다. ★반죽이 아이보리색이 될 때까지 휘핑하세요.

05

달걀 1개를 넣어 핸드믹서의 거품기로 중간 단에서 1분, 다시 달걀 1개를 넣고 1분씩 반복하여 총 3분간 휘핑한다.
★ 반죽이 부드러운 크림 상태가 될 때까지 휘핑하세요.

06

체 친 박력분, 베이킹파우더, 파마산 치즈가루를 넣는다. 80% 정도 섞일 때까지 볼을 돌려가며 주걱으로 아래에서 위로 뒤집듯이 섞는다.

07

우유를 넣고 주걱으로 아래에서 위로 뒤집듯이 가볍게 섞는다.
★ 이 때 너무 많이 섞으면 파운드 케이크가 질겨지니 주의하세요.

08

완전히 식은 베이컨, 양파, 파프리카, 브로콜리를 넣고 주걱으로 아래에서 위로 뒤집듯이 섞는다. ★ 장식용 채소 필링 1큰술을 따로 덜어두세요.

09

유산지를 깐 파운드 틀에 사진처럼 가운데가 낮고 가장자리 부분이 높은 U자 모양이 되도록 주걱으로 반죽을 채운다.
장식용 채소 필링을 윗면에 골고루 올린다.

10

굽기 180℃로 예열된 오븐의 가운데 칸에서 15분간 구운 후 오븐을 열어 식용유를 바른 칼로 가운데에 길게 1cm 깊이의 칼집을 낸다. 30~32분간 더 구운 다음 틀에서 꺼내 식힘망에 올려 식힌다.

쉽고 간단한 머핀 장식

머핀을 구운 후 휘핑한 생크림 또는 버터크림으로 멋진 컵케이크를 만들어보세요.
기본 원형 깍지, 별모양 깍지, 작은 스패튤라만 있으면 쉽고 예쁘게 장식할 수 있어요.

재료(머핀 6개 장식분)

- □ 생크림 300㎖
- □ 설탕 25g
- □ 식용 색소 약간

★210쪽 과정 ⑩번을 참고해 생크림을 휘핑한다.

생크림 장식_1

01 짤주머니를 45°로 기울이고 머핀 바깥쪽에서 살짝 힘을 줘 크림을 짠 후 힘을 빼며 안쪽으로 끌어당겨 물방울 모양으로 짠다.

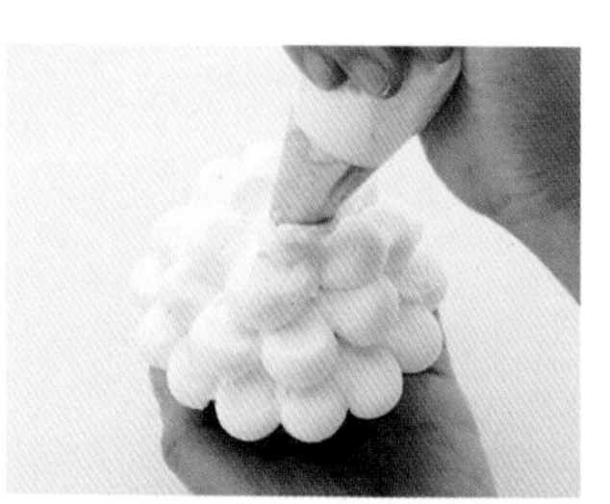

02 같은 방법으로 머핀 바깥쪽에서 안쪽으로 촘촘히 쌓아가며 크림을 짠다. 맨 위 가운데 부분은 짤주머니를 수직으로 세우고 짠 후 힘을 빼며 짤주머니를 가볍게 들어올린다.

생크림 장식_2

01 짤주머니를 45°로 기울이고 머핀 바깥쪽에서 살짝 힘을 줘 크림을 짠다. 깍지 끝을 바깥쪽으로 살짝 들어올린 후 안쪽으로 끌어당기며 크림을 짠다.

02 같은 방법으로 머핀 바깥쪽에서 안쪽으로 촘촘히 쌓아가며 크림을 짠다. 맨 위 가운데 부분은 짤주머니를 수직으로 세우고 짠 후 힘을 빼며 짤주머니를 가볍게 들어올린다.

재료 (머핀 6개 장식분)

- □ 실온에 둔 버터 100g
- □ 슈가파우더 50g
- □ 생크림 2큰술
- □ 식용 색소 약간

★55쪽 과정 ①번을 참고해 버터크림을 휘핑한다.

버터크림 장식_1

01 머핀을 45°로 기울이고 스패튤라로 크림을 올려 머핀 바깥쪽에서부터 살짝 누른다는 느낌으로 손목을 돌려가며 크림을 바른다.

02 스패튤라로 바깥쪽을 매끄럽게 정리한 후 스패튤라 끝으로 가운데 부분을 누르며 동그랗게 돌려 오목하게 모양을 낸다.

버터크림 장식_2

01 머핀을 45°로 기울이고 스패튤라로 크림을 올려 머핀 바깥쪽에서부터 살짝 누른다는 느낌으로 손목을 돌려가며 크림을 바른다.

02 스패튤라로 크림을 눌렀다 가볍게 위로 들어올리며 뾰족한 뿔 모양을 만들어 준다.

TARTE
&
PIE

한 가지 필링으로 타르트와 파이 모두 완성!
디저트 카페에서 사랑 받는 타르트 & 파이 10가지

쿠키처럼 바삭하고 달콤한 타르트, 페이스트리처럼 파삭하고 담백한 파이!
두 가지 반죽만 완벽히 마스터하면 우리 집도 언제든지 멋진 홈카페로 변신할 수 있어요.
타르트 필링을 파이에 넣어 굽거나 파이 필링을 타르트에 넣고 구워도 좋아요.
취향에 맞게 필링과 반죽을 선택해서 다양한 조합의 타르트와 파이를 만들어보세요.

기본 타르트 파트 슈크레

파트 슈크레(Pâte sucre)는 프랑스어로 '달콤한 반죽'이라는 뜻이에요.
크림화한 버터에 설탕과 가루 재료를 섞어 만들며, 모래알 같이 작은 조각이 부서지는 듯한 식감을 가졌어요. 설탕의 비율이 높은 반죽으로 부드러운 크림, 달콤한 필링들과 잘 어울린답니다.
기본 타르트 반죽을 익혀두면 필링만 바꿔 다양한 타르트를 만들 수 있어요.

지름 18cm 타르트 틀 1개분　30~35분(+휴지 1시간 30분)　180℃
반죽 : 지퍼백 _ 냉동실 15일, 구운 후 : 밀폐용기 _ 실온 2일

재료

- □ 실온에 둔 버터 60g
- □ 슈가파우더 25g
- □ 달걀노른자 1개분
- □ 박력분 120g

도구 준비하기

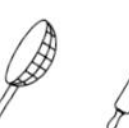

볼　핸드믹서　주걱　체　밀대　타르트 틀

재료 준비하기

1 버터는 1시간 전에 냉장실에서 꺼내 실온에 둔다.
2 박력분은 체 친다.

01

반죽 만들기 큰 볼에 버터를 넣고 핸드믹서의 거품기로 낮은 단에서 20~30초간 푼다. ★ 부드러운 크림 상태가 될 때까지 푸세요.

02

볼 옆면에 붙은 반죽을 주걱으로 긁어 모아준다. ★ 과정 ⑤까지 반죽을 만드는 중간중간 옆면의 반죽까지 긁어 모아줘야 골고루 잘 섞여요.

03

슈가파우더를 주걱으로 먼저 섞어주세요

슈가파우더를 넣고 핸드믹서의 거품기로 낮은 단에서 15~30초간 섞는다.
★ 슈가파우더를 넣고 주걱으로 가볍게 섞어준 뒤 핸드믹서로 섞으면 슈가파우더가 날리지 않아요.

04

달걀노른자를 넣고 핸드믹서의 거품기로 낮은 단에서 15~30초간 섞는다.

05

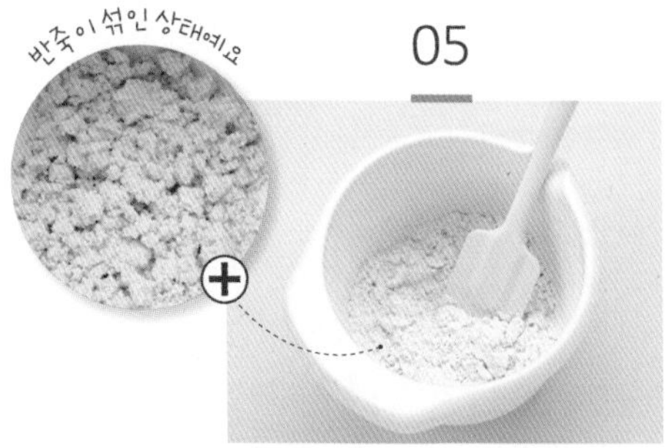

체 친 박력분을 넣고 완전히 섞일 때까지 볼을 돌려가며 주걱으로 자르듯이 섞는다.
★ 주걱으로 자르듯이 섞어야 반죽에 글루텐이 생기는 것을 최소화해 바삭한 식감의 타르트를 만들 수 있어요.

06

⑤의 반죽을 위생팩에 넣고 납작하게 누른 후 냉장실에서 1시간 이상 휴지시킨다.

07

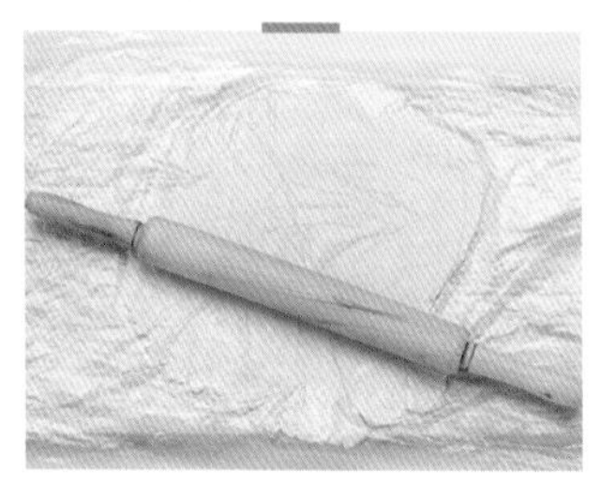

타르트 틀에 씌우기 ⑥의 반죽 아래위에 비닐을 깔고 두께 0.3cm, 지름 21cm 크기가 되도록 밀대로 밀어 편다.
★ 반죽이 비닐에 달라 붙으면 중간중간 덧밀가루(박력분)를 뿌리세요.

08

동그란 모양으로 만들기 힘들다면 사진처럼 스크래퍼로 튀어나온 부분의 반죽을 잘라 동그란 모양이 되도록 이어 붙인 뒤 다시 밀대로 밀어 편다.
★ 중간중간 비닐 위에 타르트 틀을 올려 반죽의 크기를 가늠하면 편해요.

09

반죽의 양면에 덧밀가루를 살짝 바른다. 윗면의 비닐을 떼어낸 후 사진처럼 타르트 틀을 뒤집어 올린다.

10

사진처럼 오른손은 비닐 아래에 넣고 왼손은 타르트 틀 위에 올려 조심히 뒤집는다.

11

반죽을 조심스럽게 타르트 틀 안쪽에 넣고
비닐을 떼어낸다. 바닥 모서리 부분을
손가락으로 살살 눌러 붙인다.

12

떼어낸 반죽으로 구멍을 메꿔요

타르트 틀 옆면을 손가락으로 살살 눌러 붙이고
사진처럼 밀대로 틀 위를 밀어 여분의 반죽을
떼어낸다. ★ 타르트 틀 안쪽에 찢어지거나
구멍난 부분이 있다면 떼어낸 반죽으로 메꿔요.

13

왼손으로 틀을 감싸 돌리고 사진처럼 오른손
엄지손가락으로 틀 안쪽을, 검지로 윗면을
눌러주며 가장자리 부분의 반죽을 다듬는다.
★ 이 때 틀과 반죽 사이에 공기가 들어가지 않도록
꾹꾹 눌러야 깨끗하고 예쁜 모양의 타르트가 돼요.

14

틀에 씌운 반죽을 위생팩에 넣고
냉장실에서 30분 정도 휴지시킨다.
★ 반죽을 휴지시켜주어야 타르트가 균일한
모양으로 구워져요. 휴지시키는 동안 필링을
만드세요. 오븐 예열

15

초벌구이 하기 사진처럼 포크로 바닥
가장자리와 중간중간에 구멍을 낸다.
★ 반죽에 구멍을 내면 틀 바닥과 반죽
사이에 있는 공기가 빠져나가 바닥이
편편하게 구워져요.

16

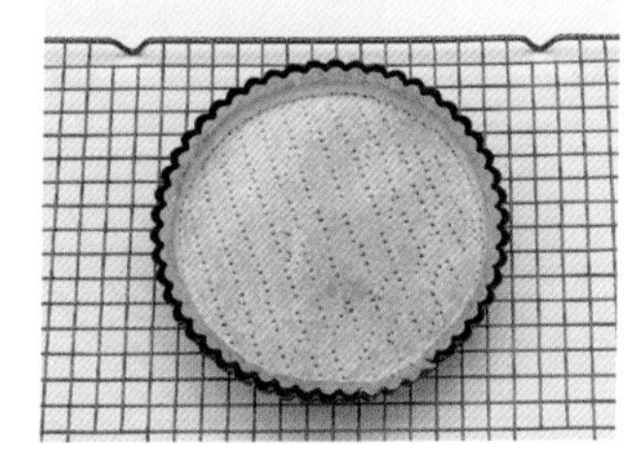

180℃로 예열된 오븐의 가운데 칸에서
20분간 굽는다. 틀째로 식힘망에 올려
완전히 식힌 후 틀에서 꺼낸다. ★ 굽는 중간
틀을 한 번 돌려주면 골고루 구워져요.

레몬 머랭 타르트

바삭바삭한 타르트, 새콤한 레몬 크림,
달콤한 머랭으로 만든 매력적인 타르트랍니다.
달콤한 맛을 좋아한다면
이탈리안 머랭을 2배로 만들어
풍성하게 올리는 것도 좋아요.
차갑게 보관했다가 먹으면
더욱 맛있답니다.

지름 18cm 타르트 틀 1개분 1시간 10분~1시간 20분(+휴지 & 굳히기 3시간 30분) 180℃ 밀폐용기 _ 3~5℃ 냉장실 2일

재료

□ 지름 18cm 타르트 1개분
★ 만들기 162쪽 참고

레몬 커스터드 크림
□ 달걀노른자 3개분
□ 달걀 1개
□ 설탕 130g
□ 레몬즙 2개분(60㎖)
□ 레몬 제스트 2개분(2g)
□ 버터 155g

이탈리안 머랭
□ 달걀흰자 2개분(60g)
□ 설탕 A 30g
□ 물 30㎖
□ 설탕 B 90g

장식(생략 가능)
□ 다진 피스타치오 1큰술
□ 애플민트 잎 약간

도구 준비하기

볼 거품기 냄비 주걱

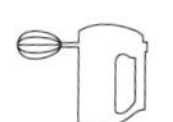

핸드믹서 밀대 타르트 틀 짤주머니 원형 깍지

재료 준비하기

1 짤주머니에 원형 깍지를 끼운다.

01

타르트 굽기 162쪽을 참고하여 타르트 반죽을 만들어 틀에 씌운 후 냉장실에서 30분 정도 휴지시킨다. 오븐 예열

02

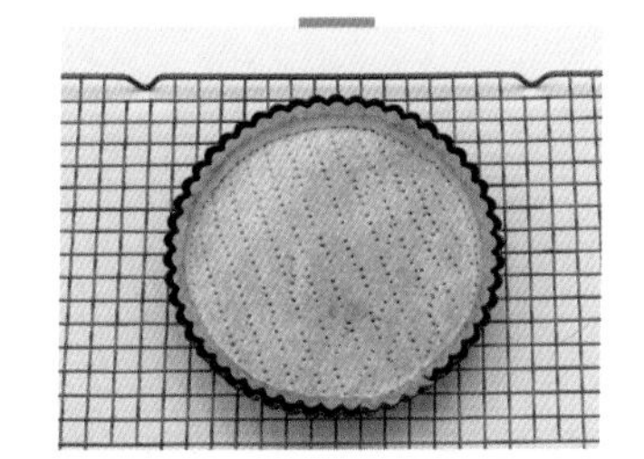

포크로 바닥 가장자리와 중간중간에 구멍을 낸다. 180℃로 예열된 오븐의 가운데 칸에서 20분간 굽는다. 틀째로 식힘망에 올려 완전히 식힌다.

03

레몬 커스터드 크림 만들기 볼에 달걀노른자, 달걀, 설탕, 레몬즙, 레몬 제스트를 넣고 거품기로 설탕이 녹을 때까지 골고루 섞는다.

04

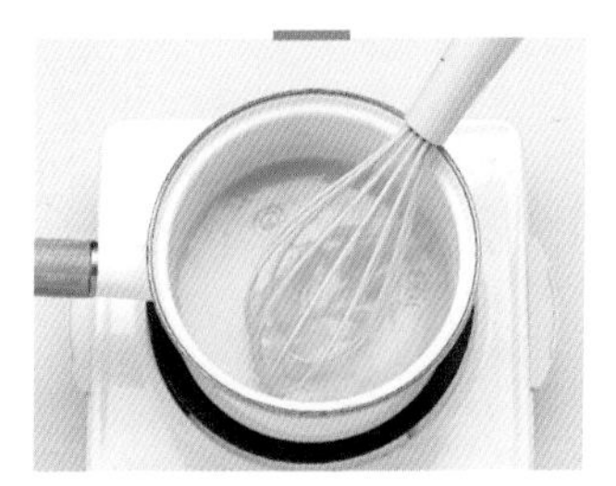

③을 냄비에 넣고 거품기로 빠르게 저어가며 중간 불에서 3~4분간 끓인다.
★ 냄비 바닥과 가장자리 반죽은 타기 쉬우니 거품기로 골고루 저으세요.

05

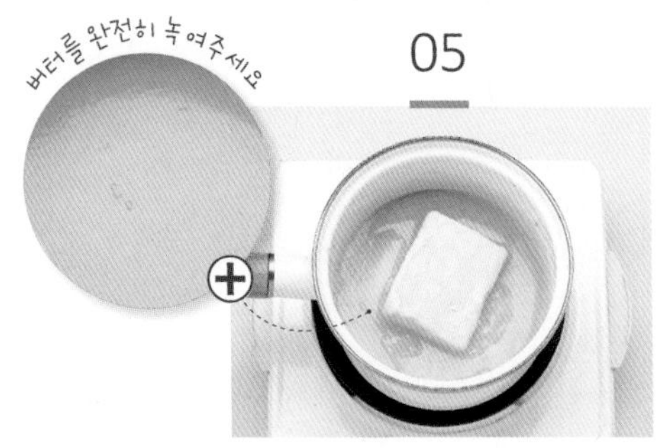

불을 끄고 버터를 넣은 후 거품기로
골고루 저어주며 녹인다.

06

넓고 편편한 용기에 레몬 커스터드 크림을
넣고 랩을 씌운 후 냉장실에 넣어 완전히
식힌다.

07

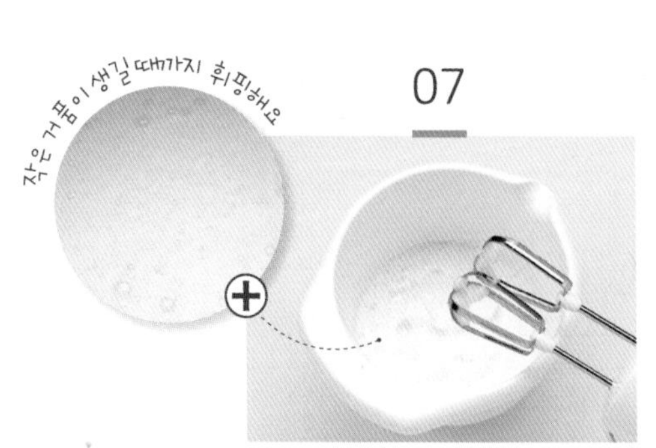

이탈리안 머랭 만들기 큰 볼에 달걀흰자를
넣고 핸드믹서의 거품기로 높은 단에서
20초간 작은 거품이 생길 때까지 휘핑한다.

08

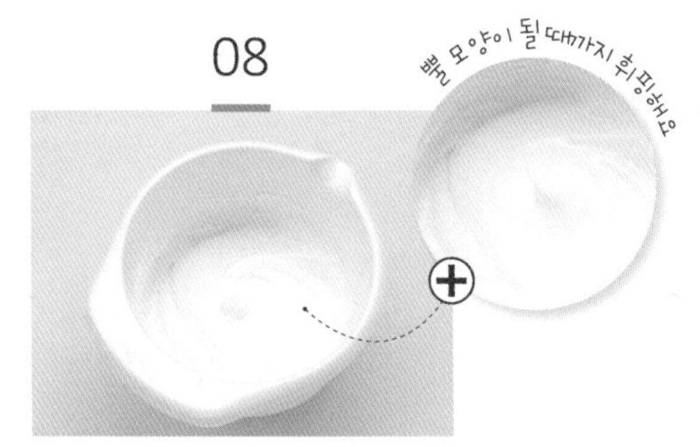

설탕 A를 2번에 나누어 넣으며 핸드믹서의
거품기로 높은 단에서 1분 40초~2분간
휘핑한다. ★ 거품기로 거품을 들어 올렸을
때 가운데 뾰족한 뿔 모양이 될 때까지
휘핑하세요.

09

바닥이 두꺼운 냄비에 물과 설탕 B를 넣는다.
중간 불에서 냄비를 기울여가며 설탕을 녹이고
가운데까지 바글바글 끓어오르면 40~50초간
더 끓인다. ★ 설탕을 저으면 설탕 결정이 생기니
주걱으로 젓지말고 냄비를 기울여가며 녹이세요.

10

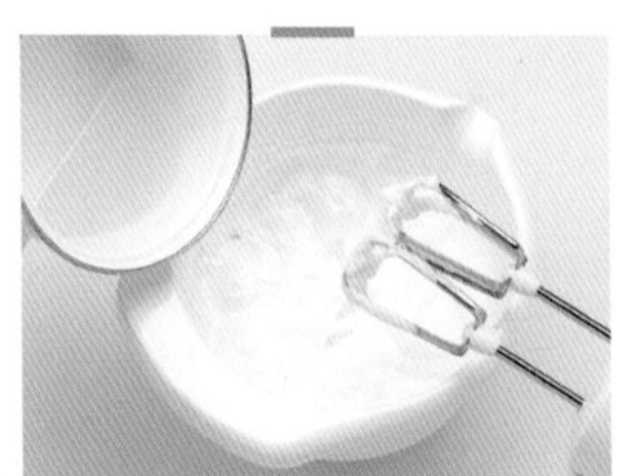

⑧의 볼에 ⑨를 조금씩 흘려 넣어가며
핸드믹서의 거품기로 높은 단에서
1분 40초~2분간 휘핑한다.

11

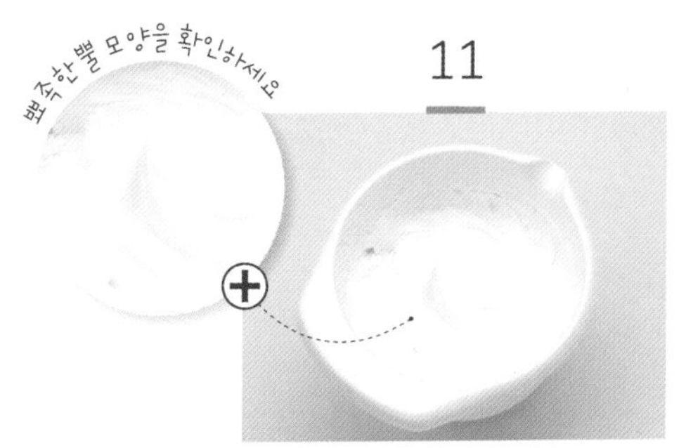

시럽을 다 넣은 후에 핸드믹서를 점차 낮은 단으로 줄여가며 2분간 휘핑한다.
★ 머랭에서 윤기가 나고, 핸드믹서를 들어 올렸을 때 사진처럼 뾰족한 뿔 모양이 될 때까지 휘핑하세요.

12

완성하기 ②의 초벌구이 한 타르트 안에 완전히 식힌 레몬 커스터드 크림을 채운다.
오븐 예열

13

원형 깍지를 끼운 짤주머니에 ⑪을 넣는다. 짤주머니를 수직으로 세운 후 위로 살짝 들어올리며 사진처럼 지름 2cm 크기의 뿔 모양으로 짠다.

14

180℃로 예열된 오븐의 가운데 칸에서 3~5분간 굽는다. 틀째로 냉장실에서 2시간 이상 굳힌다. 틀에서 꺼낸 후 장식용 피스타치오를 뿌린다. ★ 베이킹용 토치가 있다면 윗 부분을 살짝 그을려도 좋아요.

Tip

레몬 세척하기

레몬을 베이킹소다나 소금으로 박박 문지른 후 잠시 두었다가 끓는 물에 넣어 굴리면서 데친 뒤 찬물에 헹구면 농약까지 깨끗이 세척할 수 있어요.

레몬 제스트 만들기

레몬 껍질을 과일칼로 벗긴 후 잘게 다지거나 필러, 제스터 등을 이용하면 더욱 얇고 쉽게 제스트를 만들 수 있어요. 껍질의 흰 부분이 들어가면 쓴 맛이 날 수 있으니 가급적 얇게 벗기세요.

초콜릿 타르트

달콤하고 고소한 타르트에 진한 초콜릿 가나슈를 듬뿍 채워 만들었어요.
달콤한 맛을 좋아한다면 다크커버춰 초콜릿과 밀크커버춰 초콜릿을 반반씩 섞어 만들어도 좋아요.
부드러운 가나슈는 캐슈너트나 피스타치오처럼 약간 부드러운 견과류가 필링으로 잘 어울려요.

지름 18cm 타르트 틀 1개분 | 50분~1시간(+휴지 & 굳히기 1시간 30분) | 180℃ | 밀폐용기 _ 3~5℃ 냉장실 2일

재료

□ 지름 18cm 타르트 1개분
★ 만들기 162쪽 참고

가나슈
□ 생크림 75㎖
□ 다크커버춰 초콜릿 90g
□ 버터 30g
□ 오렌지 술 1/2작은술 (생략 가능)

견과류 필링
□ 피스타치오 30g
□ 캐슈너트 30g

장식(생략 가능)
□ 슈가파우더 약간
□ 코코아가루 약간
□ 피스타치오 1작은술

도구 준비하기

볼 주걱 냄비 체 밀대 타르트 틀

재료 준비하기

1 다크커버춰 초콜릿은 잘게 다진다.

01

타르트 굽기 162쪽을 참고하여 타르트 반죽을 만들어 틀에 씌운 후 냉장실에서 30분 정도 휴지시킨다. 오븐 예열

02

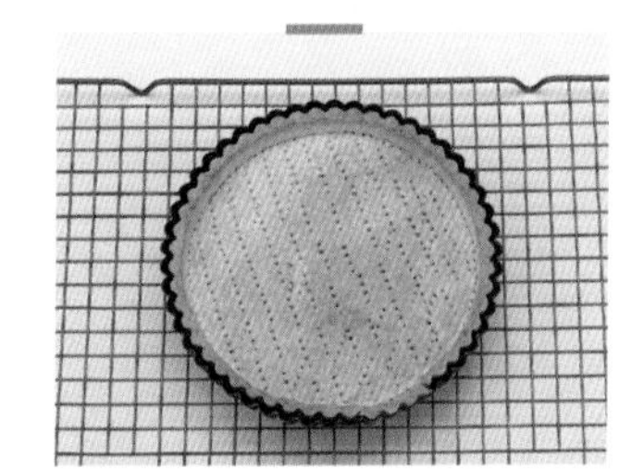

포크로 바닥 가장자리와 중간중간에 구멍을 낸다. 180℃로 예열된 오븐의 가운데 칸에서 20분간 굽는다. 틀째로 식힘망에 올려 완전히 식힌다.

03

필링 준비하기 필링용 피스타치오와 캐슈너트를 사방 0.5cm 크기로 썰고, 장식용 피스타치오는 잘게 다진다.

04

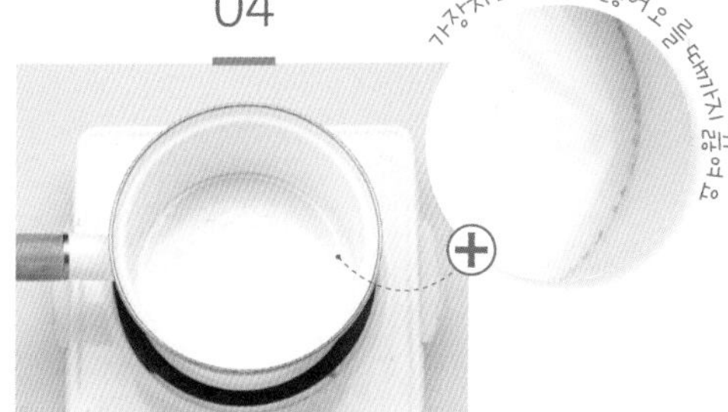

가나슈 만들기 냄비에 생크림을 넣고 중간 불에서 가장 자리가 살짝 끓어오를 때까지 끓인 후 불을 끈다.

05

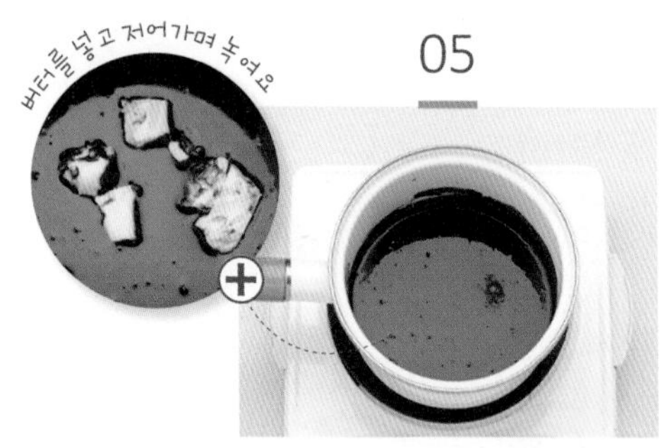

④에 잘게 다진 다크커버춰 초콜릿을 넣고 주걱으로 저어가며 녹인 후 버터를 넣고 녹인다. ★ 녹인 초콜릿의 온도가 너무 뜨거우면 버터가 분리될 수 있으니 생크림을 많이 끓였다면 한 김 식히고 넣으세요.

06

⑤를 볼에 옮긴 후 필링용 피스타치오, 캐슈너트, 오렌지 술을 넣고 가볍게 섞는다.

07

완성하기 ②의 초벌구이 한 타르트 안에 가나슈를 채운다. ★ 가나슈가 너무 뜨거울 때 타르트에 채우면 타르트가 눅눅해지니 체온(36~37℃) 정도로 식힌 후 채우고, 가나슈가 굳었다면 뜨거운 물에 중탕하여 살짝 녹인 후 채우세요.

08

냉장실에서 1시간 이상 굳힌 후 틀에서 꺼낸다. 장식용 슈거파우더와 코코아가루, 다진 피스타치오를 뿌린다.

Tip

캐러멜 바나나 초콜릿 타르트 만들기

달콤한 바나나는 초콜릿과 잘 어울리죠. 바나나를 넣어 풍미가 좋은 초콜릿 타르트로 응용해 보세요.
바닥이 두꺼운 작은 냄비에 설탕 10g과 꿀(또는 올리고당) 1작은술을 넣고 약한 불에서 6~7분간 젓지 않고 그대로 두어 갈색빛이 될 때까지 끓여요. 버터 5g을 넣고 녹으면 약한 불에서 30초~1분간 더 끓인 후 불을 끄세요.
1.5cm 폭으로 썬 바나나 1개를 넣고 가볍게 섞은 다음 접시에 담아 식혀요.
초벌구이 한 타르트 안에 캐러멜 바나나를 넣고 가나슈를 채운 후 냉장실에서 굳히세요.

과일 타르트

휘핑한 생크림과 커스터드 크림을 섞은 고소하고 부드러운 크림 위에
상큼한 과일을 올려 만들었어요. 만드는 계절에 따라 수분기가 적은
신선한 제철 과일을 선택해 나만의 타르트를 만들어 보는 것도 좋아요.
한 가지 과일 혹은 여러 가지 과일을 섞어 올려 다양하게 만들어보세요.

지름 18cm 타르트 틀 1개분 | 1시간 10분~1시간 20분(+휴지 & 굳히기 3시간 30분) | 180℃ | 밀폐용기 _ 3~5℃ 냉장실 2일

재료

□ 지름 18cm 타르트 1개분
★만들기 162쪽 참고

커스터드 필링
□ 달걀노른자 3개분
□ 설탕 A 50g
□ 박력분 10g
□ 옥수수 전분 10g
□ 우유 250㎖
□ 버터 10g
□ 생크림 50㎖
□ 설탕 B 1작은술
□ 오렌지 술 1작은술
(생략 가능)

과일 장식
□ 딸기 약 20개
□ 블루베리 약 20개
□ 슈가파우더 약간
(생략 가능)

도구 준비하기

볼 거품기 주걱 냄비 밀대 타르트 틀

재료 준비하기

1 박력분과 옥수수 전분은 함께 체 친다.
2 과일은 흐르는 물에 깨끗이 씻은 후 키친타월로 물기를 완전히 제거한다.

01

타르트 굽기 162쪽을 참고하여 타르트 반죽을 만들어 틀에 씌운 후 냉장실에서 30분 정도 휴지시킨다. 오븐 예열

02

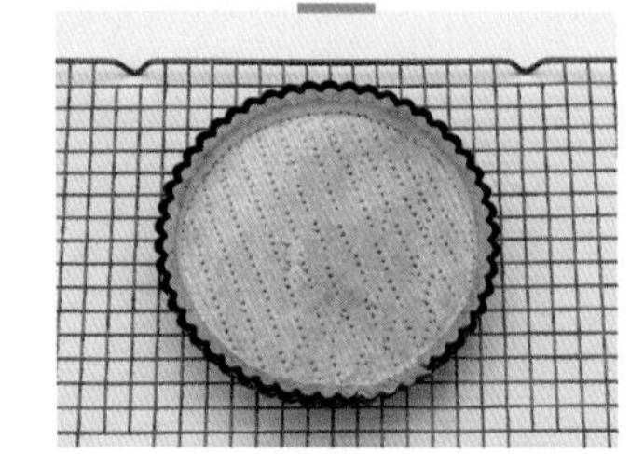

포크로 바닥 가장자리와 중간중간에 구멍을 낸다. 180℃로 예열된 오븐의 가운데 칸에서 20분간 굽는다. 틀째로 식힘망에 올려 완전히 식힌다.

03

커스터드 크림 만들기 볼에 달걀노른자를 넣고 거품기로 멍울을 푼다. 설탕 A를 넣고 옅은 노란빛이 될 때까지 1분간 휘핑한다.
★ 달걀노른자에 설탕을 넣고 그대로 두면 설탕이 뭉칠 수 있으니 바로 섞어요.

04

체 친 박력분과 옥수수 전분을 넣고 거품기로 골고루 섞는다.

05

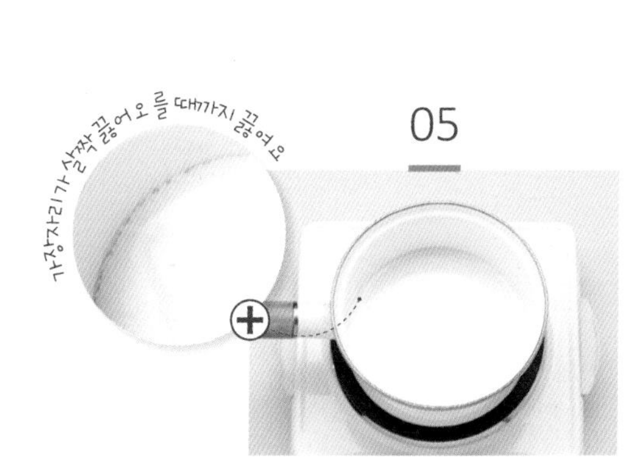

냄비에 우유를 넣고 약한 불에서 가장자리가 살짝 끓어오를 때까지 끓인다.

06

④의 볼에 ⑤의 우유를 조금씩 흘려넣으며 거품기로 빠르게 섞는다. ★ 뜨거운 우유를 한 번에 넣으면 달걀노른자가 익어 덩어리가 생길 수 있으니 조금씩 넣으면서 빠르게 섞으세요.

07

⑥을 냄비에 옮겨 담고 거품기로 빠르게 저어가며 중간 불에서 1분 30초~2분간 끓인다. ★ 냄비 바닥과 가장자리 반죽은 타기 쉬우므로 거품기로 쉬지 않고 골고루 저으세요.

08

반죽에 윤기가 나며 가운데까지 끓어오르면 불을 끈다. 버터를 넣어 거품기로 저어가며 녹인다. ★ 커스터드 크림을 만든 후 덩어리가 생겼을 경우에는 체에 한 번 거르세요.

09

넓고 편편한 용기에 커스터드 크림을 넣고 랩을 크림에 붙여 씌운 후 냉장실에 넣어 완전히 식힌다. ★ 공기와 접촉하지 않도록 랩을 크림에 붙여 씌우고 재빨리 식혀야 커스터드 크림에 세균이 번식하지 않아요.

10

커스터트 필링 만들기 커스터드 크림이 완전히 식으면 볼에 옮겨 담는다. 거품기로 부드러운 크림 상태가 될 때까지 푼다.

11

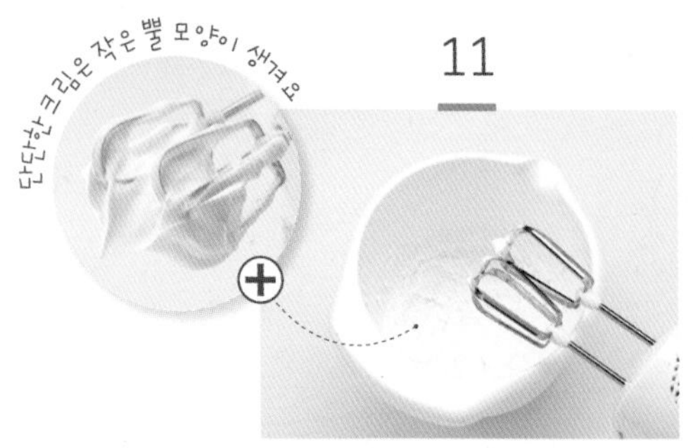

볼에 생크림을 넣고 핸드믹서의 거품기로 중간 단에서 15~20초간 휘핑한다. 설탕 B를 넣고 30초간 더 휘핑한다. ★ 거품기로 크림을 들어 올렸을 때 뾰족한 삼각뿔 모양이 될 때까지 휘핑하세요.

12

⑩의 볼에 ⑪의 생크림 1/2분량과 오렌지 술을 넣고 주걱으로 아래에서 위로 뒤집듯이 섞는다. 나머지 생크림을 넣고 주걱으로 가볍게 섞는다.

13

완성하기 ②의 초벌구이 한 타르트 안에 ⑫를 채운다. 냉장실에서 2시간 이상 굳힌 후 틀에서 꺼낸다.

14

딸기는 꼭지를 떼고 모양대로 반으로 썬다. 타르트 위에 딸기와 블루베리를 올리고 슈가파우더를 뿌린다. ★ 타르트를 굳힌 후 조각으로 썰어 과일을 올리면 완성 후 모양이 더 깨끗해요.

무화과 타르트

고소한 아몬드 크림과 쫄깃하고 달콤한 무화과를 넣어 만들었어요.
아몬드 크림은 타르트 틀에 채워 굽는 크림으로 말린 과일뿐만 아니라 견과류,
설탕에 졸인 밤, 고구마, 사과와도 잘 어울리는 활용도가 높은 크림이에요.

지름 18cm 타르트 틀 1개분 | 50분~1시간(+휴지 & 무화과 절이기 1시간) | 180℃ | 밀폐용기 _ 3~5℃ 냉장실 2일

재료

- □ 지름 18cm 타르트 1개분
  - ★만들기 162쪽 참고

아몬드 크림
- □ 실온에 둔 버터 80g
- □ 설탕 80g
- □ 달걀 2개
- □ 아몬드가루 80g
- □ 박력분 10g

무화과 필링
- □ 반건조 무화과 70g
- □ 럼 1/2큰술

장식
- □ 반건조 무화과 7개
- □ 럼 1/2큰술

도구 준비하기

볼
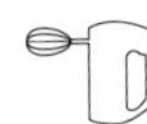
핸드믹서

주걱

체 밀대

타르트 틀

스크래퍼

재료 준비하기

1 버터와 달걀은 1시간 전에 냉장실에서 꺼내 실온에 둔다.
2 아몬드가루, 박력분은 함께 체 친다.

01

타르트 준비하기 162쪽을 참고하여 타르트 반죽을 만들어 틀에 씌운 후 냉장실에서 30분 정도 휴지시킨다.

02

무화과 절이기 필링용 무화과는 사방 0.5cm 크기로 썰고, 장식용 무화과는 모양대로 2등분한다.

03

②의 무화과를 각각 볼에 담고 럼을 넣어 30분~1시간 정도 절인다. ★중간에 숟가락으로 섞어주면 골고루 절여져요. 말린 무화과는 끓는 설탕물(물 2컵 + 설탕 2큰술)에 넣고 3~5분간 끓인 후 사용하세요.

04

아몬드 크림 만들기 큰 볼에 버터를 넣고 핸드믹서의 거품기로 낮은 단에서 20~30초간 푼다. ★부드러운 크림 상태로 푸세요. 오븐 예열

05

설탕을 넣고 핸드믹서의 거품기로 낮은 단에서 20~30초, 달걀을 넣고 20~30초간 섞는다.

06

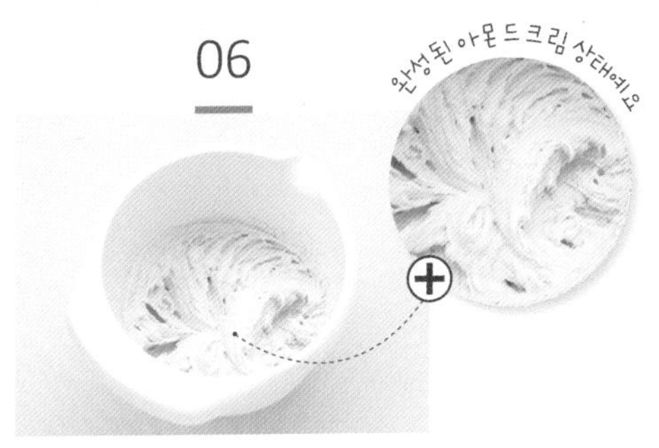

체 친 아몬드가루, 박력분을 넣고 핸드믹서의 거품기로 낮은 단에서 15초간 섞는다.

07

필링용 무화과를 넣고 주걱으로 가볍게 섞는다.

08

①의 타르트 바닥 가장자리와 중간중간에 포크로 구멍을 낸다. 아몬드 크림을 채운 후 사진처럼 스크래퍼로 윗면을 편편하게 편다.

09

장식용 무화과를 올리고 살짝 누른다.

10

굽기 180℃로 예열된 오븐의 아래 칸에서 35~38분간 굽는다. 틀째로 식힘망에 올려 완전히 식힌 후 틀에서 꺼낸다.

★ 굽는 중간 틀을 한 번 돌려주면 골고루 구워져요.

캐러멜 견과류 타르트

살짝 구운 견과류를 캐러멜 시럽에 버무려 아몬드 크림 위에 올린
고소하고 달콤한 타르트예요. 견과류만 올린 타르트보다 부드러운 아몬드 크림과
고소한 견과류가 조화롭게 어울려 고급스런 풍미를 즐길 수 있어요.

지름 18cm 타르트 틀 1개분 | 1시간~1시간 10분(+휴지 30분) | 180℃ | 밀폐용기 _ 실온 3일

재료

□ 지름 18cm 타르트 1개분
★ 만들기 162쪽 참고

아몬드 크림
- □ 실온에 둔 버터 45g
- □ 설탕 45g
- □ 달걀 1개
- □ 아몬드가루 35g
- □ 박력분 35g
- □ 럼(또는 우유) 1작은술

캐러멜 견과류
- □ 설탕 90g
- □ 꿀 30g
- □ 물 1과 1/2큰술
- □ 따뜻한 생크림 45mℓ
- □ 버터 15g
- □ 피칸 60g
- □ 호두 60g
- □ 피스타치오 30g
- □ 캐슈너트 30g

도구 준비하기

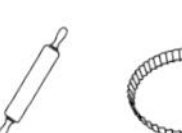

볼 핸드믹서 주걱 냄비 밀대 타르트 틀

재료 준비하기

1 버터와 달걀은 1시간 전에 냉장실에서 꺼내 실온에 둔다.
2 아몬드가루, 박력분은 함께 체 친다.
3 생크림은 중탕(또는 전자레인지)으로 따뜻하게 데운다.

01

타르트 준비하기 162쪽을 참고하여 타르트 반죽을 만들어 틀에 씌운 후 냉장실에서 30분 정도 휴지시킨다.

02

아몬드 크림 만들기 큰 볼에 버터를 넣고 핸드믹서의 거품기로 낮은 단에서 20~30초간 푼다. ★ 부드러운 크림 상태로 푸세요. 오븐 예열

03

설탕을 넣고 핸드믹서의 거품기로 낮은 단에서 20~30초, 달걀을 넣고 15~20초간 섞는다.

04

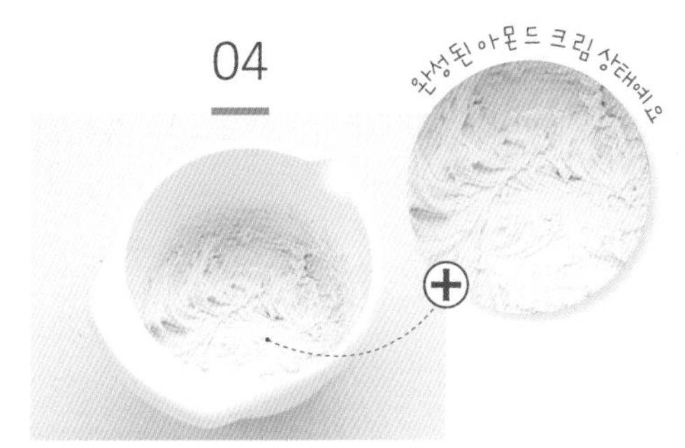

체 친 아몬드가루, 박력분, 럼을 넣고 핸드믹서의 거품기로 낮은 단에서 15초간 섞는다.

05

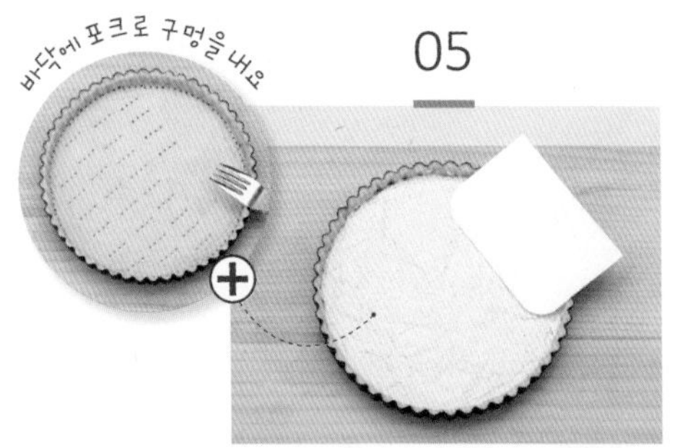

①의 타르트 바닥 가장자리와 중간중간에 포크로 구멍을 낸다. 아몬드 크림을 채운 후 사진처럼 스크래퍼로 윗면을 편편하게 편다.

06

굽기 180℃로 예열된 오븐의 가운데 칸에서 30~35분간 굽는다. ★ 굽는 중간 틀을 한 번 돌려주면 골고루 구워져요.

07

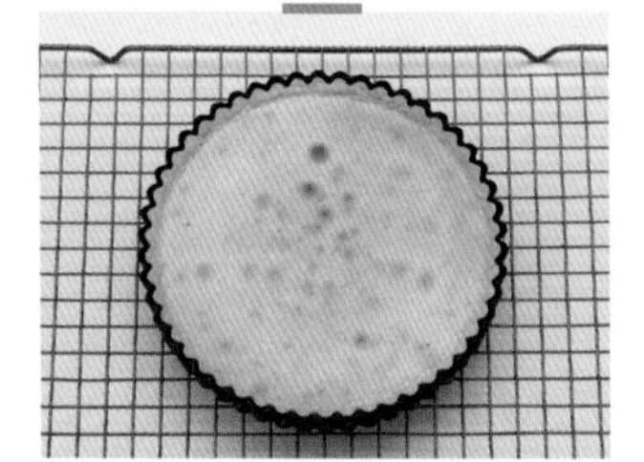

틀째로 식힘망에 올려 완전히 식힌 후 틀에서 꺼낸다.

08

캐러멜 견과류 만들기 유산지를 깐 오븐 팬에 견과류를 펼쳐 올린다. 180℃로 예열된 오븐의 가운데 칸에서 3~5분간 굽는다. ★ 견과류를 미리 한번 구우면 더 바삭하고 고소해져요.

09

냄비에 설탕, 꿀, 물을 넣는다. 중간 불에서 냄비를 돌려가며 설탕이 모두 녹아 노란빛이 될 때까지 5분 30초~6분간 끓인다. ★ 설탕을 저으면 설탕 결정이 생기니 주걱으로 젓지말고 냄비를 기울여가며 녹이세요.

10

불을 끄고 30초간 냄비를 돌려가며 남은 열로 갈색빛의 시럽을 만든다.

11

따뜻하게 데운 생크림을 1/3분량씩 나눠 넣으며 골고루 젓는다. 이때 부글부글 끓어오르니 주의한다. ★ 차가운 생크림을 넣으면 온도차로 급격하게 끓어오르니, 꼭 따뜻하게 데운(40℃) 생크림을 넣으세요.

12

버터를 넣고 주걱으로 골고루 저어 녹인 후 구운 견과류를 넣고 섞는다.

13

⑦의 타르트 위에 ⑫를 골고루 올린다.

14

캐러멜이 굳기 전에 젓가락으로 견과류를 골고루 펼쳐 담는다.

Tip

간편하게 견과류 타르트 만들기

캐러멜 시럽을 만드는 것이 부담스럽다면 견과류를 설탕과 꿀에 버무려 만들어보세요.
견과류는 미리 굽지 않고 볼에 견과류와 설탕 2큰술, 꿀 1큰술을 넣고 골고루 버무려요.
과정 ⑦까지 타르트에 아몬드 크림을 채워 구운 후 설탕과 꿀에 버무린 견과류를 그 위에 올려요.
180℃로 예열된 오븐의 가운데 칸에서 8~10분간 더 구우면
설탕이 달콤하게 덮혀진 견과류 타르트가 된답니다.

기본 파이 파트 브리제

파트 브리제(Pâte brisée)는 프랑스어로 '부서진 반죽'이라는 뜻이에요.
밀가루에 작게 썬 차가운 버터를 섞어 만들며 얇은 조각들이 부서지는 듯한 식감을 가졌어요.
설탕의 비율이 적은 담백한 반죽으로 애플 파이같이 설탕에 조린 달콤한 필링, 키쉬같이
짭짤한 필링과 잘 어울려요. 기본 파이 반죽을 익혀두면 필링만 바꿔 다양한 파이를 만들 수 있어요.

아랫지름 18cm 파이 틀 1개분 | 40~45분(+휴지 2시간) | 180℃

반죽 : 지퍼백 _ 냉동실 15일, 구운 후 : 밀폐용기 _ 실온 2일

재료

- □ 박력분 200g
- □ 설탕 1큰술
- □ 소금 1작은술
- □ 차가운 버터 150g
- □ 찬물 75㎖(더울 때는 얼음물)

도구 준비하기

볼 주걱 체 스크래퍼 밀대 파이 틀

재료 준비하기

1 차가운 버터는 사방 1cm 크기로 썬다.
2 박력분은 체 친다.

01

파이 반죽 만들기 볼에 체 친 박력분, 설탕, 소금, 차가운 버터를 넣는다. 버터가 0.2~0.3cm 크기가 될 때까지 스크래퍼로 위에서 아래로 자르듯이 눌러가며 반죽한다. ★ 푸드 프로세서에 재료를 넣고 반죽하면 편해요.

02

반죽이 부슬부슬한 상태가 되면 차가운 물을 골고루 넣고 볼을 돌려가며 스크래퍼로 자르듯이 섞는다.

03

가루 재료가 보이지 않을 정도로 섞이면 스크래퍼로 반죽을 모아 한 덩어리로 만든다.
★ 버터가 녹지 않도록 재빠르게 섞어주세요.

04

반죽을 위생팩에 넣고 납작하게 누른 후 냉장실에서 1시간(냉동실 30분) 이상 휴지시킨다.

05

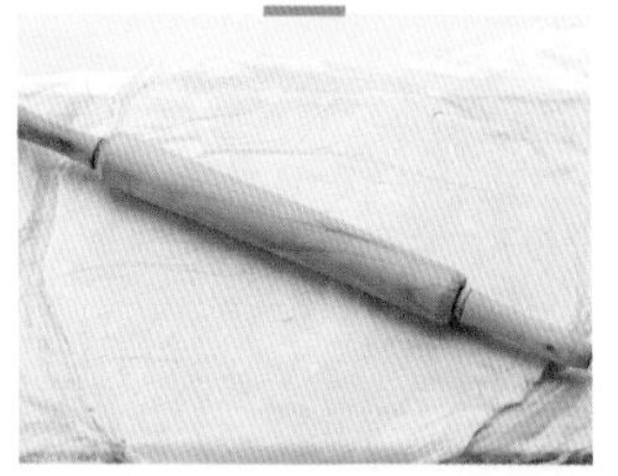

파이 틀에 씌우기 반죽 아래위에 비닐을 깔고 밀대로 두께 0.3cm, 지름 28cm 크기가 되도록 밀어 편다. ★ 반죽이 비닐에 달라 붙으면 중간중간 덧밀가루(박력분)를 뿌리세요.

06

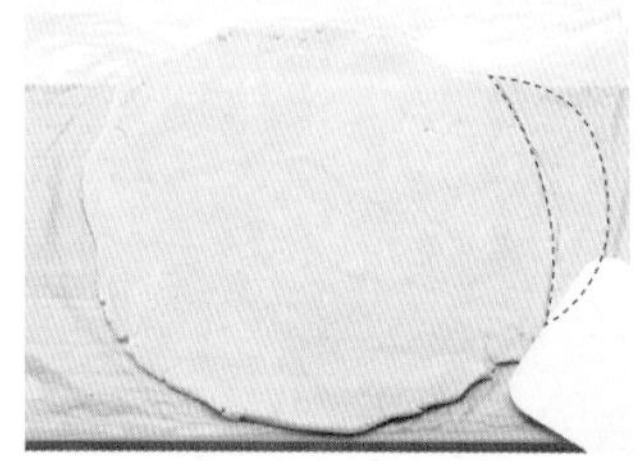

동그란 모양으로 만들기 힘들다면 사진처럼 스크래퍼로 튀어나온 부분의 반죽을 잘라 동그란 모양이 되도록 이어 붙인 뒤 다시 밀대로 밀어 편다. ★ 중간중간 비닐 위에 파이 틀을 올려 반죽의 크기를 가늠하세요.

07

반죽의 양면에 살짝 덧밀가루를 바른다. 윗면의 비닐을 떼어낸 후 사진처럼 파이 틀을 뒤집어 올린다.

08

오른손은 비닐 아래에 넣고, 왼손은 파이 틀 위에 올려 조심히 뒤집는다.

09

반죽을 조심스럽게 파이 틀 안쪽에 넣고 비닐을 떼어낸 후 바닥 모서리 부분을 손가락으로 살살 눌러 붙인다.

10

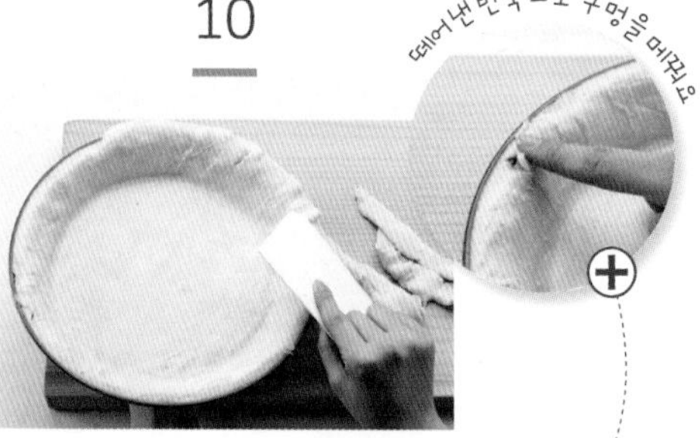

파이 틀 옆면을 손가락으로 살살 눌러 붙이고 사진처럼 스크래퍼로 긁어 여분의 반죽을 떼어낸다. ★ 파이 틀 안쪽에 찢어지거나 구멍난 부분이 있다면 떼어낸 반죽으로 메꿔요.

11

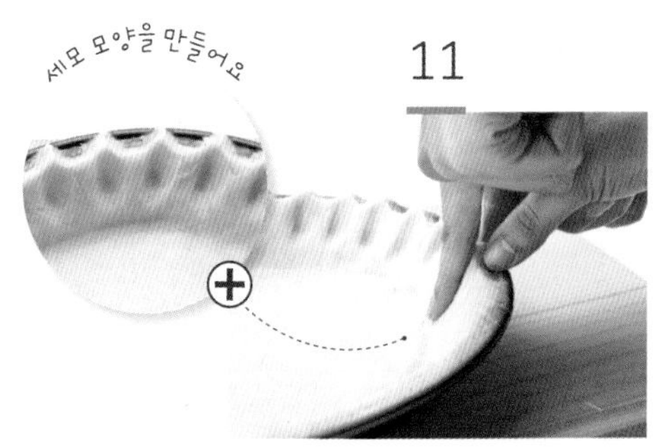

파이 가장자리 반죽에 한 손가락으로 가운데를 누르고 다른 손 엄지와 검지로 반죽을 꼬집듯이 잡아 파이 가장자리에 사진처럼 뾰족한 모양을 만든다.

12

틀에 씌운 반죽을 위생팩에 넣고 냉장실에서 1시간(냉동실 30분) 이상 휴지시킨다.
★ 반죽을 휴지시켜야 파이를 구웠을 때 반죽이 줄어들지 않아요. 휴지시키는 동안 필링을 만드세요. 오븐 예열

13

초벌 구이 하기 포크로 파이 바닥 가장자리와 중간중간에 구멍을 낸다. 반죽 위에 유산지를 깔고 쌀 또는 콩(누름돌)을 채운다.
★ 반죽을 무겁게 누르고 구워야 바닥의 반죽이 부풀어오르는 것을 막아줘요.

14

180℃로 예열된 오븐의 가운데 칸에서 15분간 굽는다. 쌀을 채운 유산지를 빼고 15분간 더 굽는다. 틀째로 식힘망에 올려 완전히 식힌 후 틀에서 꺼낸다. ★ 굽는 중간 틀을 한 번 돌려주면 골고루 구워져요.

애플 파이

애플 파이는 크리스마스나 추수감사절 같은 특별한 날에 어김없이 등장하는
미국의 대표적인 디저트예요. 굽는 동안 사과 필링의 수분이 증발하지 않도록
윗면에 반죽을 덮어 만들어요. 다양한 쿠키커터를 이용해 나만의 파이 장식을 만들어 보세요.

아랫지름 18cm 파이 틀 1개분 | 1시간 30분~1시간 40분(+휴지 2시간) | 180℃ | 밀폐용기 _ 3~5℃ 냉장실 2일

재료

- □ 아랫지름 18cm 파이 반죽 1.5배분
  ★ 만들기 184쪽 참고

사과 필링

- □ 버터 15g
- □ 사과 3개분(470g)
- □ 설탕 50g
- □ 시나몬가루 1/4작은술
- □ 레몬즙 1작은술
- □ 럼 1작은술(생략 가능)

달걀물

- □ 달걀 1/2개분

도구 준비하기

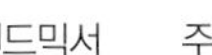

볼 핸드믹서 주걱 체

밀대 파이 틀 냄비 스크래퍼 쿠키커터

재료 준비하기

1 사과는 껍질을 벗기고 씨 부분을 제거한 후 0.5cm 두께의 한 입 크기로 썬다.

01

파이 준비하기 184쪽을 참고하여 파이 반죽을 1.5배로 만든 후 냉장실에서 1시간 이상 휴지시킨다. ★ 윗면에 덮는 반죽용까지 레시피를 1.5배로 계량한 후 동일한 방법으로 만드세요.

02

반죽의 2/3 분량은 186쪽을 참고하여 틀에 씌운 후 위생팩에 넣고 냉장 휴지시킨다. 나머지 반죽도 위생팩에 넣어 납작하게 누른 후 냉장실에서 1시간 이상 휴지시킨다.

03

사과 필링 만들기 달군 냄비에 버터를 넣어 녹인 후 손질한 사과를 넣고 중간 불에서 1분간 볶는다. 설탕, 시나몬가루, 레몬즙을 넣고 주걱으로 저어가며 12~15분간 졸인다. ★ 사과가 말랑해지고 수분이 없어질 때까지 졸이세요.

04

불을 끄고 럼을 넣은 후 주걱으로 골고루 섞는다. 체에 밭쳐 완전히 식힌다.

05

완성하기 틀에 씌워 냉장 휴지시켜둔 파이 바닥 가장자리와 중간중간에 포크로 구멍을 낸다. 사과 필링을 골고루 채운다. 오븐 예열

06

휴지시킨 반죽의 아래위에 비닐을 깔고 두께 0.2cm, 지름 24cm 가 되도록 밀대로 밀어 편다. ★ 반죽이 비닐에 달라 붙으면 중간중간 덧밀가루(박력분)를 뿌리세요.

07

하트 모양 쿠키커터에 밀가루를 살짝 묻힌 뒤 사진처럼 중간중간 반죽을 찍어 낸다.

08

⑤의 파이 틀 위에 ⑦의 반죽을 올리고 스크래퍼로 긁어 여분의 반죽을 떼어낸다. 사진처럼 틀 가장자리 부분은 손으로 꼭꼭 눌러 붙인다.

09

칼등으로 나뭇잎 무늬를 만들어요

파이 끝 테두리 부분에 달걀물을 바르고 하트 모양 반죽을 사진처럼 이어 붙인다. ★ 하트 모양 반죽에 칼등으로 나뭇잎 무늬를 새겨 붙이면 더 예뻐요.

10

굽기 달걀물을 윗면에 골고루 바른다. 180℃로 예열된 오븐의 아래 칸에서 40~42분간 굽는다. 틀째로 식힘망에 올려 완전히 식힌 후 틀에서 꺼낸다. ★ 굽다가 색이 진하게 나면 윗면에 알루미늄 포일을 덮고 구우세요.

피칸 파이

피칸은 호두와 모양과 맛은 비슷하지만 더 고소하고 덜 씁쓸한 견과류예요.
피칸 파이는 애플 파이와 함께 많은 사랑을 받는 미국의 대표적인 디저트로,
휘핑크림 또는 바닐라 아이스크림을 곁들여 먹기도 한답니다.

아랫지름 18cm 파이 틀 1개분 | 1시간 30분~1시간 40분(+휴지 1시간) | 180℃ | 밀폐용기 _ 3~5℃ 냉장실 3일

재료

- □ 아랫지름 18cm 파이 1개분
  ★ 만들기 184쪽 참고

피칸 필링

- □ 피칸(또는 호두) 160g
- □ 달걀 2개
- □ 흑설탕 55g
- □ 물엿 90g
- □ 녹인 버터 40g
- □ 시나몬가루 1작은술

도구 준비하기

볼

스크래퍼

주걱

거품기

밀대

파이 틀

재료 준비하기

1 달걀은 1시간 전에 냉장실에서 꺼내 실온에 둔다.
2 흑설탕은 덩어리진 것이 있다면 푼다.
3 버터는 중탕(또는 전자레인지)으로 녹인다.

01

파이 준비하기 184쪽을 참고하여 파이 반죽을 만들어 틀에 씌운 후 냉장실에서 1시간 이상 휴지시킨다. 오븐 예열

02

피칸 필링 만들기 피칸을 사방 1cm 크기로 썬다. ★ 기호에 따라 조금 굵게 썰어도 좋아요. 키친타월을 깔고 썰면 피칸이 잘 튀어나가지 않아요.

03

큰 볼에 달걀을 넣고 거품기로 멍울을 푼다. 흑설탕, 물엿, 녹인 버터, 시나몬가루, 피칸을 넣고 거품기로 골고루 섞는다.

04

굽기 ①의 파이 바닥에 포크로 구멍을 낸다. 피칸 필링을 채우고 180℃로 예열된 오븐의 아래 칸에서 40~42분간 굽는다. 틀째로 식힘망에 올려 완전히 식힌 후 틀에서 꺼낸다. ★ 굽는 중간 틀을 한 번 돌려주면 골고루 구워져요.

키쉬

키쉬(Quiche)는 프랑스 로렌 지방에서 유래된 디저트예요.
프랑스에서는 따뜻하게 데운 키쉬에 샐러드 등을 곁들여 간단한 식사 대용으로 즐겨먹어요.
고기류, 채소, 버섯, 치즈 등 집에 있는 다양한 재료를 이용해 나만의 키쉬를 만들어보세요.

아랫지름 18cm 파이 틀 1개분 | 1시간 40분~1시간 50분(+휴지 1시간) | 180℃ | 밀폐용기 _ 3~5℃ 냉장실 2일

재료

- □ 아랫지름 18cm 파이 1개분
  ★ 만들기 184쪽 참고

채소 필링

- □ 달걀 2개
- □ 우유 80㎖
- □ 생크림 80㎖
- □ 파마산 치즈가루 30g
- □ 파슬리가루 1/8작은술 (생략 가능)
- □ 양송이버섯 50g
- □ 브로콜리 50g
- □ 양파 150g
- □ 베이컨 7줄(긴 것, 100g)
- □ 소금 1/8작은술
- □ 후춧가루 1/8작은술

도구 준비하기

볼

주걱

프라이팬

밀대

파이 틀

재료 준비하기

1 달걀은 1시간 전에 냉장실에서 꺼내 실온에 둔다.

01

파이 준비하기 184쪽을 참고하여 파이 반죽을 만들어 틀에 씌운 후 1시간 이상 냉장실에서 휴지시킨다. ★ 숟가락 또는 원형 깍지로 레이스 무늬를 찍어 장식해도 좋아요.

02

채소 필링 만들기 양송이버섯과 양파는 0.5cm 두께로 썰고, 베이컨은 1cm 폭으로 썬다. 브로콜리는 한입 크기로 썰고 끓는 물에 30초간 데친 후 찬물에 헹궈 체에 밭쳐 물기를 뺀다. 오븐 예열

03

달군 팬에 양송이버섯을 넣고 중간 불에서 30초간 볶은 후 덜어둔다. 키친타월로 팬을 닦고 베이컨을 올려 중간 불에서 1분간 볶는다. 키친타월에 올려 기름기를 제거한다.

04

③의 팬에 양파, 소금, 후춧가루를 넣고 중약 불에서 2분간 볶는다. 키친타월 위에 올려 기름기를 제거한다. ★ 양파는 베이컨에서 나온 기름을 이용해서 볶아요.

05

큰 볼에 달걀을 넣고 거품기로 멍울을 푼다. 우유, 생크림, 파마산 치즈가루, 파슬리가루를 넣고 거품기로 골고루 섞는다.

06

양송이버섯, 베이컨, 브로콜리, 양파를 넣고 골고루 섞는다.

07

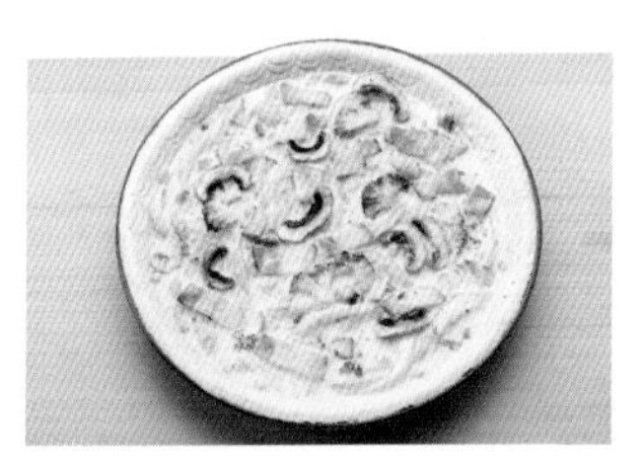

①의 파이 바닥 가장자리와 중간중간에 포크로 구멍을 낸다. ⑥을 채운다.

08

굽기 180℃로 예열된 오븐의 아래 칸에서 40~42분간 굽는다. 틀째로 식힘망에 올려 완전히 식힌 후 틀에서 꺼낸다. ★ 굽는 중간 틀을 한 번 돌려주면 골고루 구워져요. 굽다가 색이 진하게 나면 윗면에 알루미늄 포일을 덮고 구우세요.

에그 파이

'에그 타르트'라고도 불리는 에그 파이는 파이 안에 묽은 커스터드 크림을 채우고
한입 크기로 작게 굽는 디저트예요. 커스터드 크림에 바닐라 빈을 넣어 더욱 풍미를 더했지요.
따뜻할 때 먹으면 부드러운 커스터드 크림을 더욱 맛있게 즐길 수 있답니다.

아랫지름 5.5cm, 높이 4.5cm 머핀 틀 6개분 1시간 30분~1시간 40분(+휴지 1시간 30분) 180℃
밀폐용기 _ 3~5℃ 냉장실 2일

재료

□ 아랫지름 18cm 파이 반죽 1배분
★ 만들기 184쪽 참고

에그 필링

□ 우유 100㎖
□ 생크림 90㎖
□ 설탕 40g
□ 달걀노른자 2개분
□ 바닐라 빈 1/2개분(생략 가능)

도구 준비하기

볼

주걱

프라이팬

밀대

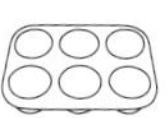
머핀 틀

재료 준비하기

1 바닐라 빈은 길이대로 2등분한 후 작은 칼로 씨를 긁어낸다.
★ 198쪽 ⑥번 과정 참고

01

파이 준비하기 184쪽을 참고하여 파이 반죽을 만든 후 1시간 이상 냉장실에서 휴지시킨다.

02

휴지시킨 반죽의 아래위에 비닐을 깔고 0.8cm 두께가 되도록 밀대로 밀어 편다.
★ 반죽이 비닐에 달라 붙으면 중간중간 덧밀가루(박력분)를 뿌리세요.

03

지름 11cm 원형 그릇을 반죽 위에 올리고 칼로 도려낸다. ★ 원형 쿠키커터(지름 11cm)에 밀가루를 살짝 묻힌 뒤 반죽을 찍어 내면 편해요.

04

틀의 80% 정도까지 반죽을 씌워요

반죽을 조심스럽게 머핀 틀 안쪽에 넣고 옆면과 바닥 모서리 부분을 손가락으로 살살 눌러 붙인다.

05

반죽의 옆면과 바닥에 포크로 구멍을 낸다. 틀째 비닐을 씌워 냉장실에서 30분 정도 휴지시킨다. 오븐 예열

06

칼끝으로 씨를 긁어요

에그 필링 만들기 볼에 우유, 생크림, 설탕, 달걀노른자, 바닐라 빈 씨를 넣고 거품기로 골고루 섞는다.

07

큰 볼에 뜨거운 물을 넣고 ⑥의 볼을 올려 설탕이 녹을 때까지 중탕하며 거품기로 골고루 섞는다.

08

⑤의 파이에 에그 필링(약 40g)을 반죽의 90% 정도 높이까지 채운다.

09

굽기 180℃로 예열된 오븐의 가운데 칸에서 30~35분간 굽는다. 틀째로 식힘망에 올려 완전히 식힌 후 틀에서 꺼낸다. ★굽는 중간 틀을 한 번 돌려주면 골고루 구워져요.

Tip

남은 파이반죽 활용법

기본 파이 반죽은 에그 파이 9개를 만들 수 있는 분량이에요. 집에 여분의 머핀 틀(또는 일회용 머핀 컵)이 있다면 머핀 틀에 파이 반죽 9개를 씌우고 에그 필링을 1.5배로 만들어 채우세요. 또 만들고 남은 파이 반죽은 지퍼백에 넣어 납작하게 누른 후 냉동실에서 15일간 보관이 가능해요.

단호박 파이

달지 않고 부드러우며 단호박 본연의 맛을 즐길 수 있어 어른들이 특히 좋아하는 파이예요.
유럽과 미국에서는 핼러윈 데이에 단호박 파이를 즐겨 먹어요.
차갑게 먹어도 좋지만 따뜻할 때 먹으면 더욱 맛있답니다.

아랫지름 18cm 파이 틀 1개분 | 1시간 40분~1시간 50분(+휴지 1시간) | 180℃ | 밀폐용기 _ 3~5℃ 냉장실 2일

재료

□ 아랫지름 18cm 파이 1개분
★ 만들기 184쪽 참고

단호박 필링

□ 단호박 300g
□ 생크림 120㎖
□ 달걀노른자 2개분
□ 달걀 1개
□ 황설탕(또는 흰설탕) 70g

도구 준비하기

볼

스크래퍼

푸드 프로세서

밀대

파이 틀

재료 준비하기

1 달걀노른자와 달걀은 함께 계량한 후 포크로 멍울을 푼다.
2 생크림은 1시간 전에 냉장실에서 꺼내 실온에 둔다.

01

파이 준비하기 184쪽을 참고하여 파이 반죽을 만들어 틀에 씌운 후 1시간 이상 냉장실에서 휴지시킨다.

02

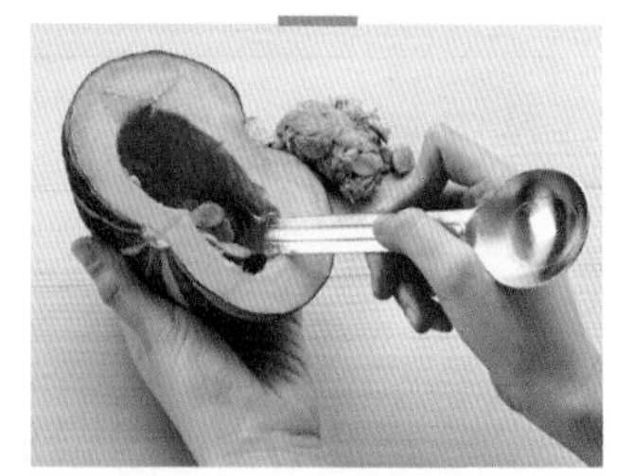

단호박 필링 만들기 단호박은 숟가락으로 씨를 긁어낸다.

03

단호박은 껍질이 위로 향하도록 내열용기에 담아 랩을 씌운 후 전자레인지(700W)에서 4~5분간 익힌다.

04

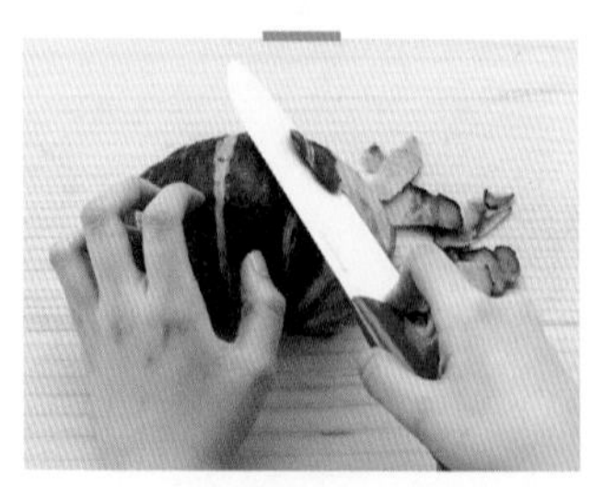

한 김 식힌 후 잘린 면이 아래가 되도록 도마에 올린다. 칼로 저미듯이 껍질을 얇게 벗긴 후 한입 크기로 썬다. 오븐 예열

05

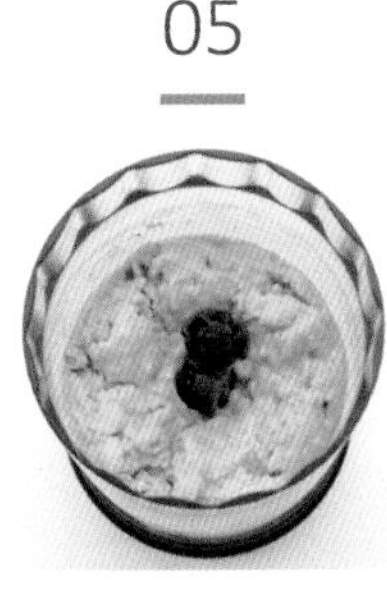

푸드 프로세서에 단호박과 생크림 1/2분량(60㎖)을 넣고 곱게 간다.

06

볼에 ⑤의 단호박, 달걀노른자, 달걀, 황설탕, 나머지 생크림(60㎖)을 넣고 거품기로 골고루 섞는다.

07

①의 파이 바닥 가장자리와 중간중간에 포크로 구멍을 낸다. ⑥을 채운다.

08

굽기 180℃로 예열된 오븐의 아래 칸에서 40~42분간 굽는다. 틀째로 식힘망에 올려 완전히 식힌 후 틀에서 꺼낸다. ★ 굽는 중간 틀을 한 번 돌려주면 골고루 구워져요.

CAKE

베이킹 왕초보들이 가장 따라 하고 싶은 케이크 12가지

베이킹 왕초보들이 가장 좋아하고, 만들어보고 싶어하는 케이크만을 선별해 담았어요.
특별한 날, 한 번쯤 구입해 보았을 딸기 생크림 케이크부터
디저트로 인기 있는 티라미수, 치즈 케이크와 어른들에게 선물하기 좋은 고구마 케이크까지
꼭 만들어보고 싶었던 기본 케이크 12가지를 소개합니다.

딸기 생크림 케이크

딸기 생크림 케이크는 프랑스의 전통 딸기 케이크 '프레지에'(Fraisier)를 일본식으로 변형한 케이크예요. 시럽을 바른 폭신폭신한 스펀지 케이크, 상큼한 과일, 생크림으로 만들어 남녀노소 모두가 좋아한답니다. 딸기 대신 다른 제철 과일을 응용해도 좋아요.

지름 18cm 케이크 틀 1개분 | 55~60분(식히는 시간 제외) | 180℃ | 밀폐용기 _ 3~5℃ 냉장실 2일

재료

스펀지 케이크
- □ 달걀 3개
- □ 설탕 100g
- □ 박력분 90g
- □ 녹인 버터 20g

시럽
- □ 물 50㎖
- □ 설탕 40g
- □ 오렌지 술 1/2작은술 (생략 가능)

장식
- □ 생크림 500㎖
- □ 설탕 50g
- □ 딸기 약 15개
- □ 다진 피스타치오 1/2작은술(생략 가능)
- □ 로즈메리 약간 (또는 민트 잎, 생략 가능)

도구 준비하기

볼
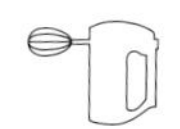
핸드믹서

주걱

체

원형 케이크 틀

스패튤라

짤주머니
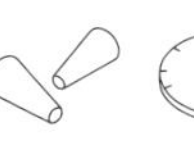
원형 깍지
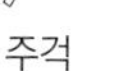
돌림판

재료 준비하기

1 달걀은 1시간 전에 냉장실에서 꺼내 실온에 둔다.
2 박력분은 체 친다.
3 원형 케이크 틀에 유산지를 깐다. ★유산지 깔기 26쪽 참고
4 짤주머니에 원형 깍지를 끼운다.

01

스펀지 케이크 만들기 큰 볼에 뜨거운 물을 넣고 그 위에 달걀을 넣은 볼을 올린다. 핸드믹서의 거품기로 높은 단에서 1분 30초간 휘핑한 후 중탕 볼에서 내린다.
오븐 예열

02

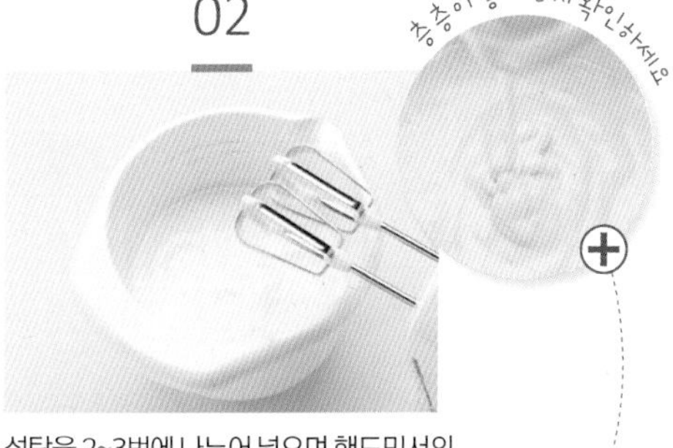

설탕을 2~3번에 나누어 넣으며 핸드믹서의 거품기로 높은 단에서 3~4분간 휘핑한다. 낮은 단으로 바꾸어 기포가 일정해지도록 30초간 휘핑한다. ★반죽을 들어 올려 떨어트렸을 때 층층이 쌓여 서서히 퍼지는 정도가 적당해요.

03

체 친 박력분을 넣고 주걱으로 아래에서 위로 뒤집듯이 재빨리 섞는다.
★이 때 너무 많이 섞거나 시간이 지체되면 거품이 꺼질 수 있으니 재빨리 섞으세요.

04

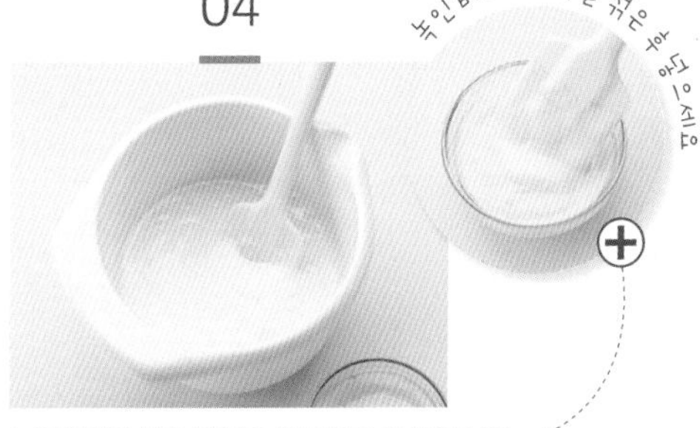

녹인 버터를 담은 볼에 ③의 반죽을 한 주걱 넣어 섞은 후 다시 ③의 반죽에 넣고 주걱으로 아래에서 위로 뒤집듯이 재빨리 섞는다. ★볼 바닥에 녹인 버터가 남아있지 않도록 골고루 섞으세요.

05

굽기 유산지를 깐 원형 케이크 틀에 반죽을 채운다. 180℃로 예열된 오븐의 가운데 칸에서 25~30분간 굽는다. 틀에서 꺼내 식힘망에 올려 식힌다.
★ 반죽을 채운 틀을 가볍게 바닥에 내리치면 반죽 속의 공기가 빠져 조직이 일정하게 구워져요.

06

시럽 만들기 굽는 동안 냄비에 물과 설탕을 넣고 중간 불에서 끓여 가운데까지 바글바글 끓어오르면 불을 끈다. 그릇에 옮겨 담아 완전히 식힌 후 오렌지 술을 넣어 섞는다.

07

딸기 8개는 0.5cm 두께로 모양대로 썬다. 나머지 딸기는 윗면에 올릴 장식용으로 남겨둔다.

08

완전히 식은 스펀지 케이크 윗면을 빵칼을 이용해 0.2cm 정도 두께로 얇게 저며낸다. 위에서부터 3등분으로 슬라이스 한다. ★ 구워진 상태에 따라 높이가 다를 수 있어요. 총 높이에서 3등분으로 슬라이스해요.
스펀지 케이크 슬라이스 하기 27쪽 참고

09

슬라이스한 스펀지 케이크 3장의 윗면에 각각 시럽을 바른다. ★ 시럽을 바르면 케이크가 촉촉해지지만 너무 많이 바르면 식감이 나빠지고 축축해져 들어 올렸을 때 찢어질 수 있어요.

10

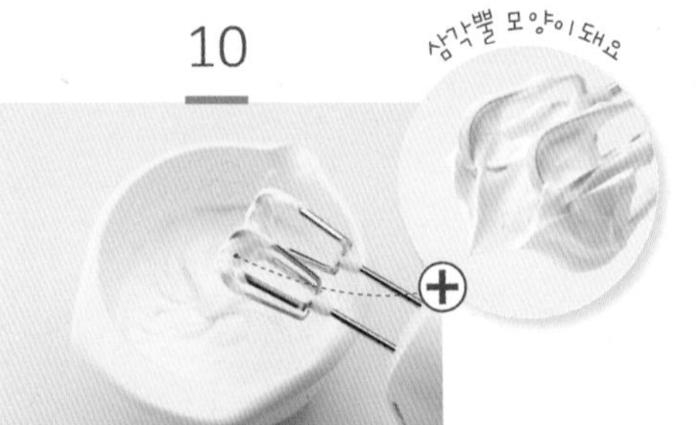

볼에 생크림과 설탕을 넣고 핸드믹서의 거품기로 높은 단에서 1분 30초~2분간 휘핑한다. ★ 거품기로 크림을 들어 올렸을 때 뾰족한 삼각뿔 모양이 될 때까지 휘핑하세요.

11

슬라이스한 스펀지 케이크 1장을 돌림판 위에 올리고 ⑩을 한 주걱 올린다. 돌림판을 돌려가며 스패튤라를 좌우로 움직여 생크림을 살짝 누른다는 느낌으로 펴 바른다. ★ 돌림판이 없다면 편편한 그릇에 올리고 발라요.

12

⑦의 딸기 1/2 분량을 올리고 그 위에 생크림 1/2 주걱을 올린다. 윗면이 편편해지도록 스패튤라로 펴 바른다.
★ 딸기는 가장자리에서 1cm 안쪽으로 올리세요.

13

그 위에 슬라이스한 스펀지 케이크 1장을 올린다. ⑫번 과정과 같은 방법으로 생크림과 딸기를 올린 후 나머지 슬라이스한 스펀지 케이크를 올린다.

14

스펀지 케이크 윗면에 생크림 두 주걱을 올리고 스패튤라로 펴 바른다. 사진과 같은 위치에 스패튤라를 고정하고 크림을 살짝 누른다는 느낌으로 돌림판을 돌려가며 매끄럽게 펴 바른다.

15

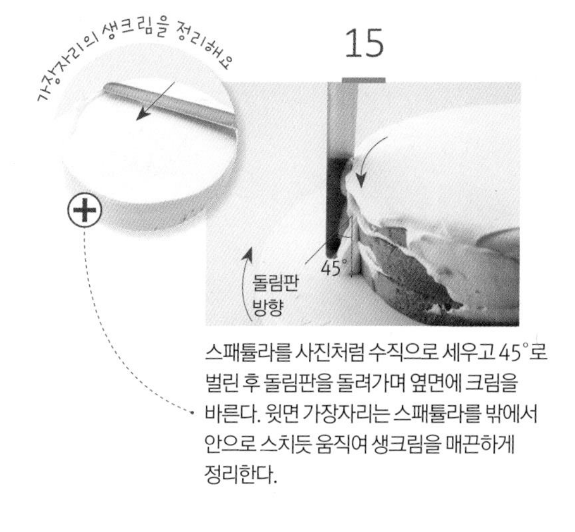

스패튤라를 사진처럼 수직으로 세우고 45°로 벌린 후 돌림판을 돌려가며 옆면에 크림을 바른다. 윗면 가장자리는 스패튤라를 밖에서 안으로 스치듯 움직여 생크림을 매끈하게 정리한다.

16

원형 깍지를 끼운 짤주머니에 남은 생크림을 넣는다. 짤주머니를 수직으로 세워 케이크 윗면에 생크림을 짠 후 가볍게 위로 들어올려 사진처럼 동그란 뿔 모양을 만든다. 딸기, 로즈메리, 피스타치오 등으로 장식한다.

시폰 케이크

비단같이 부드러운 식감을 가졌다 하여 시폰(Chiffon : 실크같이 섬세한 직물)케이크라
이름 붙여졌어요. 식물성 기름과 머랭을 이용해 만들어 특유의 폭신폭신하고 부드러운 식감이 만들어져요.
시폰 케이크는 가벼운 반죽이 꺼지지 않도록 가운데 기둥이 있는 전용 틀을 이용하는 것이 특징이에요.

지름 17cm 시폰 케이크 틀 1개분 | 1시간~1시간 10분(식히는 시간 제외) | 170℃ | 밀폐용기 _ 3~5℃ 냉장실 2일

재료

- □ 달걀노른자 3개분
- □ 설탕 A 20g
- □ 물(또는 우유) 65㎖
- □ 포도씨유 60㎖
- □ 박력분 65g
- □ 베이킹파우더 1/4작은술
- □ 달걀흰자 3개분
- □ 설탕 B 45g

장식

- □ 생크림 300㎖
- □ 설탕 25g

도구 준비하기

볼, 핸드믹서, 주걱, 체, 시폰 틀, 스패튤라, 짤주머니, 원형 깍지, 돌림판

재료 준비하기

1 달걀은 노른자와 흰자로 분리한 후 흰자는 냉장실에 넣어둔다.
2 박력분과 베이킹파우더는 함께 체 친다.
3 짤주머니에 원형 깍지를 끼운다.

01

반죽 만들기 볼에 달걀노른자를 넣고 핸드믹서의 거품기로 낮은 단에서 20초간 멍울을 푼다. 설탕 A를 넣고 핸드믹서의 거품기로 중간 단에서 반죽이 2배로 부풀고 사진처럼 아이보리 빛이 될 때까지 2분 30초간 휘핑한다. 오븐 예열

02

물과 포도씨유를 함께 섞은 후 ①의 볼에 조금씩 흘려 넣으며 핸드믹서의 거품기로 중간 단에서 30~40초간 휘핑한다.

03

체 친 박력분, 베이킹파우더를 넣고 핸드믹서의 거품기로 낮은 단에서 20초간 섞는다. ★ 반죽이 묽어 가루가 덩어리 질 수 있으니 핸드믹서로 가볍게 섞어요.

04

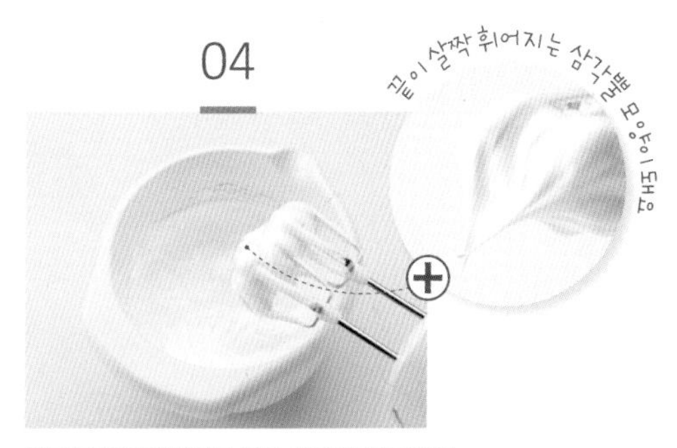

다른 볼에 달걀흰자를 넣고 설탕 B를 두 번에 나누어 넣으며 핸드믹서의 거품기로 중간 단에서 1분 30초간 휘핑한다. ★ 거품기로 거품을 들어 올렸을 때 끝이 살짝 휘어지는 삼각뿔 모양이 될 때까지 휘핑하세요.

05

③에 ④의 머랭을 세 번에 나눠 넣고 볼을 돌려가며 주걱으로 아래에서 위로 뒤집듯이 반죽을 섞는다.

06

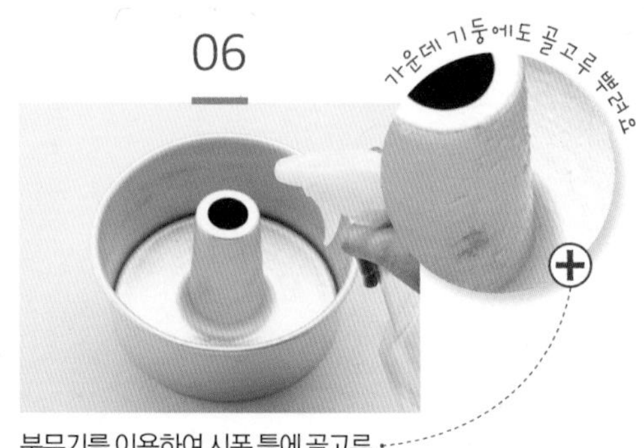

분무기를 이용하여 시폰 틀에 골고루 물을 뿌린다. ★물을 뿌리면 구운 후 틀에서 시폰 케이크가 잘 떨어져요.

07

시폰 틀에 반죽을 채우고 사진처럼 젓가락으로 휘저어 반죽 속의 기포를 제거한다.

08

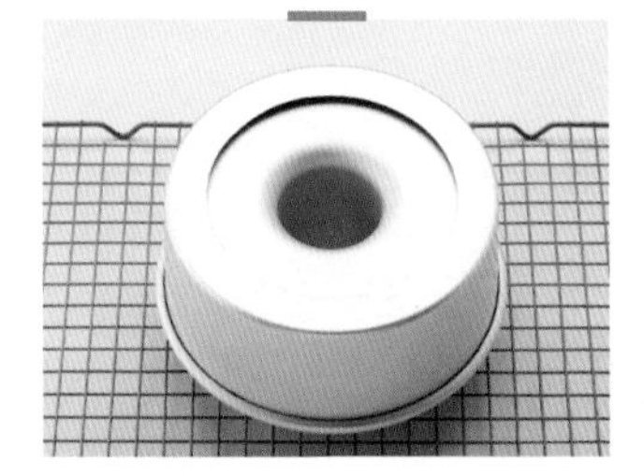

굽기 170℃로 예열된 오븐의 가운데 칸에서 30~40분간 굽는다. 사진처럼 틀째로 거꾸로 뒤집어 완전히 식힌다. ★시폰 케이크는 틀째 거꾸로 식혀야 반죽이 꺼지지 않아요.

09

시폰 케이크가 완전히 식으면 스패튤라를 틀과 반죽 사이에 넣고 살살 돌려가며 떼어낸다. 바닥 부분도 스패튤라로 긁어 뺀다. ★스패튤라를 위아래로 살살 움직여가며 조심스럽게 분리하세요.

10

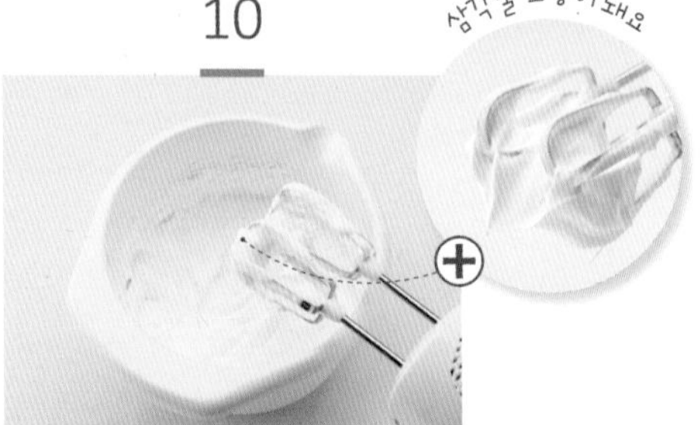

장식하기 볼에 생크림과 설탕을 넣고 핸드믹서의 거품기로 중간 단에서 1분 30초~1분 45초간 휘핑한다. ★거품기로 크림을 들어 올렸을 때 뾰족한 삼각뿔 모양이 될 때까지 휘핑하세요.

11

시폰 케이크 윗면에 생크림 두 주걱을 올리고 스패튤라로 펴 바른다. 오른쪽에 스패튤라를 고정하고 생크림을 살짝 누른다는 느낌으로 돌림판을 돌려가며 펴 바른다. ★ 돌림판이 없다면 편편한 그릇에 올리고 발라요.

12

스패튤라를 사진처럼 수직으로 세우고 45°로 벌린 후 돌림판을 돌려가며 옆면에 크림을 바른다. 윗면 가장자리는 스패튤라를 밖에서 안으로 스치듯 움직여 생크림을 매끈하게 정리한다.

13

가운데 튀어나온 생크림을 정리해요

가운데 구멍에 스패튤라를 수직으로 넣고 돌림판을 돌려가며 크림을 바른다. 가운데 튀어나온 크림은 안에서 밖으로 스치듯 움직여 매끈하게 정리한다.

14

원형 깍지를 끼운 짤주머니에 남은 생크림을 넣는다. 짤주머니를 수직으로 세워 케이크 윗면에 생크림을 짠 후 가볍게 위로 들어올려 동그란 뿔 모양을 만든다. 숟가락 뒷면으로 크림을 살짝 긁어 사진과 같은 모양을 낸다.

과일 롤 케이크

촉촉하고 부드러운 롤 케이크에 상큼한 과일과 요구르트 크림을 넣었어요.
기호에 따라 수분기가 적은 제철 과일을 이용해 다양한 롤 케이크를 만들어 보세요.
롤 케이크는 만들고 난 다음날 먹으면 재료 속의 수분이 배어 나와 가장 촉촉하고 맛있답니다.

39×29cm 사각 틀 1개분 | 30~40분(식히는 시간 제외) | 180℃ | 밀폐용기 _ 3~5℃ 냉장실 2일

재료

- □ 달걀 4개
- □ 설탕 95g
- □ 박력분 80g
- □ 우유 40㎖
- □ 버터 15g(생략 가능)

시럽

- □ 물 50㎖
- □ 설탕 40g
- □ 오렌지 술 1/2작은술 (생략 가능)

요구르트 크림

- □ 생크림 200㎖
- □ 설탕 25g
- □ 떠먹는 플레인 요구르트 80g
- □ 딸기 4개
- □ 키위 1/2개

도구 준비하기

볼

핸드믹서

주걱

체

사각 틀

스패튤라

재료 준비하기

1 달걀은 1시간 전에 냉장실에서 꺼내 실온에 둔다.
2 박력분은 체 친다.
3 사각 틀에 유산지를 깐다.
4 우유와 버터를 함께 담아 전자레인지로 30~40초간 데운다.

01

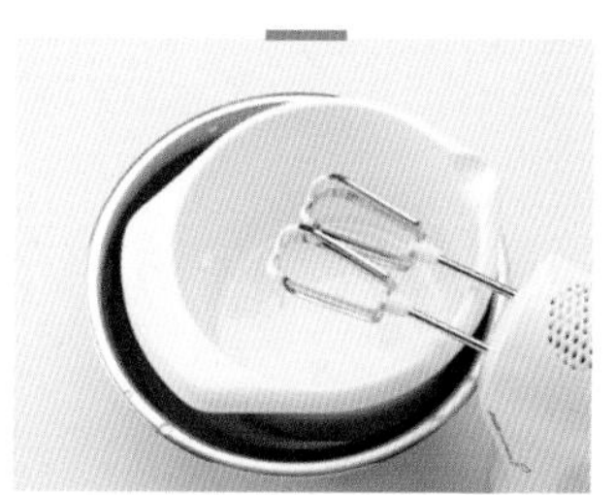

반죽 만들기 큰 볼에 뜨거운 물을 넣고 그 위에 달걀을 넣은 볼을 올린다. 핸드믹서의 거품기로 높은 단에서 1분 30초간 휘핑한다. 오븐 예열

02

중탕 볼에서 내린 후 설탕을 2~3번에 나누어 넣으며 핸드믹서의 거품기로 높은 단에서 3~4분간 휘핑한다. ★반죽을 들어 올려 떨어트렸을 때 층층이 쌓여 서서히 퍼지는 정도가 적당해요.

03

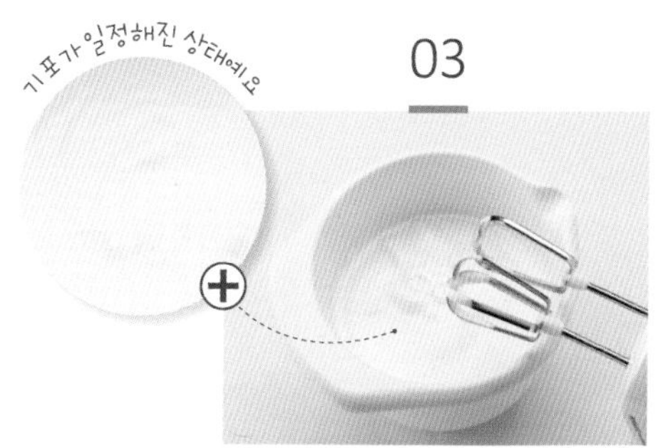

핸드믹서의 거품기로 낮은 단에서 기포가 일정해질 때까지 30초간 휘핑한다.
★마지막에 낮은 단에서 반죽을 휘핑하면 기포가 안정되어 조직이 일정해져요.

04

체 친 박력분을 넣고 주걱으로 아래에서 위로 뒤집듯이 재빨리 섞는다. ★이 때 너무 많이 섞거나 시간이 지체되면 거품이 꺼질 수 있으니 재빨리 섞어주세요.

05

따뜻한 우유와 녹인 버터가 담긴 볼에 ④의 반죽을 한 주걱 넣어 섞는다. 다시 반죽에 넣고 주걱으로 아래에서 위로 뒤집듯이 재빨리 섞는다. ★ 볼 바닥에 녹인 버터가 남아있지 않도록 골고루 섞어주세요.

06

유산지를 깐 사각 틀에 반죽을 채우고 스크래퍼로 반죽을 편편하게 편다.
★ 반죽을 채운 후 틀을 10cm 높이에서 가볍게 바닥에 내리치면 반죽 속의 공기가 빠져나가 조직이 일정하게 구워져요.

07

굽기 180℃로 예열된 오븐의 가운데 칸에서 10~12분간 굽는다. 틀에서 꺼내 식힘망에 올려 식힌다.
★ 롤 케이크가 식으면 윗면에 비닐 또는 촉촉한 면보를 덮어두세요.

08

시럽 만들기 굽는 동안 냄비에 시럽용 물과 설탕을 넣고 중간 불에서 끓여 가운데까지 바글바글 끓어오르면 불을 끈다. 그릇에 옮겨 담아 완전히 식힌 후 오렌지 술을 넣어 섞는다.

09

완성하기 딸기와 키위는 사방 0.5cm 크기로 썬다.

10

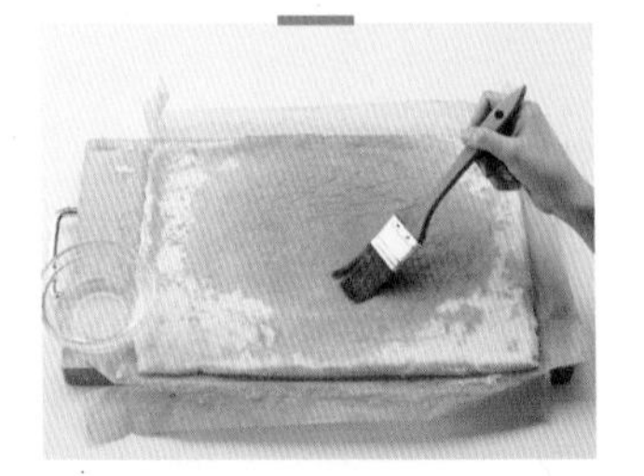

롤 케이크 밑면의 유산지를 떼어내고 윗면에 시럽을 바른다. ★ 시럽을 바르면 케이크가 촉촉해지지만 너무 많이 바르면 식감이 나빠지고 축축해져 들어 올렸을 때 찢어질 수 있어요.

11

볼에 생크림과 설탕을 넣고 핸드믹서의 거품기로 높은 단에서 1분~1분 30초간 휘핑한다. 떠먹는 플레인 요구르트를 넣고 10초간 더 휘핑한다.

12

떼어낸 유산지 위에 롤 케이크를 올리고 크림을 올린다. 스패튤라를 좌우로 움직여 크림을 살짝 누른다는 느낌으로 펴 바른 후 딸기와 키위를 골고루 올린다. ★ 롤 케이크를 말 때 생크림이 뒤로 밀리니 윗쪽에 2cm 정도의 공간을 남겨 두세요.

13

롤 케이크의 한쪽 끝 부분을 사진처럼 손가락으로 눌러 1cm 정도 높이로 접어 올린다. ★ 스패튤라로 끝 부분의 1.5cm 정도 위치를 가볍게 눌러 자국을 내어 말면 더 쉽게 말 수 있어요.

14

김밥을 말듯이 돌돌 말아준 다음 유산지로 감싸 냉장실에서 30분 이상 굳힌다.
★ 롤 케이크를 말 때는 재빨리 말아야 찢어지거나 갈라짐이 생기지 않아요.

카스텔라

고운 결과 촉촉하고 부드러운 식감이 특징인 카스텔라(Castella)는
스페인의 카스티야(Castilla)지방을 부르는 포르투갈어에서 유래되었어요.
포르투갈 상인이 일본의 나가사키로 장사를 하러 오면서 카스티야 전통과자가 전해졌는데요,
그 과자가 나가사키에서 변형되어 지금의 카스텔라로 자리 잡았답니다.

20×20cm 사각 틀 1개분 | 50~60분 | 180℃ | 밀폐용기 _ 실온 3일

재료

- □ 달걀노른자 4개분
- □ 설탕 A 65g
- □ 소금 1/4작은술
- □ 우유 2큰술
- □ 꿀 20g
- □ 물엿 20g
- □ 식용유 4작은술
- □ 맛술 2작은술
- □ 강력분 120g
- □ 달걀흰자 4개분
- □ 설탕 B 65g

도구 준비하기

볼

핸드믹서

주걱

체

사각틀

재료 준비하기

1 달걀은 노른자와 흰자로 분리한 후 흰자는 냉장실에 넣어둔다.
2 강력분은 체 친다.
3 우유, 꿀, 물엿, 식용유, 맛술은 함께 섞어 전자레인지(700W)로 20~30초간 따뜻하게 데운다.
4 사각 틀에 유산지를 깐다.

01

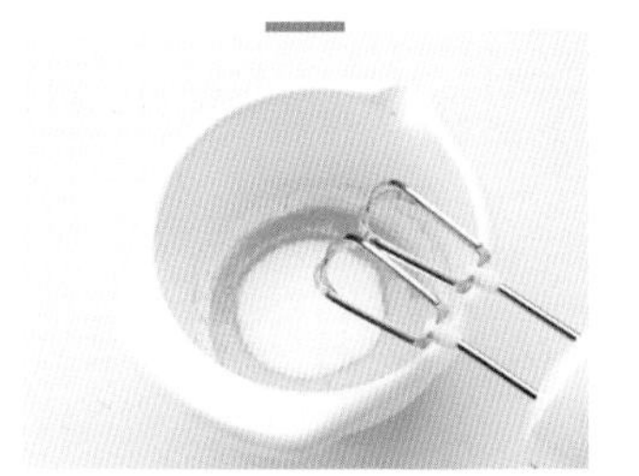

반죽 만들기 볼에 달걀노른자를 넣고 핸드믹서의 거품기로 낮은 단에서 10초간 멍울을 푼다. 설탕 A와 소금을 넣고 20초간 섞는다. 오븐 예열

02

큰 볼에 뜨거운 물을 넣고 그 위에 ①의 볼을 올린 후 중탕하며 핸드믹서의 거품기로 중간 단에서 2분 30초~3분간 휘핑한다. ★ 반죽이 체온 정도(36~38℃)의 온도로 따뜻해지면 중탕 볼에서 내린 후 휘핑해도 좋아요.

03

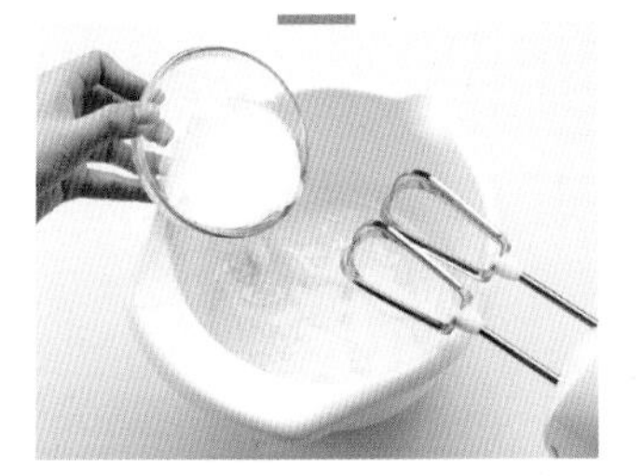

중탕 볼에서 내린다. 따뜻하게 데운 우유, 꿀, 물엿, 식용유, 맛술을 조금씩 흘려 넣으며 핸드믹서의 거품기로 중간 단에서 30~40초간 휘핑한다. ★ 달걀이 많이 들어가는 반죽은 달걀 비린내가 날 수 있으니 맛술을 넣어 줘요.

04

체 친 강력분을 넣고 볼을 돌려가며 주걱으로 아래에서 위로 뒤집듯이 재빨리 섞는다.

05

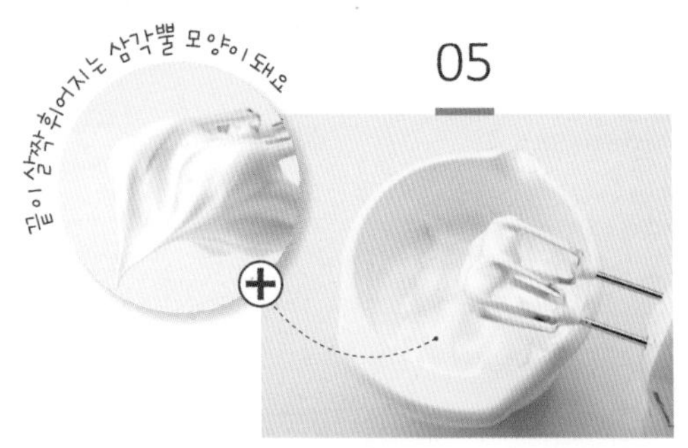

다른 볼에 달걀흰자를 넣고 설탕 B를
두 번에 나눠 넣으며 핸드믹서의 거품기로
중간 단에서 1분 40초~2분간 휘핑한다.
★ 거품기로 거품을 들어 올렸을 때 끝이 살짝
휘어지는 삼각뿔 모양이 될 때까지 휘핑하세요.

06

④에 ⑤의 머랭을 세 번에 나눠 넣고
볼을 돌려가며 주걱으로 아래에서 위로
뒤집듯이 재빨리 섞는다.

07

유산지를 깐 사각 틀에 반죽을 채운다.
★ 반죽을 채운 후 틀을 10cm 높이에서
가볍게 바닥에 내리치면 반죽 속의 공기가
빠져나가 조직이 일정하게 구워져요.

08

굽기 180℃로 예열된 오븐의 가운데
칸에서 30~35분간 굽는다. 틀에서 꺼내
식힘망에 올려 식힌다. ★ 꼬지로 반죽을
찔렀을 때 반죽이 묻어나지 않으면
다 익은 거예요.

Tip

카스텔라 촉촉하게 식히는 법

카스텔라를 구운 후 틀에서 꺼내 한김 식힌 다음 밑면의 유산지를 떼어내요.
윗면을 아래로 뒤집어 식힘망 위에 올려요.
아랫면에 녹인 버터(1큰술)를 바른 후
떼어낸 유산지를 다시 덮어 식히면 좀 더 촉촉한 카스텔라로 즐길 수 있어요.

가토 쇼콜라

가토 쇼콜라의 이름은 케이크를 뜻하는 프랑스어 '가토'(Gateau)와
초콜릿을 뜻하는 '쇼콜라'(Chocolat)가 합쳐진 단어예요.
촉촉하면서 묵직한 식감과 진한 초콜릿 풍미를 가진 대표적인 초콜릿 케이크랍니다.
사용하는 초콜릿의 카카오 함량에 따라 쌉쌀한 맛과 달콤한 맛을 조절할 수 있어요.

지름 18cm 케이크 틀 1개분 | 45~50분(식히는 시간 제외) | 170℃ | 밀폐용기 _ 3~5℃ 냉장실 3~4일

재료

- □ 생크림 120㎖
- □ 버터 70g
- □ 다크커버춰 초콜릿 130g
- □ 달걀노른자 4개분
- □ 달걀흰자 4개분
- □ 설탕 100g
- □ 박력분 40g
- □ 코코아가루 30g

장식(생략 가능)

- □ 슈가파우더 1큰술

도구 준비하기

냄비 볼 거품기 핸드믹서 주걱 원형 케이크 틀

재료 준비하기

1 달걀은 노른자와 흰자로 분리한 후 흰자는 냉장실에 넣어둔다.
2 다크커버춰 초콜릿은 잘게 다진다.
3 박력분, 코코아가루는 함께 체 친다.
4 원형 케이크 틀에 유산지를 깐다. ★ 유산지 깔기 26쪽 참고

01

반죽 만들기 냄비에 생크림과 버터를 넣고 약한 불에서 버터가 녹을 때까지 데운 후 불을 끈다. 잘게 다진 다크커버춰 초콜릿을 넣어 거품기로 저어가며 녹인다. 오븐 예열

02

①을 볼에 옮겨 담은 후 달걀노른자를 넣고 거품기로 재빨리 섞는다.
★ 달걀을 넣고 바로 섞지 않으면 달걀이 익을 수 있으니 재빨리 섞으세요.

03

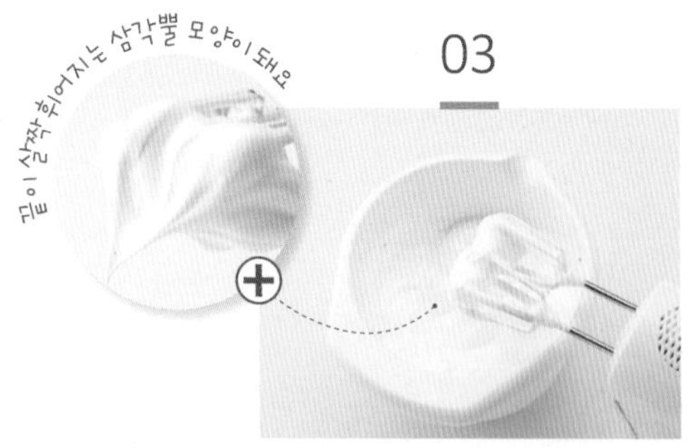

다른 볼에 달걀흰자를 넣고 설탕을 2번에 나누어 넣으며 핸드믹서의 거품기로 중간 단에서 1분 40초간 휘핑한다. ★ 거품기로 거품을 들어 올렸을 때 끝이 살짝 휘어지는 삼각뿔 모양이 될 때까지 휘핑하세요.

04

②의 볼에 ③의 머랭 1/3 분량을 넣고 볼을 돌려가며 주걱으로 아래에서 위로 뒤집듯이 재빨리 섞는다.

05

체 친 박력분, 코코아가루를 넣고 볼을 돌려가며 주걱으로 아래에서 위로 뒤집듯이 섞는다.

06

나머지 머랭을 두 번에 나누어 넣으며 주걱으로 아래에서 위로 뒤집듯이 섞는다.
★ 이 때 너무 많이 섞거나 시간이 지체되면 머랭이 꺼질 수 있으니 재빨리 섞으세요.

07

유산지를 깐 원형 틀에 반죽을 채운다.

08

굽기 170℃로 예열된 오븐의 가운데 칸에서 30~35분간 굽는다. 틀에서 꺼내 식힘망에 올려 식힌다. 완전히 식으면 윗면에 슈가파우더를 뿌려 장식한다.

당근 케이크

당근과 사과를 함께 갈아 넣어 은은한 사과 향이 나는 당근 케이크예요.
수분이 있는 채소와 과일을 넣어 약간 무겁고 촉촉한 식감이 특징이지요.
새콤한 크림치즈 크림을 층층이 넣어 더욱 풍미가 좋답니다.

지름 18cm 케이크 틀 1개분 | 1시간~1시간 10분(식히는 시간 제외) | 180℃ | 밀폐용기 _ 3~5℃ 냉장실 2일

재료

- □ 당근 75g
- □ 사과 75g
- □ 달걀 3개
- □ 설탕 150g
- □ 소금 1/2작은술
- □ 식용유(또는 카놀라유) 135㎖
- □ 강력분 135g
- □ 베이킹파우더 1작은술
- □ 시나몬가루 1과 1/2작은술
- □ 다진 호두 30g
- □ 말린 크랜베리 30g

크림치즈 크림

- □ 크림치즈 200g
- □ 설탕 50g
- □ 생크림 1큰술

도구 준비하기

푸드 프로세서

볼

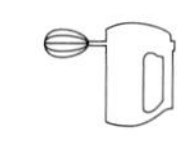
핸드믹서

주걱

체

원형 케이크 틀

스패튤라

재료 준비하기

1 달걀, 크림치즈는 1시간 전에 냉장실에서 꺼내 실온에 둔다.
2 강력분, 베이킹파우더, 시나몬가루는 함께 체 친다.
3 원형 케이크 틀에 유산지를 깐다. ★ 유산지 깔기 26쪽 참고

01

당근, 사과 갈기 당근과 사과를 푸드 프로세서에 넣고 사방 0.3cm 크기로 잘게 다진다. ★ 푸드 프로세서가 없을 때는 강판에 갈거나 칼로 잘게 다져도 좋아요.

02

반죽 만들기 볼에 달걀을 넣고 핸드믹서의 거품기로 높은 단에서 작은 거품이 올라올 때까지 40초~1분간 휘핑한다. 오븐 예열

03

층층이 쌓이는지 확인하세요

설탕과 소금을 2번에 나누어 넣으며 핸드믹서의 거품기로 높은 단에서 1분 30초~2분간 휘핑한다. ★ 반죽을 들어 올려 떨어트렸을 때 층층이 쌓여 서서히 퍼지는 정도가 적당해요.

04

식용유를 조금씩 흘려 넣으며 핸드믹서의 거품기로 높은 단에서 식용유가 완전히 섞일 때까지 30~40초간 휘핑한다.

05

체 친 강력분, 베이킹파우더, 시나몬가루를 넣고 볼을 돌려가며 주걱으로 아래에서 위로 뒤집듯이 섞는다.

06

당근, 사과, 다진 호두, 말린 크랜베리를 넣고 주걱으로 아래에서 위로 뒤집듯이 가볍게 섞는다.

07

굽기 유산지를 깐 원형 틀에 ⑥의 반죽을 채우고 180℃로 예열된 오븐의 가운데 칸에서 42~45분간 굽는다. 틀에서 꺼내 식힘망에 올려 식힌다. ★ 꼬지로 반죽을 찔렀을 때 반죽이 묻어나지 않으면 다 익은 거예요.

08

크림치즈 크림 만들기 볼에 크림치즈를 넣고 핸드믹서의 거품기로 낮은 단에서 부드러운 상태가 될 때까지 30초간 푼다. 설탕, 생크림을 넣고 1분간 더 섞는다.

09

완성하기 당근 케이크를 3등분으로 슬라이스 한다. 아랫면을 돌림판 위에 올리고 크림치즈 크림 한 주걱을 올린다. 스패튤라를 좌우로 움직여 크림을 살짝 누른다는 느낌으로 펴 바른다. 나머지도 같은 방법으로 올린다.

10

윗면에 나머지 크림치즈 크림을 모두 올리고 스패튤라를 좌우로 움직여 펴 바른다. 숟가락 뒷면으로 크림을 위로 쓸어올리듯 자연스럽게 뿔 모양을 만든다.

찹쌀 케이크

찹쌀떡처럼 쫀득쫀득한 식감으로 달지 않고 담백해서
특별한 날 어른들에게 선물하기 좋은 케이크예요.
기호에 따라 견과류, 말린 과일 뿐만 아니라 당절임한 완두콩배기,
팥배기, 콩배기 등으로 대체해서 만들어도 좋아요.

지름 18cm 케이크 틀 1개분 | 1시간 10분~1시간 20분 | 170℃ | 밀폐용기 _ 실온 2일

재료

- □ 말린 크랜베리 30g
- □ 호두 30g
- □ 아몬드 30g
- □ 달걀 1개
- □ 설탕 65g
- □ 소금 1/2작은술
- □ 찹쌀가루 300g
- □ 베이킹파우더 1/2작은술
- □ 우유 230㎖
- □ 생크림 50㎖

장식(생략 가능)

- □ 아몬드 슬라이스 10g

도구 준비하기

볼

거품기

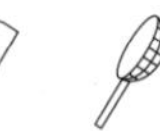
주걱 체

원형 케이크 틀

재료 준비하기

1 달걀은 1시간 전에 냉장실에서 꺼내 실온에 둔다.
2 찹쌀가루와 베이킹파우더는 함께 체 친다.
3 원형 케이크 틀에 테프론 시트를 깔거나 녹인 버터를 바른다.

01

반죽 만들기 말린 크랜베리, 호두, 아몬드는 사방 1cm 크기로 굵게 다진다.
★ 기호에 따라 그대로 넣거나 써는 크기를 달리하여 씹히는 식감을 조절해도 좋아요.
오븐 예열

02

볼에 달걀을 넣고 거품기로 멍울을 푼다.

03

설탕, 소금을 넣고 거품기로 50~60회 정도 연한 노란빛이 될 때까지 휘핑한다.

04

체 친 찹쌀가루, 베이킹파우더, 우유, 생크림을 넣고 완전히 섞일 때까지 거품기로 골고루 섞는다.

05

말린 크랜베리, 호두, 아몬드를 넣고 주걱으로 아래에서 위로 뒤집듯이 재빨리 섞는다.

06

테프론 시트를 깐 원형 틀에 반죽을 채우고 윗면에 장식용 아몬드 슬라이스를 뿌린다. ★ 테프론 시트 대신 종이 유산지를 사용하면 반죽이 달라 붙어요. 테프론 시트가 없다면 틀에 녹인 버터(또는 식용유) 1/2작은술을 골고루 바르세요.

07

굽기 170℃로 예열된 오븐의 가운데 칸에서 1시간 동안 굽는다. 틀에서 꺼내 식힘망에 올려 식힌다.

Tip

건식 찹쌀가루와 습식 찹쌀가루의 차이

찹쌀가루는 만드는 방법에 따라 수분 함량이 조금씩 달라요.
이 책의 레시피는 베이킹용 건식 찹쌀가루를 사용했어요. 보통 방앗간에서 빻아 만드는 찹쌀가루는 습식 찹쌀가루로, 습식 찹쌀가루는 건식 찹쌀가루에 비해 수분 함량이 높으므로 방앗간에서 빻은 습식 찹쌀가루를 사용할 경우에는 우유의 양을 20~30ml 정도 줄이세요.

고구마 케이크

고구마를 듬뿍 넣어, 한 조각 먹으면 속이 든든해지는 진하고 부드러운 케이크예요.
부드럽게 으깬 고구마에 커스터드 크림을 섞어 풍미와 달콤함을 더했어요.
고구마 케이크는 수분 함량이 적은 밤고구마를 사용해 만드는 것이 좋아요.

지름 18cm 케이크 틀 1개분 | 1시간 20분~1시간 30분(+굳히기 1시간) | 180℃ | 밀폐용기 _ 3~5℃ 냉장실 2일

재료

스펀지 케이크
- □ 달걀 3개
- □ 설탕 100g
- □ 박력분 90g
- □ 녹인 버터 20g

커스터드 크림
- □ 달걀노른자 2개분
- □ 설탕 60g
- □ 옥수수 전분 30g
- □ 우유 300㎖
- □ 버터 10g

고구마 크림
- □ 밤고구마 600g
- □ 실온에 둔 버터 30g
- □ 꿀 45g
- □ 생크림 100㎖

장식
- □ 생크림 150㎖
- □ 오븐에서 구운 고구마 슬라이스 약간(생략 가능)

도구 준비하기

푸드 프로세서

볼

거품기

냄비 핸드믹서 무스 띠 스패튤라

재료 준비하기

1 고구마 크림용 버터는 1시간 전에 냉장실에서 꺼내 실온에 둔다.
2 커스터드 크림용 옥수수 전분은 체 친다.

01

스펀지 케이크 준비하기 205쪽을 참고하여 스펀지 케이크를 만든다.

02

스펀지 케이크의 아랫면은 1cm 두께로 슬라이스해 케이크 바닥용으로 준비한다. 나머지 스펀지 케이크는 윗면, 옆면 등 갈색 빛으로 구워진 부분을 얇게 썰어 낸다.

03

편편한 판 또는 접시 위에 케이크 바닥용으로 슬라이스한 스펀지 케이크를 올리고 무스 띠를 두른다. ★ 무스 띠는 단단한 비닐 재질로 길이에 맞게 잘라 사용해요. 케이크 둘레에 두른 후 접착면에 붙여 고정해요.

04

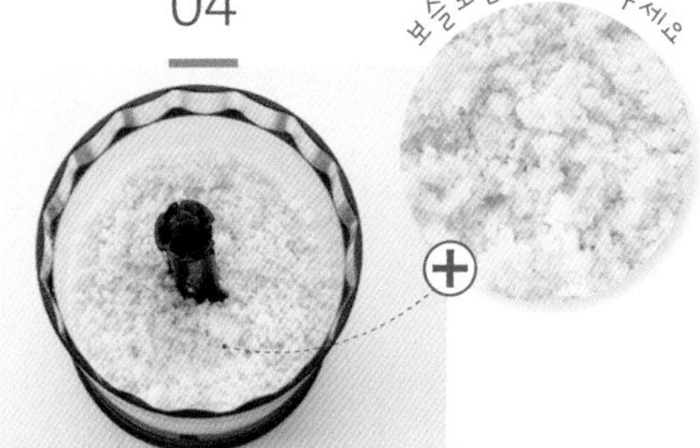

나머지 스펀지 케이크는 사방 5cm 크기로 썰어 푸드 프로세서에 넣고 갈아 케이크 가루를 만든다. ★ 푸드 프로세서가 없을 때는 굵은 체에 내려 케이크 가루를 만들어요.

05

커스터드 크림 만들기 볼에 달걀노른자를 넣고 거품기로 가볍게 섞는다. 설탕을 넣고 아이보리색이 될 때까지 30~40초간 휘핑한다. 체 친 옥수수 전분을 넣고 가볍게 섞는다.

06

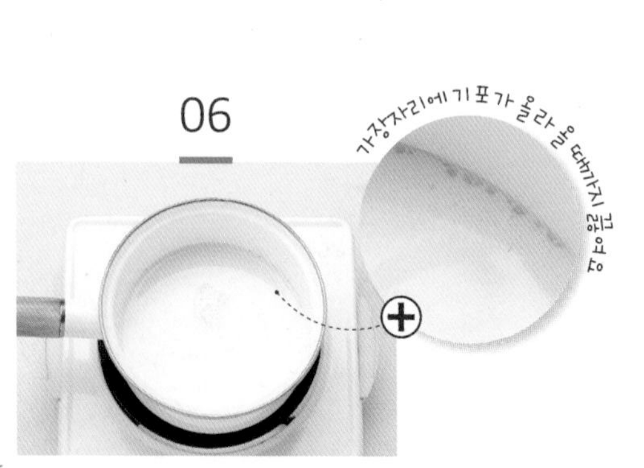

냄비에 우유를 넣고 약한 불에서 가장자리가 살짝 끓어오를 때까지 끓인다.

07

⑤의 볼에 우유를 조금씩 넣으면서 거품기로 빠르게 섞는다. ★ 뜨거운 우유를 한 번에 넣으면 달걀노른자가 익어 덩어리가 생길 수 있으니 조금씩 넣으면서 빠르게 섞어요.

08

⑦을 냄비에 옮겨 담고 거품기로 빠르게 저어주며 중간 불에서 1분 30초간 끓인다. ★ 냄비 바닥과 가장자리 반죽은 타기 쉬우므로 거품기로 골고루 저으세요.

09

반죽에 윤기가 나며 가운데까지 끓어오르면 불을 끄고 버터를 넣고 거품기로 저어가며 녹인다. ★ 커스터드 크림을 만든 후 덩어리가 생겼을 경우에는 체에 한 번 거르세요.

10

넓고 편편한 용기에 커스터드 크림을 넣고 랩을 밀착해 씌운 후 냉장실에 넣어 완전히 식힌다. ★ 공기와 접촉하지 않도록 랩을 크림에 붙여 씌우고 재빨리 식혀야 커스터드 크림에 세균이 번식하는 것을 막을 수 있어요.

11

고구마 크림 만들기 고구마를 냄비에 넣고 고구마가 잠길 정도의 물을 붓는다. 센 불에서 끓어오르면 중간 불로 줄이고 뚜껑을 덮은 후 20분간 삶는다. ★ 고구마의 크기에 따라 시간을 가감하세요.

12

고구마의 껍질을 벗긴 후 볼에 넣고 숟가락으로 으깬다. 버터, 꿀, 생크림을 넣고 핸드믹서의 거품기로 낮은 단에서 30~40초간 섞는다. ★ 고구마가 뜨거울 때 으깨면 쉽게 으깰 수 있어요.

13

다른 볼에 완전히 식힌 커스터드 크림을 넣고 핸드믹서의 거품기로 낮은 단에서 30초간 푼다. ⑫의 고구마 크림을 넣고 30초간 더 섞는다.

14

③의 무스 띠 안에 ⑬을 넣고 스패튤라로 살짝 눌러가며 편편하게 채운다. 냉장실에서 1시간 정도 굳힌다.

15

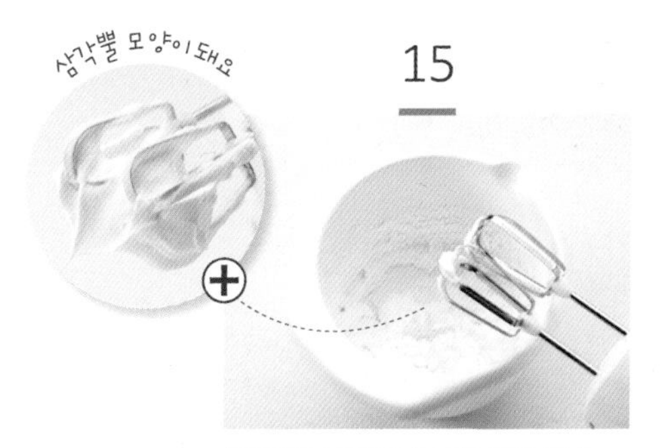

장식하기 볼에 장식용 생크림을 넣고 핸드믹서의 거품기로 높은 단에서 40~50초간 휘핑한다. ★ 거품기로 크림을 들어 올렸을 때 뾰족한 삼각뿔 모양이 될 때까지 휘핑하세요.

16

옆면의 무스 띠를 제거한다. 고구마 케이크의 윗면과 옆면에 스패튤라로 생크림을 얇게 바른다. 케이크 가루를 윗면과 옆면에 손으로 살살 눌러가며 붙인다. 오븐에서 구운 고구마 슬라이스를 올려 장식한다.

블루베리 무스 케이크

냉동 블루베리를 이용해 상큼하고 달콤하게 만든 무스 케이크예요.
오븐을 사용하지 않아 여름철에 만들기 좋은 케이크랍니다.
부드러운 식감을 위해 젤라틴의 양을 최소화해 만들었으니
작은 유리 그릇 등에 무스를 채워 굳힌 후 떠 먹어도 좋아요.

지름 18cm 무스 틀 1개분 | 35~40분(+굳히기 3시간) | 밀폐용기 _ 3~5℃ 냉장실 2일

재료

- □ 오레오(과자만) 100g
- □ 녹인 버터 40g

블루베리 무스

- □ 판 젤라틴 2장
- □ 냉동 블루베리 200g
- □ 설탕 45g
- □ 레몬즙 1큰술
- □ 꿀 45g
- □ 떠먹는 플레인 요구르트 80g
- □ 생크림 300㎖

장식

- □ 냉동 블루베리 8개
- □ 올리고당(또는 물엿) 20g
- □ 생 블루베리 적당량
- □ 마카롱 1개(생략 가능)

★ 마카롱 만들기 54쪽 참고

도구 준비하기

볼

주걱

냄비

핸드믹서

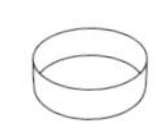
원형 무스 틀

무스 띠

스패튤라

재료 준비하기

1 원형 무스 틀에 무스 띠를 두른다.

01

오레오의 크림을 걷어낸 후 과자만 위생팩에 넣고 손으로 잘게 부순다. 볼에 오레오와 녹인 버터를 넣어 섞는다.
★ 위생팩에 넣어 밀대로 밀거나, 푸드 프로세서에 넣고 곱게 갈아도 좋아요.

02

무스 띠를 두른 원형 무스 틀 바닥에 ①을 넣은 후 숟가락으로 꾹꾹 눌러 편편하게 채운다. 냉장실에 넣어 15분 이상 굳힌다.

03

블루베리 무스 만들기 차가운 물에 판 젤라틴을 넣고 20분간 불린다. ★ 더운 여름철에는 얼음물을 사용하면 좋아요.

04

냄비에 냉동 블루베리, 설탕, 레몬즙을 넣고 주걱으로 저어가며 중간 불에서 6분 30초~7분간 걸쭉해질 때까지 끓인다.
★ 눌러붙지 않도록 중간중간에 저어주세요.

05

④를 한 김 식힌 후 푸드 프로세서에 넣고 곱게 간다.

06

⑤를 볼에 옮겨 담고 꿀, 떠먹는 플레인 요구르트를 넣어 주걱으로 가볍게 섞는다.

07

불린 젤라틴의 물기를 손으로 꼭 짠다. 큰 볼에 뜨거운 물을 넣고 그 위에 젤라틴이 담긴 볼을 올려 중탕으로 녹인다.

08

⑥의 볼에 녹인 젤라틴을 넣고 주걱으로 재빨리 섞는다. ★ 젤라틴에 의해 반죽이 굳을 수 있으니 볼을 차가운 곳에 두지마세요.

09

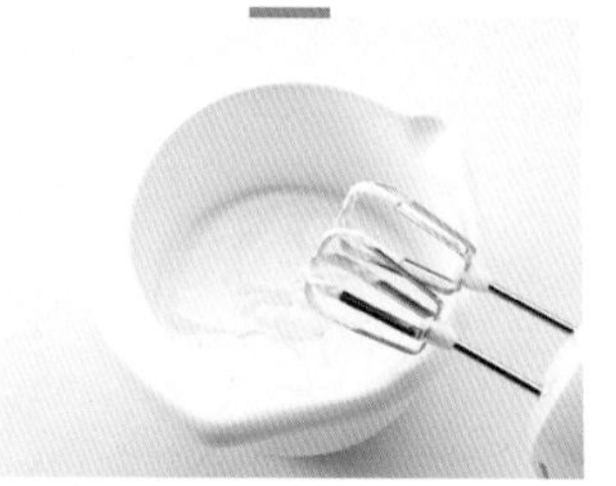

다른 볼에 생크림을 넣고 핸드믹서의 거품기로 중간 단에서 1분 40초~1분 50초간 휘핑한다. ★ 핸드믹서 자국이 살짝 남을 정도의 부드러운 상태로 휘핑하세요.

10

⑧의 볼에 휘핑한 생크림을 넣고 주걱으로 아래에서 위로 뒤집듯이 재빨리 섞는다. ★ 젤라틴은 반죽의 온도가 25℃ 정도가 되면 천천히 굳기 시작하니 재빨리 섞으세요.

11

②의 무스 틀 안에 블루베리 무스를 채우고 냉장실에서 2~3시간 동안 굳힌다.

12

장식하기 내열용기에 냉동 블루베리를 담고 랩을 씌워 전자레인지(700W)에 1분간 데운 후 체에 내린다. 올리고당을 넣어 골고루 섞는다.

★ 올리고당을 바르면 무스의 코팅 역할을 해 케이크가 마르는 것을 막아줘요.

13

무스 틀을 분리하고 무스 띠를 벗긴다. 블루베리 무스 위에 ⑫를 올리고 스패튤라를 좌우로 움직여 얇게 펴 바른다.

★ 선물용이라면 무스 띠를 벗기지 않고 윗면에 ⑫를 바르는 것이 좋아요.

14

생 블루베리와 마카롱을 올려 장식한다.

티라미수

이탈리아의 전통 케이크인 티라미수는 진한 커피향과 달콤한 맛 덕분에
'나를 위로 끌어올린다', '기분을 좋게 한다'는 뜻의 이탈리아어 'Tirare mi su'에서
이름이 유래되었다고 해요. 이탈리아 정통 티라미수는 마스카르포네 치즈를 사용하지만
이 책에서는 일반 마트에서 좀 더 쉽게 구할 수 있는 크림치즈를 이용해 만들었어요.

지름 18cm 케이크 틀 1개분 | 35~40분(+굳히기 3시간) |  180℃ | 밀폐용기 _ 3~5℃ 냉장실 2일

재료

스펀지 케이크
- □ 달걀 3개
- □ 설탕 100g
- □ 박력분 90g
- □ 녹인 버터 20g

크림치즈 필링
- □ 판 젤라틴 2장
- □ 실온에 둔 크림치즈 220g
- □ 설탕 70g
- □ 떠먹는 플레인 요구르트 80g
- □ 생크림 130㎖

커피 시럽
- □ 물 100㎖
- □ 설탕 50g
- □ 인스턴트 커피가루 15g
- □ 럼 2작은술(생략 가능)

장식
- □ 코코아가루 3~4큰술
- □ 다크커버춰 초콜릿 약간(생략 가능)

도구 준비하기

무스 띠

냄비

볼

핸드믹서 / 주걱 / 붓 / 스크래퍼

재료 준비하기

1 크림치즈는 1시간 전에 냉장실에서 꺼내 실온에 둔다.

01

스펀지 케이크 준비하기 205쪽을 참고하여 스펀지 케이크를 만든 후 1cm 두께로 2장 슬라이스 한다. ★ 남은 스펀지 케이크는 냉동실에서 15일간 보관이 가능해요. 실온에서 1시간 정도 해동 후 다른 케이크를 만들 때 사용해요.

02

편편한 판 또는 접시 위에 1cm 두께로 슬라이스한 스펀지 케이크 1장을 올리고 무스 띠를 두른다. ★ 무스 띠는 단단한 비닐 재질로 길이에 맞게 잘라 사용해요. 케이크 둘레에 두른 후 접착면에 붙여 고정해요.

03

커피시럽 만들기 냄비에 커피 시럽용 물, 설탕, 인스턴트 커피가루를 넣고 약한 불에서 끓인다. 가운데까지 끓어오르면 불을 끄고 완전히 식힌 다음 럼을 넣어 섞는다.

04

크림치즈 필링 만들기 차가운 물에 판 젤라틴을 넣고 20분간 불린다. ★ 더운 여름철에는 얼음물을 사용하면 좋아요.

05

볼에 크림치즈를 넣고 핸드믹서의 거품기로 낮은 단에서 30초간 부드러운 상태가 될 때까지 푼다. 설탕을 넣고 30초간 더 섞는다.

06

떠먹는 플레인 요구르트를 넣고 핸드믹서의 거품기로 낮은 단에서 15초간 섞는다.

07

불린 젤라틴의 물기를 손으로 꼭 짠다. 큰 볼에 뜨거운 물을 넣고 그 위에 젤라틴이 담긴 볼을 올려 중탕하여 녹인다.

08

젤라틴에 반죽을 섞은 후 넣어요

녹인 젤라틴이 담긴 볼에 ⑥의 반죽을 한 주걱 넣어 섞는다. 다시 반죽에 넣고 주걱으로 아래에서 위로 뒤집듯이 반죽을 섞는다. ★ 볼 바닥에 녹인 젤라틴이 남아있지 않도록 골고루 섞으세요.

09

다른 볼에 생크림을 넣고 핸드믹서의 거품기로 중간 단에서 40~50초간 휘핑한다. ★ 핸드믹서 자국이 살짝 남을 정도의 부드러운 상태로 휘핑하세요.

10

⑧의 볼에 휘핑한 생크림을 넣고 주걱으로 아래에서 위로 뒤집듯이 재빨리 섞는다. ★ 젤라틴은 반죽의 온도가 25℃ 정도가 되면 천천히 굳기 시작하니 재빨리 섞으세요.

11

②의 스펀지 케이크에 붓으로 커피시럽 1/2분량을 촉촉하게 바른 후 크림치즈 필링 1/2분량을 채운다. ★ 젤라틴을 넣은 크림치즈 필링이 굳을 수 있으니 재빨리 커피 시럽을 바르고 필링을 채우세요.

12

슬라이스한 스펀지 케이크를 올리고 나머지 커피시럽을 촉촉하게 바른다.
★ 커피 시럽은 기호에 따라 바르는 양을 조절해도 좋아요.

13

나머지 크림치즈 필링을 채우고 스크래퍼로 윗면을 편편하게 정리한다.

14

냉장실에서 2~3시간 동안 굳힌 후 코코아가루를 뿌려 장식한다.
★ 다크커버춰 초콜릿을 숟가락으로 얇게 긁어 윗면에 장식해도 좋아요. 236쪽 완성 사진 참고.

뉴욕 치즈 케이크

크림치즈를 듬뿍 넣어 진하게 구운 케이크로 뉴욕의 어느 레스토랑에서 인기를 얻어
'뉴욕 치즈 케이크'라 불려지기 시작했어요. 크림치즈는 다른 치즈들에 비해 깊은 맛은 없지만,
산뜻한 새콤함이 디저트 등에 잘 어울려 널리 사용되기 시작했다고 해요.

지름 18cm 케이크 틀 1개분 | 1시간 10분~1시간 20분(+오븐에서 식히기 1시간) | 180℃ | 밀폐용기 _ 3~5℃ 냉장실 3일

재료

- □ 통밀 비스켓 100g
- □ 녹인 버터 35g
- □ 실온에 둔 크림치즈 380g
- □ 실온에 둔 버터 30g
- □ 떠먹는 플레인 요구르트 80g
- □ 설탕 150g
- □ 달걀 2개
- □ 생크림 150㎖
- □ 옥수수 전분 3큰술

도구 준비하기

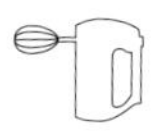

볼 주걱 핸드믹서 체 원형 케이크 틀

재료 준비하기

1 크림치즈, 버터, 달걀, 플레인 요구르트는 1시간 전에 냉장실에서 꺼내 실온에 둔다.
2 옥수수 전분은 체 친다.
3 생크림은 전자레인지(700W)에서 20~30초간 데운다.

01

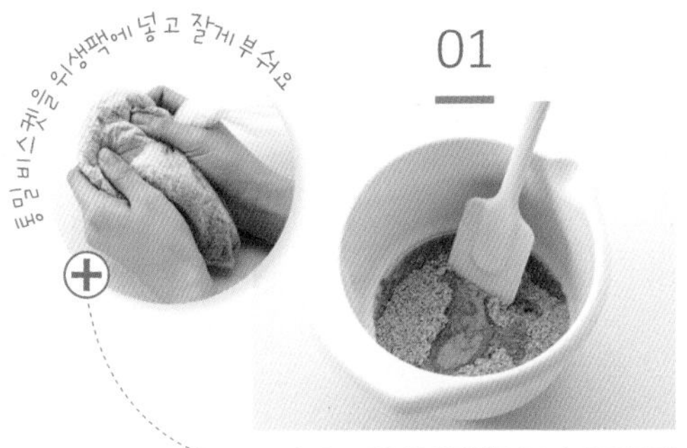

통밀 비스켓을 위생팩에 넣고 손으로 잘게 부순다. 볼에 통밀 비스켓, 녹인 버터를 넣어 섞는다. ★ 위생팩에 넣어 밀대로 밀거나, 푸드 프로세서에 넣고 곱게 갈아도 좋아요.

02

유산지를 깐 원형 틀 바닥에 ①을 넣은 후 숟가락으로 꾹꾹 눌러 편편하게 만든다. 냉장실에 넣어 15분 이상 굳힌다.
★ 유산지 깔기 26쪽 참고

03

반죽 만들기 볼에 크림치즈와 버터를 넣고 핸드믹서의 거품기로 중간 단에서 30초간 살살 푼다. **오븐 예열**

04

떠먹는 플레인 요구르트를 넣고 핸드믹서의 거품기로 낮은 단에서 20초간 섞는다.

05

설탕을 넣고 핸드믹서의 거품기로 낮은 단에서 20초간 섞는다.

06

달걀 한 개를 넣고 핸드믹서의 거품기로 낮은 단에서 15초간 섞는다. 나머지 달걀도 같은 방법으로 섞는다.

07

따뜻한 생크림을 넣고 핸드믹서의 거품기로 낮은 단에서 10초간 섞는다.

08

체 친 옥수수 전분을 넣고 핸드믹서의 거품기로 낮은 단에서 10초간 섞는다.

09

②의 원형 틀 안에 반죽을 채운다.

10

굽기 180℃로 예열된 오븐의 가운데 칸에서 20분간 굽는다. 온도를 160℃로 낮추고 30~40분간 더 굽는다. 오븐을 끄고 오븐 문을 살짝 연 후 30분~1시간 동안 식힌다. ★ 오븐 안에서 남은 열로 천천히 식히면 주저앉지 않아요. 오븐에서 식힌 후 냉장실에서 1일 정도 뒀다 먹으면 식감이 더 쫄깃해져요.

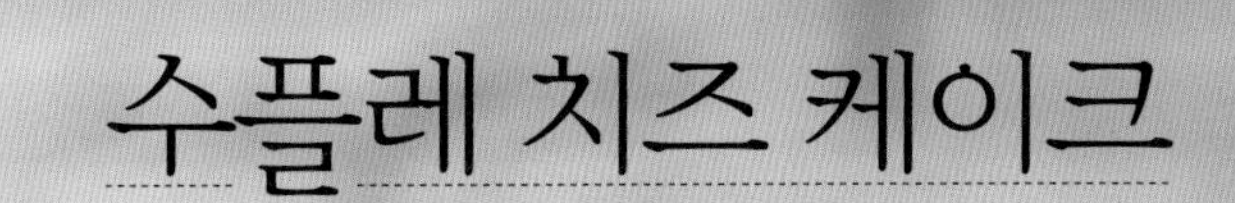

수플레 치즈 케이크

수플레(Soufflé)는 '부풀다'라는 프랑스어예요. 수플레 치즈 케이크는
반죽에 머랭을 섞고 중탕으로 구워 가볍고 촉촉한 식감이 특징이에요.
부풀어 오른 수플레 치즈 케이크는 오븐 안의 남은 열로 천천히 식혀야 꺼지지 않는답니다.

지름 18cm 케이크 틀 1개분 | 1시간 10분~1시간 20분 | 180℃ | 밀폐용기 _ 3~5℃ 냉장실 2일

재료

스펀지 케이크
- □ 달걀 3개
- □ 설탕 100g
- □ 박력분 90g
- □ 녹인 버터 20g

크림치즈 필링
- □ 실온에 둔 크림치즈 250g
- □ 슈가파우더 45g
- □ 달걀노른자 3개분
- □ 떠먹는 플레인 요구르트 160g
- □ 우유 20㎖
- □ 레몬즙 1큰술
- □ 박력분 30g
- □ 달걀흰자 3개분
- □ 설탕 45g

도구 준비하기

볼

주걱

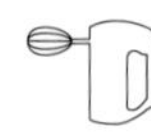
핸드믹서

체

원형 케이크 틀

사각틀

재료 준비하기

1 크림치즈, 떠먹는 플레인 요구르트는 1시간 전에 냉장실에서 꺼내 실온에 둔다.
2 박력분은 체 친다.
3 달걀은 노른자와 흰자로 나눈 후 흰자는 냉장실에 넣어둔다.

01

스펀지 케이크 준비하기 205쪽을 참고하여 스펀지 케이크를 만든다. 1.5cm 두께로 슬라이스 한다. ★ 남은 스펀지 케이크는 냉동실에서 15일간 보관이 가능해요. 실온에서 1시간 정도 해동 후 다른 케이크를 만들 때 사용해요.

02

유산지를 깐 원형 틀 바닥에 슬라이스한 스펀지 케이크를 넣는다. ★ 수플레 치즈 케이크는 중탕으로 굽기 때문에 일체형 원형 틀을 사용해요. 분리형 틀을 사용할 경우 아랫면을 알루미늄 포일로 감싸 사용하세요.

03

반죽 만들기 볼에 크림치즈를 넣고 핸드믹서의 거품기로 낮은 단에서 30초간 푼다. 슈가파우더를 넣고 15~30초간 더 섞는다. 오븐 예열

04

달걀노른자를 넣고 핸드믹서의 거품기로 낮은 단에서 30초간 섞는다. 떠먹는 플레인 요구르트를 넣고 10초간 더 섞는다.

05

우유와 레몬즙을 넣고 핸드믹서의 거품기로 낮은 단에서 10초간 섞는다.

06

체 친 박력분을 넣고 핸드믹서의 거품기로 낮은 단에서 10초간 섞는다.

07

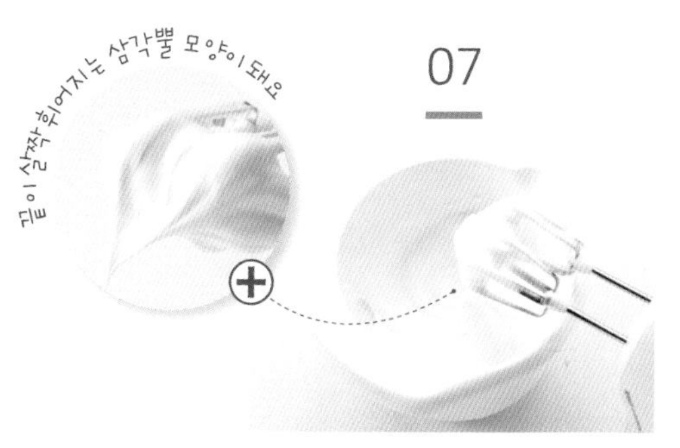

다른 볼에 달걀흰자를 넣고 핸드믹서의 거품기로 높은 단에서 15초간 휘핑한 후 설탕을 넣고 30초간 더 휘핑한다. ★ 거품기로 거품을 들어 올렸을 때 끝이 살짝 휘어지는 삼각뿔 모양이 될 때까지 휘핑하세요.

08

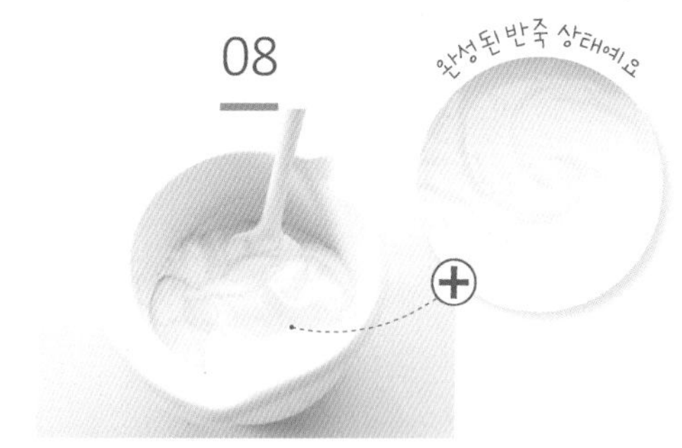

⑥의 볼에 ⑦의 머랭을 2번에 나누어 넣으며 주걱으로 아래에서 위로 뒤집듯이 재빨리 섞는다.

09

②의 원형 틀 안에 반죽을 채운다. 20×20cm 사각 틀 또는 깊이가 있는 오븐용 팬에 따뜻한 물을 담고 그 위에 반죽을 채운 원형 틀을 넣는다. ★ 중탕으로 구우면 더욱 촉촉하고 부드러운 치즈 케이크가 돼요.

10

굽기 160℃로 예열된 오븐의 가운데 칸에서 50~60분간 굽는다. 오븐을 끄고 오븐 문을 살짝 연 후 30분~1시간 동안 식힌다.
★ 오븐 안에서 남은 열로 천천히 식히면 주저앉지 않아요.

쉽고 다양한 케이크 장식

휘핑한 생크림으로 스펀지 케이크를 아이싱하고 원형 깍지, 별모양 깍지를 이용해 다양하게 장식해 보세요. 생크림에 식용 색소를 넣어 다양한 색을 내도 좋아요.

재료

- □ 스펀지 케이크 (지름 18cm 1개분)
  ★스펀지 케이크 만들기 205쪽 참고
- □ 생크림 500㎖
- □ 설탕 50g
- □ 식용 색소 약간(생략 가능)

케이크 아이싱

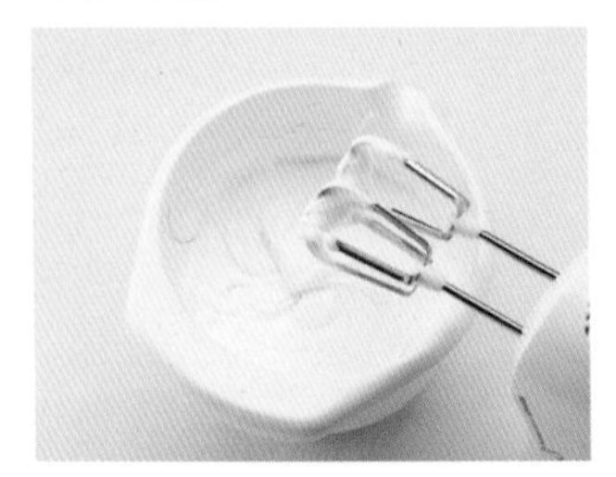

01 볼에 생크림과 설탕을 넣고 핸드믹서의 거품기로 높은 단에서 1분 30초~2분간 휘핑한다.

02 슬라이스한 스펀지 케이크에 휘핑한 생크림 한 주걱을 올린다. 스패튤라를 좌우로 움직여 생크림을 살짝 누른다는 느낌으로 펴 바른다. 나머지 스펀지 케이크를 같은 방법으로 올린다.

03 스펀지 케이크 윗면에 생크림 두 주걱을 올리고 스패튤라로 펴 바른다. 사진과 같은 위치에 스패튤라를 고정하고 크림을 살짝 누른다는 느낌으로 돌림판을 돌려가며 매끈하게 펴 바른다.

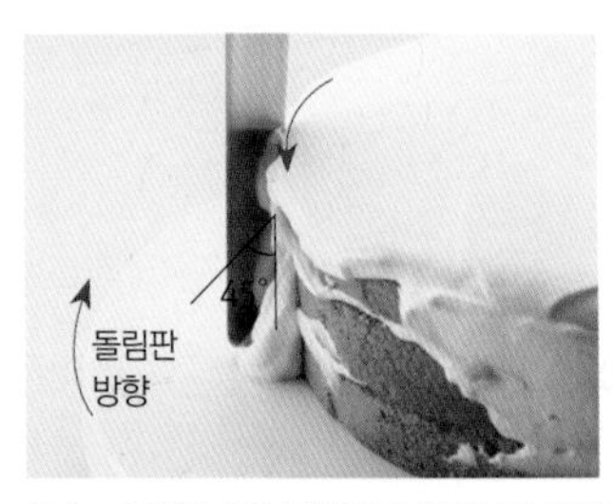

04 스패튤라를 사진처럼 수직으로 세우고 45°로 벌린 후 돌림판을 돌려가며 옆면에 크림을 바른다.

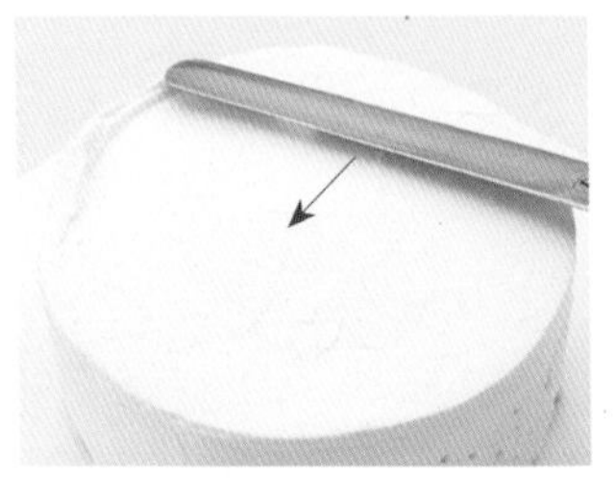

05 윗면 가장자리는 스패튤라를 밖에서 안으로 스치듯 움직여 생크림을 매끈하게 정리한다.

06 남은 크림에 식용 색소를 넣어 색을 만든다. 깍지를 끼운 짤주머니에 크림을 넣고 끝 부분을 비틀어 오므린다.
★짤주머니 사용하기 27쪽 참고

꽃 모양 (별모양 깍지)
짤주머니를 수직으로 세우고 깍지 끝을 바닥에서 1cm 정도 높이로 띄운다. 살짝 힘을 줘 크림이 부풀어 오를 때까지 짠 후 힘을 빼며 짤주머니를 위로 가볍게 올린다.

쉘 모양 (별모양 깍지)
짤주머니를 45°로 세우고 바닥에서 1cm 정도 높이로 띄운다. 살짝 힘을 줘 크림을 짠 후 힘을 빼며 깍지 끝을 위로 들어올렸다 크림을 짠 반대 방향으로 내린다. 같은 방법으로 끝 부분을 연결해 짠다.

물결 모양 (별모양 깍지)
짤주머니를 수직으로 세우고 깍지 끝을 바닥에서 1cm 정도 높이로 띄운다. 살짝 힘을 줘 크림이 짜면서 왼쪽에서 오른쪽으로 손목을 움직여가며 물결 모양으로 짠다.

하트 모양(원형 깍지)
짤주머니를 수직으로 세우고 깍지 끝을 바닥에서 1cm 정도 높이로 띄운다. 살짝 힘을 줘 크림을 짠 후 힘을 빼며 끝 부분을 길게 늘어트린다. 방향을 45°정도 틀어 같은 방법으로 연결해 짠다.

원뿔 모양(원형 깍지)
짤주머니를 수직으로 세우고 깍지 끝을 바닥에서 1cm 정도 높이로 띄운다. 살짝 힘을 줘 크림이 부풀어 오를 때까지 짠 후 힘을 빼며 짤주머니를 위로 가볍게 올린다.

물방울 모양(원형 깍지)
짤주머니를 45°로 세우고 바닥에서 1cm 정도 높이로 띄운다. 살짝 힘을 줘 크림이 동그랗게 부풀어 오를 때까지 짠 후 힘을 빼며 크림을 짠 반대 방향으로 내린다. 같은 방법으로 끝 부분을 연결해 짠다.

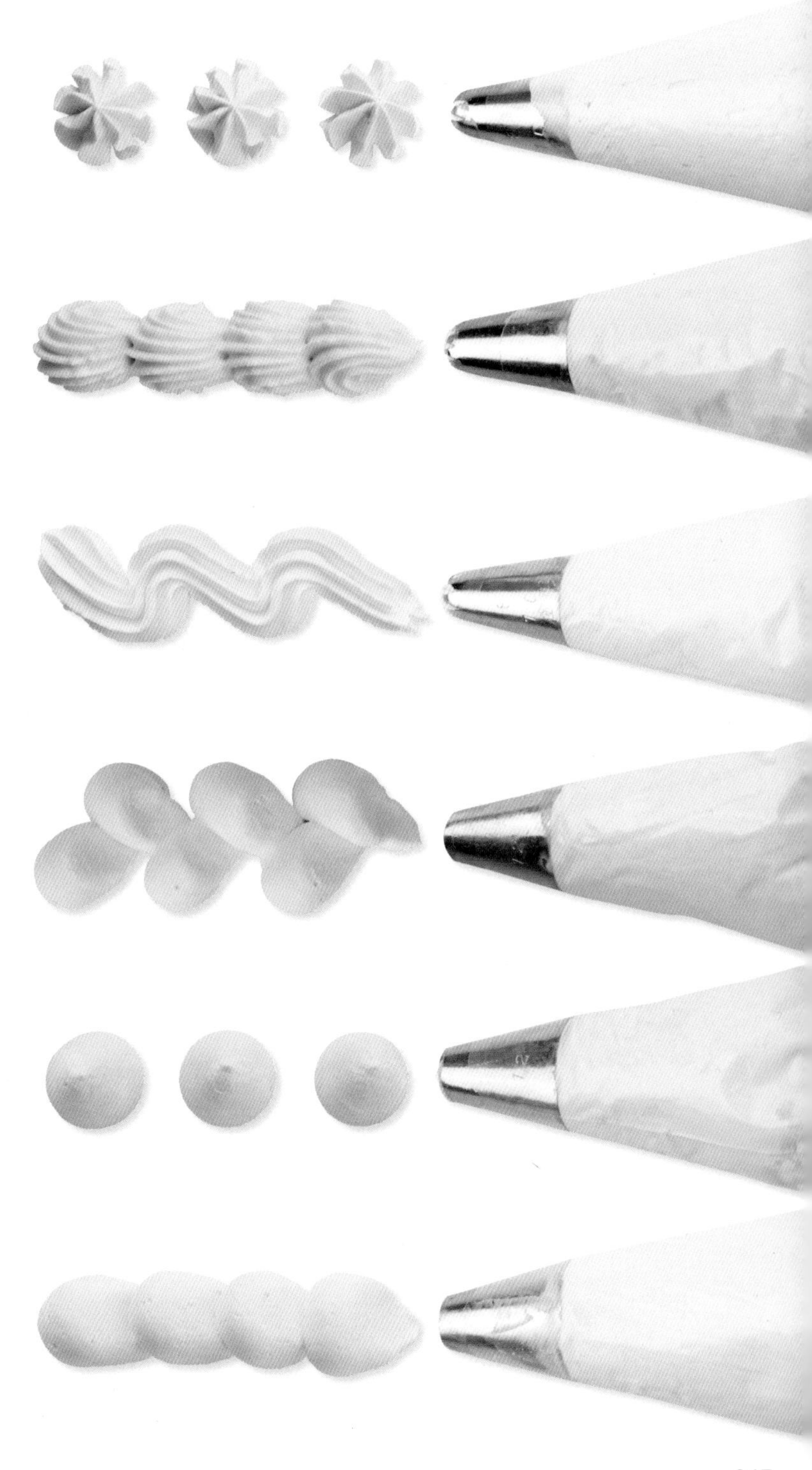

BREAD

집에서 만드는 베이커리 전문점 인기 브레드 12가지

간단한 아침 식사, 브런치, 간식으로
즐겨먹던 빵을 집에서 직접 만들어보세요.
베이커리 전문점 부동의 판매 1위 식빵부터
젊은 주부들에게 사랑 받는 치아바타,
포카치아, 어른들이 좋아하는 소보로빵,
단팥빵까지 모두 소개합니다.

손 반죽하기 빵 반죽은 만드는 사람의 힘에 따라 반죽 시간이 달라져요. 힘이 약하다면 반죽 시간을 5~10분 정도 늘려 반죽하세요.

제빵기로 반죽하기 빵 반죽은 1차 발효까지 제빵기를 이용하면 편리해요. ★ 제빵기 사용법 29쪽 참고

① 발효하기 전 체크하세요
발효가 부족하면 빵의 크기가 작아지고 맛에 영향을 줍니다. 온도가 낮은 겨울철, 또는 실내 온도가 27℃ 이하라면 1차 발효시간을 10~20분 정도 늘리세요. 2차 발효는 원하는 완성 크기의 70~80%정도로 부풀 때까지 발효시키세요.

소보로빵

소보로빵은 달콤한 반죽의 빵 위에 고소한 크럼블을 올려 구운 빵이에요.
소보로(そぼろ)는 일본어로 '생선을 으깨어 볶은 것'으로 윗면에 올린
크럼블 모양이 이것과 닮아 소보로빵이라 불리기 시작했다고 해요.

지름 8cm, 8개분 | 3시간~3시간 15분(발효시간 포함) | 200℃ | 밀폐용기 _ 실온 2일

재료

- □ 강력분 200g
- □ 박력분 50g
- □ 설탕 30g
- □ 소금 1작은술
- □ 인스턴트 드라이이스트 1작은술
- □ 물 40㎖
- □ 우유 50㎖
- □ 실온에 둔 달걀 1개
- □ 실온에 둔 버터 30g

크럼블

- □ 실온에 둔 버터 40g
- □ 땅콩버터 25g
- □ 설탕 60g
- □ 우유 2작은술
- □ 박력분 100g
- □ 베이킹소다 1/4작은술

달걀물

- □ 달걀노른자 1개분
- □ 우유 2큰술

도구 준비하기

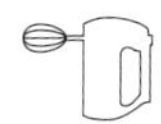
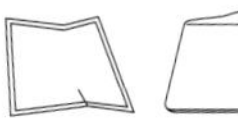

볼 거품기 스크래퍼 핸드믹서 면보 오븐 팬

재료 준비하기

1 달걀, 버터는 1시간 전에 냉장실에서 꺼내 실온에 둔다.
2 반죽용 강력분, 박력분은 함께 체 치고, 크럼블용 박력분, 베이킹소다를 함께 체 친다.
3 물과 우유를 함께 섞어 중탕(또는 전자레인지)으로 따뜻하게 데운 후 달걀을 넣어 푼다.

01

반죽 만들기 큰 볼에 체 친 강력분, 박력분, 설탕, 소금, 인스턴트 드라이이스트를 넣고 거품기로 골고루 섞는다.

02

볼 가운데 오목하게 홈을 만든 후 따뜻하게 (35~43℃) 데운 물, 우유, 달걀을 넣는다.
★ 액체 재료의 온도가 60℃ 이상이 되면 이스트가 죽을 수 있으니 주의하세요.

03

②의 반죽이 한 덩어리가 될 때까지 주걱으로 섞은 후 손으로 빨래하듯이 힘을 주며 2분~2분 30초간 반죽한다.
★ 처음에는 손에 반죽이 많이 묻으나 치댈수록 손에 묻지 않아요.

04

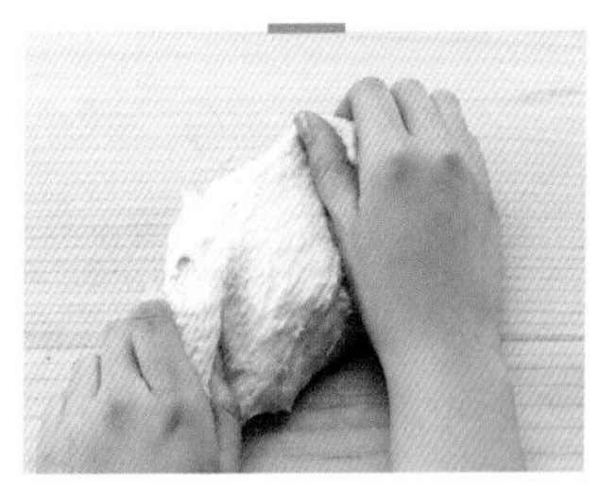

반죽이 한 덩어리가 되면 도마 또는 작업대 위에 올린다. 반죽을 양손으로 잡고 바닥에 짓이기듯이 손바닥으로 눌러 편다. 다시 반으로 접어 눌러 펴며 10~15분간 반죽한다.

05

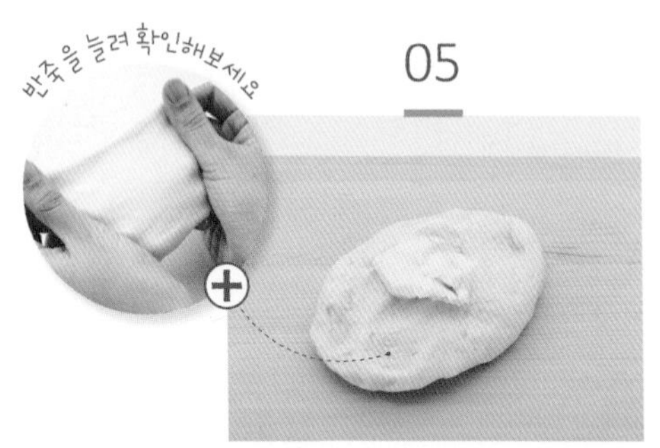

버터를 넣고 감싸 짓이기듯이 5분간 더 반죽한다. ★ 반죽을 얇게 늘렸을 때 찢어지지 않고 지문이 비칠 때까지 늘어나며, 윤기가 날 때까지 충분히 반죽하세요.

06

사진처럼 양손의 날로 반죽을 살살 돌려가며 둥글리기 한 후 볼에 넣는다. ★ 볼에 녹인 버터를 살짝 발라주면 발효 후 반죽이 잘 떨어져요.

07

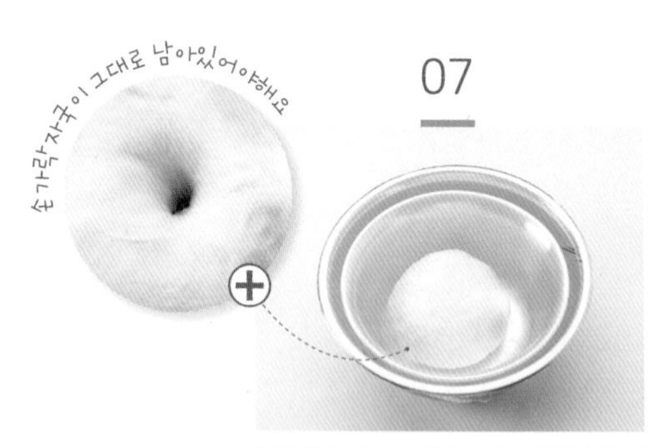

큰 볼에 뜨거운 물을 넣고 그 위에 ⑥의 볼을 올린 후 랩을 씌운다. 따뜻한 곳(28~30℃)에서 40~60분간 반죽이 2배의 크기가 될 때까지 1차 발효시킨다. ★ 손가락으로 반죽을 눌렀을 때 자국이 남아있으면 발효가 잘된 거예요.

08

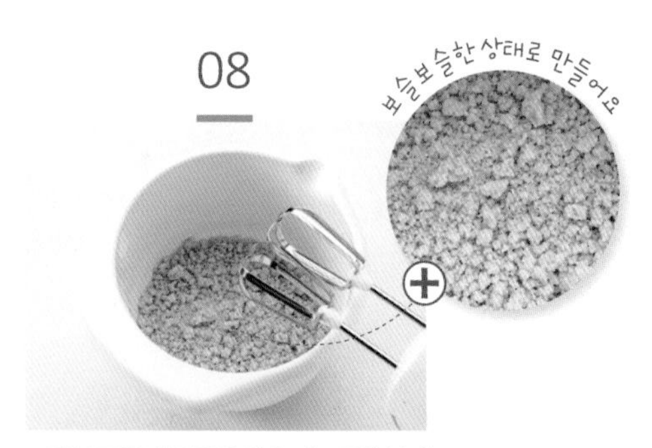

크럼블 만들기 반죽이 발효되는 동안 볼에 크럼블용 재료를 모두 넣고 핸드믹서의 거품기로 낮은 단에서 20~30초간 섞는다. ★ 너무 많이 섞어 한 덩어리가 되었다면 손으로 잘게 부숴도 돼요.

09

덧밀가루를 뿌린 도마나 작업대 위에 ⑦의 반죽을 올린다. 손바닥으로 눌러 가스를 뺀 후 스크래퍼로 약 55g씩 8등분한다. ★ 반죽하는 방법에 따라 반죽 양이 조금씩 달라질 수 있어요. 총 무게를 저울로 잰 후 8등분하세요.

10

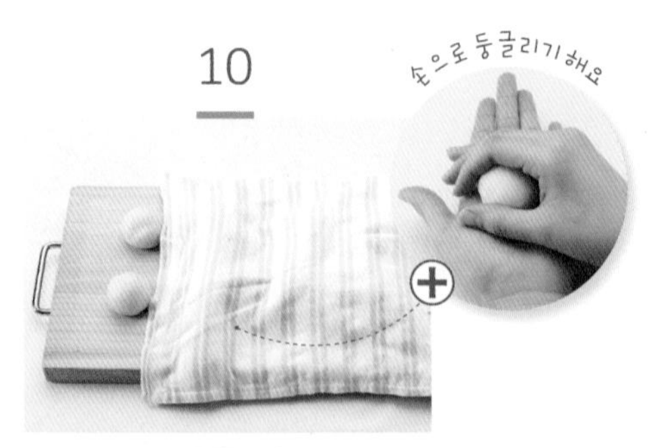

손으로 둥글리기 한 후 젖은 면보(또는 비닐)를 덮어 실온(27℃)에서 15~20분간 중간 발효시킨다.

11

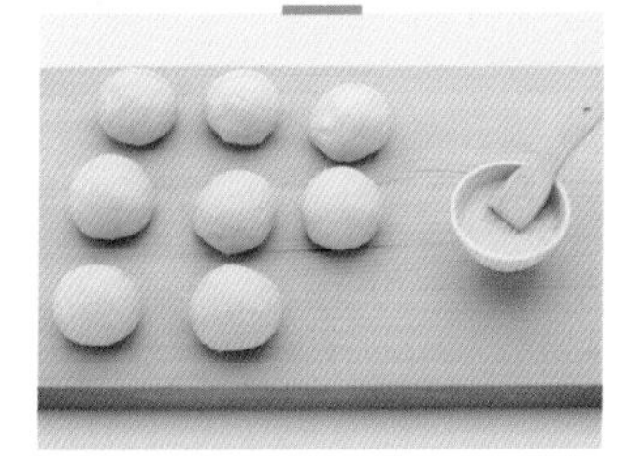

반죽을 다시 한 번 가볍게 눌러 가스를 빼며 둥글리기 한다. 윗면에 붓으로 살살 달걀물을 바른다.

12

비닐 위에 크럼블(30g)을 올리고 달걀물을 바른 쪽 반죽이 아래로 가도록 올린다. 사진처럼 비닐로 감싸 꾹꾹 눌러 크럼블을 붙인다.

13

유산지를 깐 오븐 팬 위에 올리고 손바닥으로 둥글 납작하게 누른다. 젖은 면보(또는 비닐)를 덮어 따뜻한 곳(28~30℃)에서 45~50분간 2차 발효시킨다. **오븐 예열**

14

굽기 200℃로 예열된 오븐의 가운데 칸에서 12~15분간 굽는다. 식힘망에 올려 식힌다.
★ 굽는 중간 틀을 한 번 돌려주면 골고루 구워져요. 팬의 크기에 따라 2회로 나눠 구워요.

Tip

작은 오븐으로 빵굽는 법

오븐이 작아 빵을 한번에 구울 수 없다면 중간 발효 후(과정 ⑩에서 둥글리기까지 한 후) 반죽의 1/2 분량은 윗면에 비닐을 덮어 냉장실에 넣고 저온 발효 시켜주세요. 굽기 약 40분 전에 냉장실에서 꺼내어 달걀물을 바르고 크럼블을 붙인 후 30~35분간 2차 발효시켜요. 200℃의 오븐에서 12~15분간 구우세요.

단팥빵

달콤한 앙금을 넣고 부드러운 반죽으로 만든 단팥빵은 특히 어른들이 좋아하는 빵이에요.
적앙금 대신 백앙금 또는 녹두앙금을 사용하거나 기호에 따라
앙금 속에 잘게 다진 호두를 넣어 만들어도 좋아요.

지름 8cm, 8개분 | 3시간~3시간 15분(발효시간 포함) | 200℃ | 밀폐용기 _ 실온 2일

재료

- □ 강력분 175g
- □ 박력분 75g
- □ 설탕 40g
- □ 소금 1/2작은술
- □ 인스턴트 드라이이스트 1작은술
- □ 물 80㎖
- □ 우유 20㎖
- □ 실온에 둔 달걀 1개
- □ 실온에 둔 버터 30g

필링

- □ 적앙금 400g

달걀물

- □ 달걀노른자 1개분
- □ 우유 2큰술

도구 준비하기

볼

거품기

스크래퍼

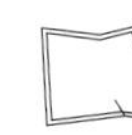
면보

오븐 팬

재료 준비하기

1 버터, 달걀, 필링용 앙금을 1시간 전에 냉장실에서 꺼내 실온에 둔다.
2 강력분, 박력분은 함께 체 친다.
3 물과 우유를 함께 섞어 중탕(또는 전자레인지)으로 따뜻하게 데운 후 달걀을 넣어 푼다.

01

반죽 만들기 큰 볼에 체 친 강력분, 박력분, 설탕, 소금, 인스턴트 드라이이스트를 넣고 거품기로 골고루 섞는다.

02

볼 가운데 오목하게 홈을 만든 후 따뜻하게 (35~43℃) 데운 물, 우유, 달걀을 넣는다.
★ 액체 재료의 온도가 60℃ 이상이 되면 이스트가 죽을 수 있으니 주의하세요.

03

②의 반죽이 한 덩어리가 될 때까지 주걱으로 섞은 후 손으로 빨래하듯이 힘을 주며 2분~2분 30초간 반죽한다.
★ 처음에는 손에 반죽이 많이 묻으나 치댈수록 손에 묻지 않아요.

04

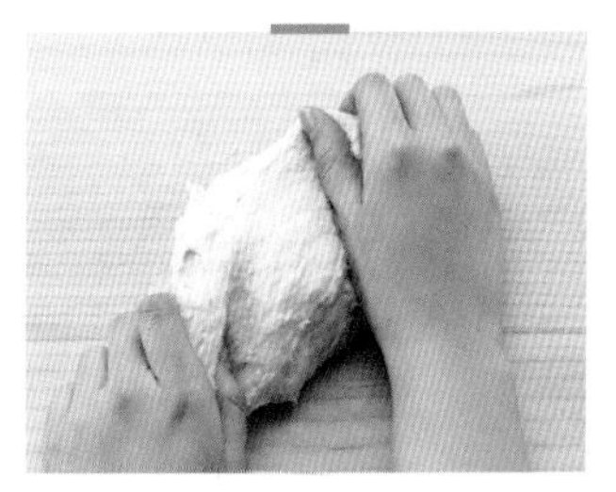

반죽이 한 덩어리가 되면 도마 또는 작업대 위에 올린다. 반죽을 양손으로 잡고 바닥에 짓이기듯이 손바닥으로 눌러 편다. 다시 반으로 접어 눌러 펴며 10~15분간 반죽한다.

05

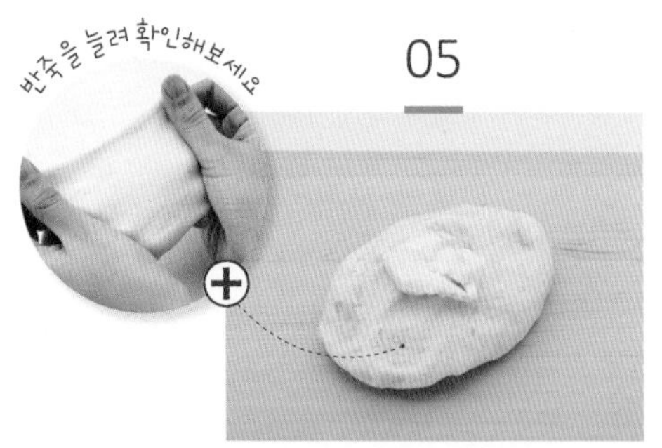

버터를 넣고 감싸 짓이기듯이 5분간 더 반죽한다. ★ 반죽을 얇게 늘렸을 때 찢어지지 않고 지문이 비칠 때까지 늘어나며, 윤기가 날 때까지 충분히 반죽하세요.

06

사진처럼 양손의 날로 반죽을 살살 돌려가며 둥글리기 한 후 볼에 넣는다. ★ 볼에 녹인 버터를 살짝 발라주면 발효 후 반죽이 잘 떨어져요.

07

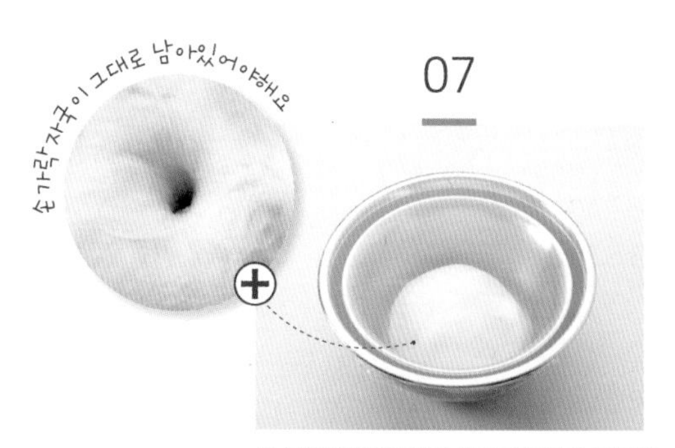

큰 볼에 뜨거운 물을 넣고 그 위에 ⑥의 볼을 올린 후 랩을 씌운다. 따뜻한 곳(28~30℃)에서 40~60분간 반죽이 2배의 크기가 될 때까지 1차 발효시킨다. ★ 손가락으로 반죽을 눌렀을 때 자국이 남아있으면 발효가 잘된 거예요.

08

필링 준비하기 반죽이 발효되는 동안 필링용 앙금을 50g씩 8개로 나눈 후 동그랗게 빚는다.

09

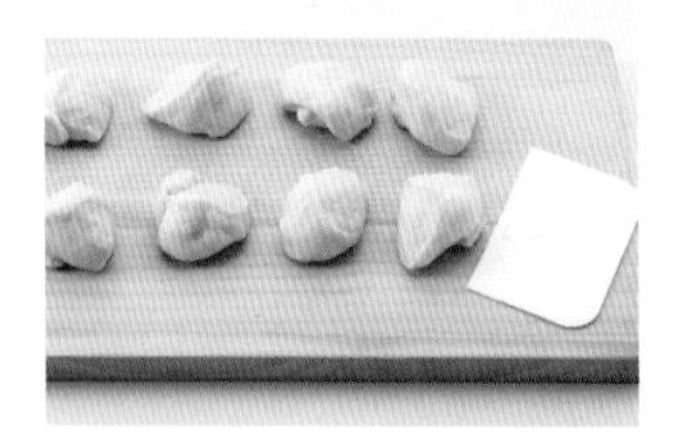

덧밀가루를 뿌린 도마나 작업대 위에 ⑦의 반죽을 올린다. 손바닥으로 눌러 가스를 뺀 후 스크래퍼로 55g씩 8등분한다. ★ 반죽하는 방법에 따라 반죽 양이 조금씩 달라질 수 있어요. 총 무게를 저울로 잰 후 8등분하세요.

10

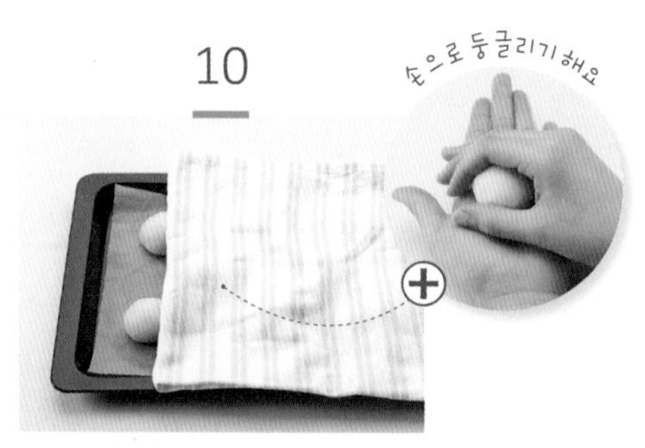

손으로 둥글리기 한 후 젖은 면보(또는 비닐)를 덮어 실온(27℃)에서 15~20분간 중간 발효시킨다.

11

반죽을 둥글 납작하게 누른 후 가운데 앙금을 넣고 송편을 빚듯 오므린다. 이음새를 꼭꼭 꼬집어 붙인 후 동그랗게 둥글리기 한다.
★ 앙금을 넣어 동그랗게 만든 후 엄지 손가락으로 꾹 눌러 모양을 내도 좋아요.

12

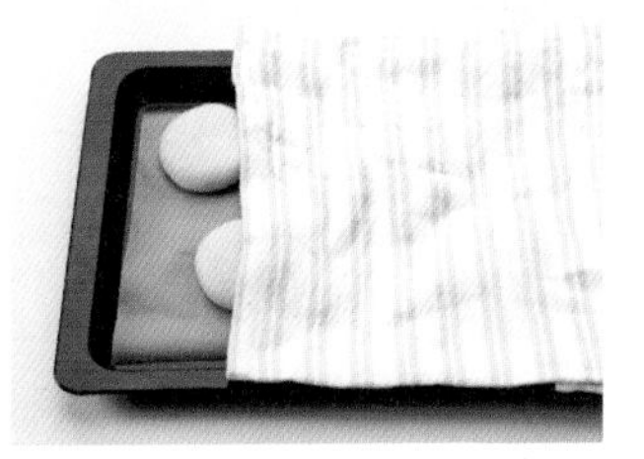

유산지를 깐 오븐 팬 위에 올리고 손바닥으로 둥글 납작하게 누른다. 젖은 면보(또는 비닐)를 덮어 따뜻한 곳(28~30℃)에서 45~50분간 2차 발효시킨다. **오븐 예열**

13

윗면에 붓으로 살살 달걀물을 바른다.
★ 달걀물 대신 우유를 바르면 약간 노릇하고, 윤기나게 구워져요.

14

굽기 200℃로 예열된 오븐의 가운데 칸에서 12~15분간 굽는다. 식힘망에 올려 식힌다.
★ 굽는 중간 틀을 한 번 돌려주면 골고루 구워져요. 팬의 크기에 따라 2회로 나눠 구워요.

모카번

번(Bun)은 프랑스어로 '우유를 넣은 작고 둥근 빵'을 뜻하는 단어예요.
모카번은 빵 속에 짭짤한 버터를 넣고 윗면에는 달콤한 커피향 토핑을 올려
달콤 짭짤한 두 가지 맛을 즐길 수 있는 매력적인 빵이랍니다.

지름 11cm, 8개분 | 3시간~3시간 15분(발효시간 포함) | 200℃ | 밀폐용기 _ 실온 2일

재료

- □ 강력분 200g
- □ 설탕 40g
- □ 소금 1작은술
- □ 인스턴트 드라이이스트 1작은술
- □ 우유 80㎖
- □ 실온에 둔 달걀 1개
- □ 실온에 둔 버터 50g

필링

- □ 실온에 둔 버터 100g
- □ 소금 1/4작은술

토핑

- □ 실온에 둔 버터 45g
- □ 설탕 30g
- □ 달걀 1/2개
- □ 우유 1작은술
- □ 박력분 45g
- □ 베이킹파우더 1/8작은술
- □ 입자가 작은 인스턴트 커피가루 3g

도구 준비하기

재료 준비하기

1 달걀, 버터는 1시간 전에 냉장실에서 꺼내 실온에 둔다.
2 반죽용 강력분은 체 친다.
토핑용 박력분과 베이킹파우더는 함께 체 친다.
3 반죽용 우유는 중탕(또는 전자레인지)으로 따뜻하게 데운 후 달걀을 넣어 푼다.

01

반죽 만들기 큰 볼에 체 친 강력분, 설탕, 소금, 인스턴트 드라이이스트를 넣고 거품기로 골고루 섞는다.

02

볼 가운데 오목하게 홈을 만든 후 따뜻하게 (35~43℃) 데운 우유, 달걀을 넣는다.
★ 액체 재료의 온도가 60℃ 이상이 되면 이스트가 죽을 수 있으니 주의하세요.

03

②의 반죽이 한 덩어리가 될 때까지 주걱으로 섞은 후 손으로 빨래하듯이 힘을 주며 2분~2분 30초간 반죽한다.
★ 처음에는 손에 반죽이 많이 묻으나 치댈수록 손에 묻지 않아요.

04

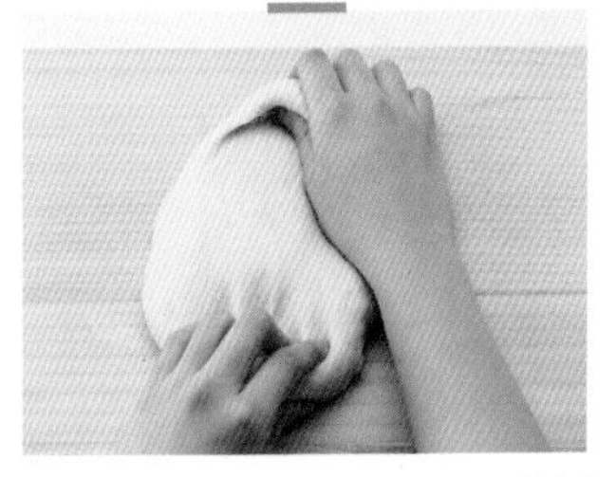

반죽이 한 덩어리가 되면 도마 또는 작업대 위에 올린다. 반죽을 양손으로 잡고 바닥에 짓이기듯이 손바닥으로 눌러 편다. 다시 반으로 접어 눌러 펴며 10~15분간 반죽한다.

05

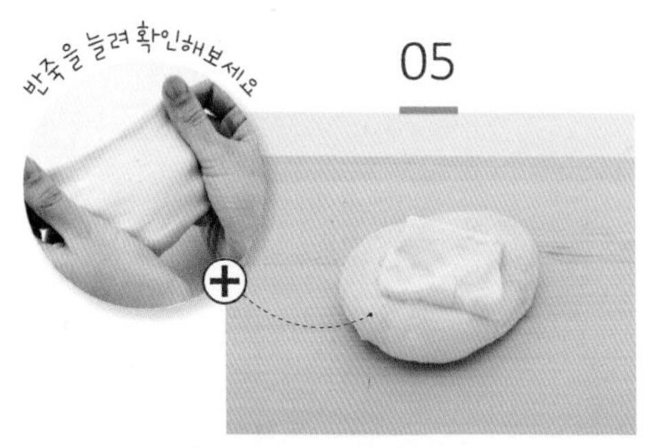

버터를 넣고 감싸 짓이기듯이 5분간 더 반죽한다. ★ 반죽을 얇게 늘렸을 때 찢어지지 않고 지문이 비칠 때까지 늘어나며, 윤기가 날 때까지 충분히 반죽하세요.

06

사진처럼 양손의 날로 반죽을 살살 돌려가며 둥글리기 한 후 볼에 넣는다. ★ 볼에 녹인 버터를 살짝 발라주면 발효 후 반죽이 잘 떨어져요.

07

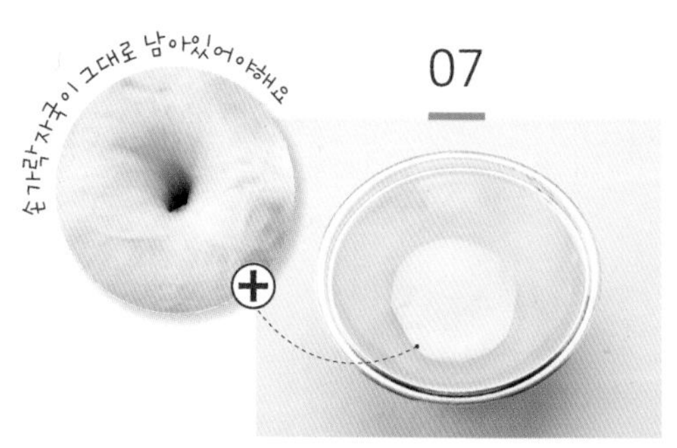

큰 볼에 뜨거운 물을 넣고 그 위에 ⑥의 볼을 올린 후 랩을 씌운다. 따뜻한 곳(28~30℃)에서 40~60분간 반죽이 2배의 크기가 될 때까지 1차 발효시킨다. ★ 손가락으로 반죽을 눌렀을 때 자국이 남아있으면 발효가 잘된 거예요.

08

필링 만들기 반죽이 발효되는 동안 볼에 필링용 버터와 소금을 넣고 거품기로 30초간 부드럽게 푼다. 짤주머니에 담고 끝의 1.5cm 지점을 가위로 자른다. ★ 가염 버터를 사용할 경우에는 소금을 생략하세요.

09

토핑 만들기 볼에 토핑용 버터를 넣고 핸드믹서의 거품기로 낮은 단에서 20초, 나머지 토핑 재료를 모두 넣고 30초간 섞는다. 짤주머니에 담고 끝의 1cm 지점을 가위로 자른다.

10

덧밀가루를 뿌린 도마나 작업대 위에 ⑦의 반죽을 올린다. 손바닥으로 눌러 가스를 뺀 후 스크래퍼로 약 55g씩 8등분한다. ★ 반죽하는 방법에 따라 반죽 양이 조금씩 달라질 수 있어요. 총 무게를 저울로 잰 후 8등분하세요.

11

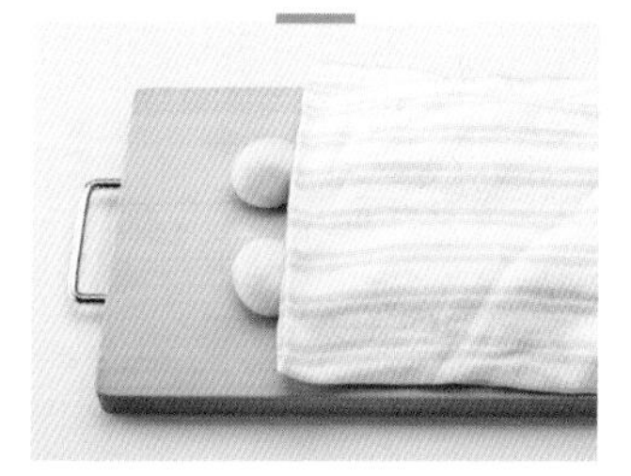

손으로 둥글리기 한 후 젖은 면보(또는 비닐)를 덮어 실온(27℃)에서 15~20분간 중간 발효시킨다.

12

이음새를 꼭꼭 집어 붙여요

반죽을 둥글 납작하게 누른 후 가운데 필링(약 12g)을 짜 넣고 송편을 빚듯 오므린다. 이음새를 꼭꼭 꼬집어 붙인 후 동그랗게 둥글리기 한다. ★ 이음새에 필링이 묻거나 벌어지면 구우면서 반죽이 터지니 꼼꼼히 붙여주세요.

13

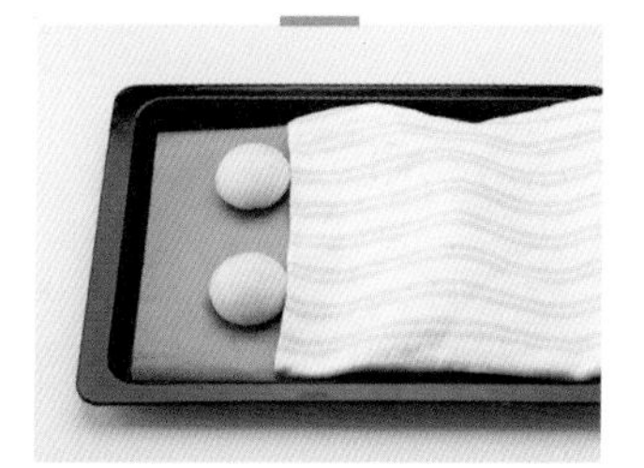

유산지를 깐 오븐 팬 위에 올린다. 젖은 면보(또는 비닐)를 덮어 따뜻한 곳(28~30℃)에서 45~50분간 2차 발효시킨다. 오븐 예열

14

굽기 반죽 위에 ⑨의 토핑을 사진처럼 달팽이 모양으로 짠다. 200℃로 예열된 오븐의 가운데 칸에서 12~15분간 굽는다. 식힘망에 올려 식힌다. ★ 굽는 중간 틀을 한 번 돌려주면 골고루 구워져요. 팬의 크기에 따라 2회로 나눠 구워요.

소시지 채소빵

필링을 넣고 돌돌 말아 달팽이 모양으로 만든
소시지 채소빵은 식사 대용으로 먹어도 좋아요.
먹기 직전에 오븐 또는 전자레인지로 따뜻하게
데워먹으면 더욱 맛있답니다.

지름 10cm, 12개분 | 3시간~3시간 15분(발효시간 포함) | 190℃ | 밀폐용기 _ 실온 2일

재료

- □ 강력분 200g
- □ 박력분 50g
- □ 설탕 25g
- □ 소금 1작은술
- □ 인스턴트 드라이이스트 1작은술
- □ 물 95㎖
- □ 실온에 둔 달걀 1개
- □ 실온에 둔 버터 30g

필링

- □ 양파 150g
- □ 소시지 120g
- □ 버터 15g
- □ 시판 토마토 스파게티 소스 5큰술
- □ 소금 1/8작은술
- □ 후춧가루 1/8작은술

도구 준비하기

볼 거품기 밀대 프라이팬 면보 오븐 팬

재료 준비하기

1 달걀, 버터는 1시간 전에 냉장실에서 꺼내 실온에 둔다.
2 강력분, 박력분은 함께 체 친다.
3 물은 중탕(또는 전자레인지)으로 따뜻하게 데운 후 달걀을 넣어 푼다.

01

반죽 만들기 큰 볼에 체 친 강력분, 박력분, 설탕, 소금, 인스턴트 드라이이스트를 넣고 거품기로 골고루 섞는다.

02

볼 가운데 오목하게 홈을 만든 후 따뜻하게 (35~43℃) 데운 물, 달걀을 넣는다.
★ 액체 재료의 온도가 60℃ 이상이 되면 이스트가 죽을 수 있으니 주의하세요.

03

②의 반죽이 한 덩어리가 될 때까지 주걱으로 섞은 후 손으로 빨래하듯이 힘을 주며 2분~2분 30초간 반죽한다.
★ 처음에는 손에 반죽이 많이 묻으나 치댈수록 손에 묻지 않아요.

04

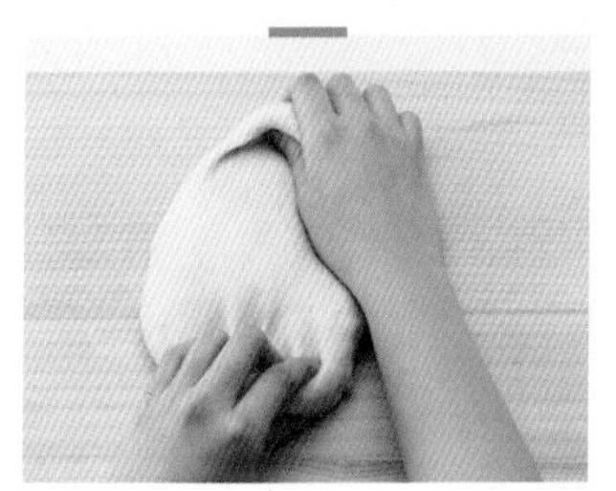

반죽이 한 덩어리가 되면 도마 또는 작업대 위에 올린다. 반죽을 양손으로 잡고 바닥에 짓이기듯이 손바닥으로 눌러 편다. 다시 반으로 접어 눌러 펴며 10~15분간 반죽한다.

05

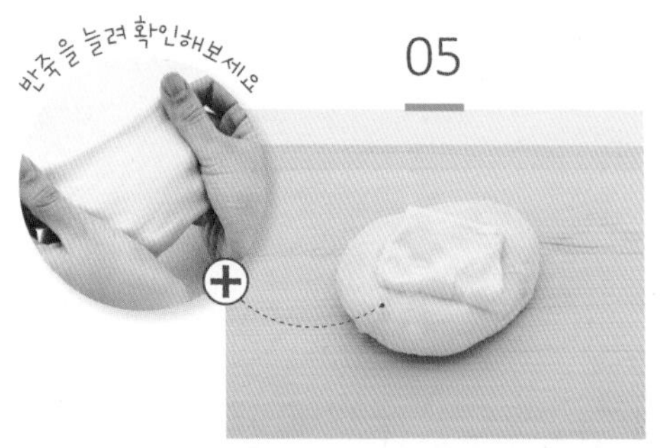

버터를 넣고 감싸 짓이기듯이 5분간 더 반죽한다. ★반죽을 얇게 늘렸을 때 찢어지지 않고 지문이 비칠 때까지 늘어나며, 윤기가 날 때까지 충분히 반죽하세요.

06

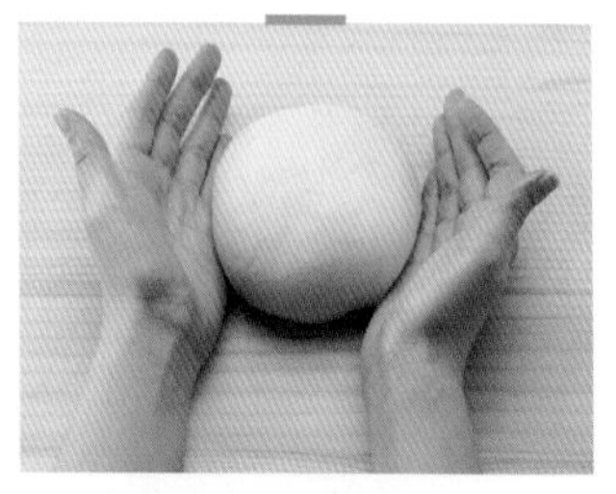

사진처럼 양손의 날로 반죽을 살살 돌려가며 둥글리기 한 후 볼에 넣는다. ★볼에 녹인 버터를 살짝 발라주면 발효 후 반죽이 잘 떨어져요.

07

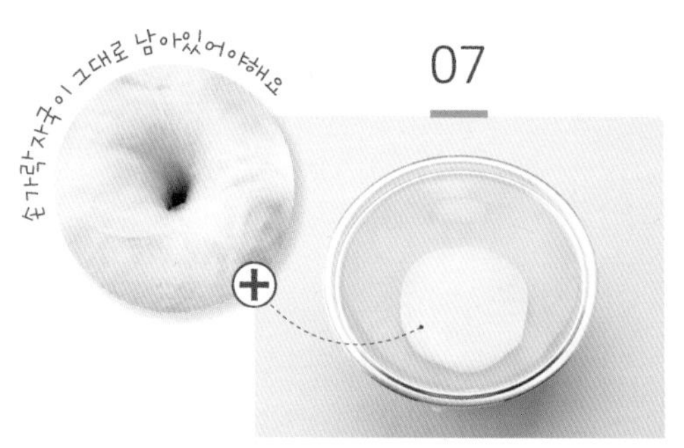

큰 볼에 뜨거운 물을 넣고 그 위에 ⑥의 볼을 올린 후 랩을 씌운다. 따뜻한 곳(28~30℃)에서 40~60분간 반죽이 2배의 크기가 될 때까지 1차 발효시킨다. ★손가락으로 반죽을 눌렀을 때 자국이 남아있으면 발효가 잘된 거예요.

08

필링 만들기 반죽이 발효되는 동안 양파와 소시지는 사방 0.5cm 크기로 썬다.

09

달군 팬에 버터를 넣어 녹인 후 양파, 소시지, 소금, 후춧가루를 넣는다. 중간 불에서 2분간 볶은 후 체에 밭쳐 식힌다. ★재료를 볶은 후 체에 밭쳐 수분을 제거해야 반죽이 질어지지 않아요.

10

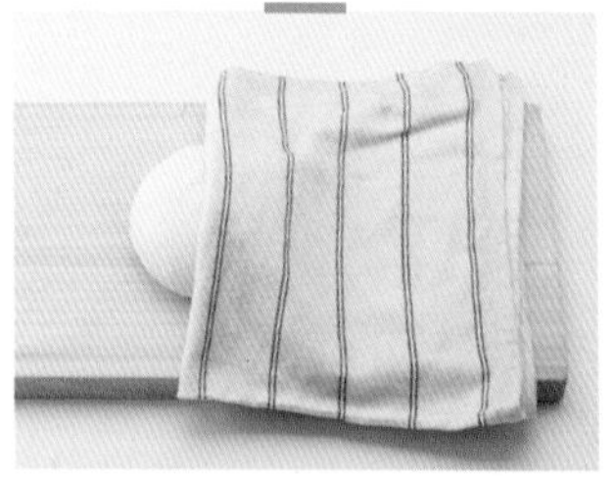

덧밀가루를 뿌린 도마나 작업대 위에 ⑦의 반죽을 올리고 손바닥으로 눌러 가스를 뺀다. 손으로 둥글리기 한 후 젖은 면보(또는 비닐)를 덮어 실온(27℃)에서 15~20분간 중간 발효시킨다.

11

반죽을 밀대로 밀면서 가스를 뺀 후 약 40×25cm 크기가 되도록 밀어 편다. 토마토 스파게티 소스를 골고루 펴 바르고 볶은 양파와 소시지를 올린다.
★ 소시지 채소빵을 말 때 소스가 뒤로 밀리니 가장자리에 1~2cm 정도의 공간을 두세요.

12

이음새를 꼭꼭 집어 붙여요

반죽은 앞에서부터 돌돌 말고 반죽이 떨어지지 않도록 끝 부분을 손으로 꼬집어 붙인다. ★ 이음새에 필링이 묻거나 벌어지면 구우면서 반죽이 터지니 꼼꼼히 붙이세요.

13

필링이 나오지 않도록 조심히 썰어요

반죽을 12등분으로 썬 후 유산지를 깐 오븐 팬 위에 올린다. 젖은 면보(또는 비닐)를 덮어 따뜻한 곳(28~30℃)에서 30~40분간 2차 발효시킨다. ★ 칼을 젖은 면보로 닦아가며 자르면 깔끔하게 썰 수 있어요. 오븐 예열

14

굽기 190℃로 예열된 오븐의 가운데 칸에서 12~15분간 굽는다. 식힘망에 올려 식힌다.
★ 굽는 중간 틀을 한 번 돌려주면 골고루 구워져요. 팬의 크기에 따라 2회로 나눠 구워요.

베이글

베이글(Bagel)은 16세기에 유대인들에 의해 처음 만들어졌다고 해요. 그 후 유대인들이
미국 동부 지역으로 이주하면서 지금은 뉴요커들이 가장 즐겨먹는 빵으로 자리잡았죠.
베이글은 반죽을 끓는 물에 살짝 데친 뒤 굽기 때문에 쫄깃하고 담백하답니다.

지름 10cm, 5개분　　3시간~3시간 15분(발효시간 포함)　　200℃　　밀폐용기 _ 실온 2일

재료

- □ 강력분 250g
- □ 통밀가루(또는 호밀가루) 50g
- □ 설탕 30g
- □ 소금 1/2작은술
- □ 인스턴트 드라이이스트 1작은술
- □ 물 170㎖
- □ 실온에 둔 버터 10g

데치는 물

- □ 물 1ℓ(5컵)
- □ 설탕 80g

도구 준비하기

볼　거품기　스크래퍼　냄비　밀대　오븐 팬

재료 준비하기

1 버터는 1시간 전에 냉장실에서 꺼내 실온에 둔다.
2 강력분, 통밀가루는 함께 체 친다.
3 물을 중탕(또는 전자레인지)으로 따뜻하게 데운다.

01

반죽 만들기 큰 볼에 체 친 강력분, 통밀가루, 설탕, 소금, 인스턴트 드라이이스트를 넣고 거품기로 골고루 섞는다.

02

볼 가운데 오목하게 홈을 만든 후 따뜻하게(35~43℃) 데운 물을 넣는다.
★ 물의 온도가 60℃ 이상이 되면 이스트가 죽을 수 있으니 주의하세요.

03

②의 반죽이 한 덩어리가 될 때까지 주걱으로 섞은 후 손으로 빨래하듯이 힘을 주며 2분~2분 30초간 반죽한다.
★ 처음에는 손에 반죽이 많이 묻으나 치댈수록 손에 묻지 않아요.

04

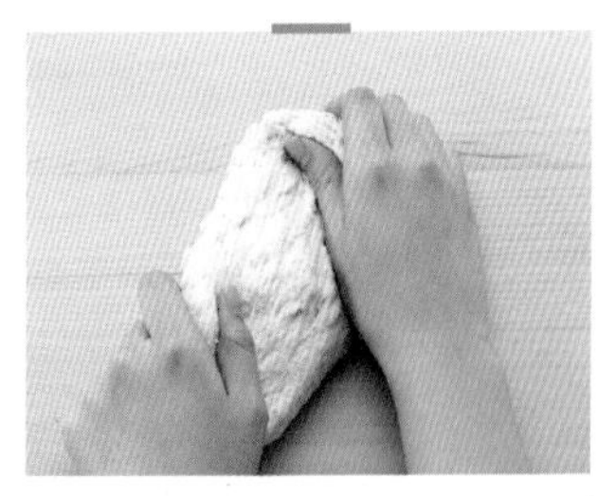

반죽이 한 덩어리가 되면 도마 또는 작업대 위에 올린다. 반죽을 양손으로 잡고 바닥에 짓이기듯이 손바닥으로 눌러 편다. 다시 반으로 접어 눌러 펴며 10~15분간 반죽한다.

05

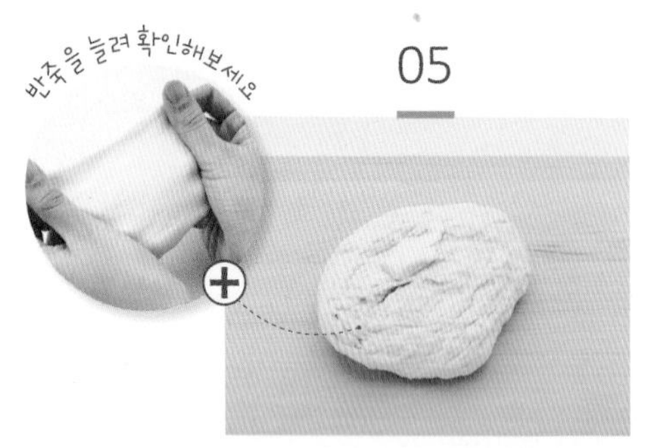

버터를 넣고 감싸 짓이기듯이 5분간 더 반죽한다. ★ 반죽을 얇게 늘렸을 때 찢어지지 않고 지문이 비칠 때까지 늘어나며, 윤기가 날 때까지 충분히 반죽하세요.

06

사진처럼 양손의 날로 반죽을 살살 돌려가며 둥글리기 한 후 볼에 넣는다. ★ 볼에 녹인 버터를 살짝 발라주면 발효 후 반죽이 잘 떨어져요.

07

큰 볼에 뜨거운 물을 넣고 그 위에 ⑥의 볼을 올린 후 랩을 씌운다. 따뜻한 곳(28~30℃)에서 40~60분간 반죽이 2배의 크기가 될 때까지 1차 발효시킨다. ★ 손가락으로 반죽을 눌렀을 때 자국이 남아있으면 발효가 잘된 거예요.

08

덧밀가루를 뿌린 도마나 작업대 위에 ⑦의 반죽을 올린다. 손바닥으로 눌러 가스를 뺀 후 스크래퍼로 약 90g씩 5등분한다. ★ 반죽하는 방법에 따라 반죽 양이 조금씩 달라질 수 있어요. 총 무게를 저울로 잰 후 5등분하세요.

09

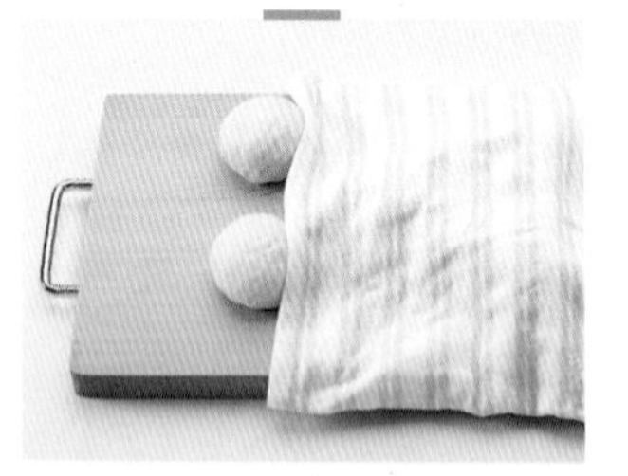

손으로 둥글리기 한 후 젖은 면보(또는 비닐)를 덮어 실온(27℃)에서 10분간 중간 발효시킨다.

10

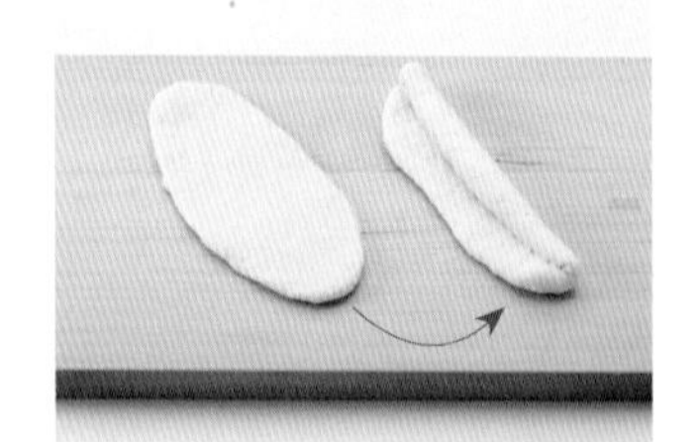

반죽이 18~20cm 길이의 긴 타원형이 되도록 밀대로 밀어 편다. 반죽을 사진처럼 끝에서부터 말아 이음새 부분을 꼬집어 붙인다. ★ 반죽 속에 공기가 들어가지 않도록 주의하며 말아요.

11

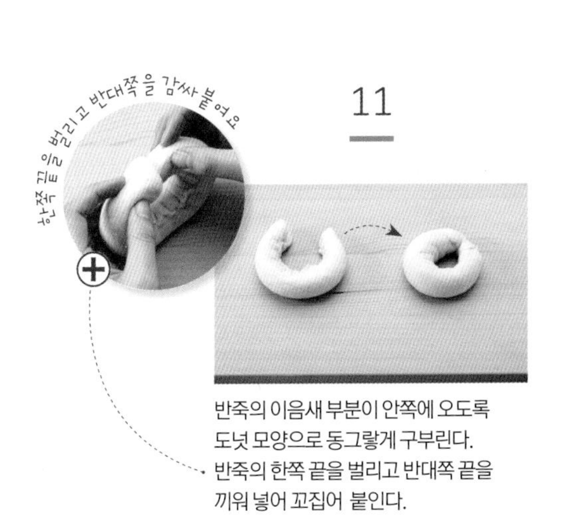

반죽의 이음새 부분이 안쪽에 오도록 도넛 모양으로 동그랗게 구부린다. 반죽의 한쪽 끝을 벌리고 반대쪽 끝을 끼워 넣어 꼬집어 붙인다.

12

유산지를 깐 오븐 팬 위에 올리고 젖은 면보(또는 비닐)를 덮어 따뜻한 곳(28~30℃)에서 20분간 2차 발효시킨다. ★ 베이글의 쫄깃한 식감을 위해 2차 발효시간이 짧아요. 부드러운 베이글을 원한다면 발효시간을 20분 더 늘려주세요. **오븐 예열**

13

반죽이 발효되는 동안 냄비에 데치는 물 재료를 넣고 끓인다. 반죽을 뒤집개나 납작한 주걱으로 떠서 끓는 물에 넣고 10초, 뒤집어서 10초간 데친다. ★ 데치는 동안 반죽이 흐트러지지 않도록 주의하세요.

14

유산지를 깐 오븐 팬 위에 올리고 200℃로 예열된 오븐의 가운데 칸에서 12~15분간 굽는다. 식힘망에 올려 식힌다. ★ 굽는 중간 틀을 한 번 돌려주면 골고루 구워져요. 팬의 크기에 따라 2회로 나눠 구워요.

프레첼

프레첼(Pretzel)은 이탈리아의 수도사가 아이들에게 기도를 배운 대가로 만들어 주기 시작한 빵으로
'작은 보상'이라는 뜻의 라틴어 '프레티올라'(Pretiola)에서 유래되어 이름 지어졌어요.
프레첼 특유의 모양은 기도하는 손의 모양을 본 따 만든 것이라는 이야기도 전해진답니다.

지름 10cm, 6개분 | 3시간~3시간 15분(발효시간 포함) | 200℃ | 밀폐용기 _ 실온 2일

재료

- □ 강력분 200g
- □ 설탕 10g
- □ 소금 2작은술
- □ 인스턴트 드라이이스트 1/2작은술
- □ 물 95㎖
- □ 실온에 둔 버터 15g

데치는 물(생략 가능)

- □ 뜨거운 물 1/2컵(100㎖)
- □ 베이킹소다 1/4큰술

토핑

- □ 설탕 1큰술
- □ 시나몬가루 1작은술
- □ 아몬드 슬라이스 30g
- □ 물 약간

도구 준비하기

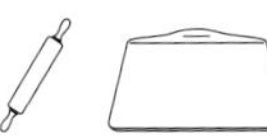

볼 거품기 스크래퍼 면보 밀대 오븐 팬

재료 준비하기

1 버터는 1시간 전에 냉장실에서 꺼내 실온에 둔다.
2 강력분은 체 친다.
3 물을 중탕(또는 전자레인지)으로 따뜻하게 데운다.
4 토핑용 설탕과 시나몬가루를 함께 섞는다.

01

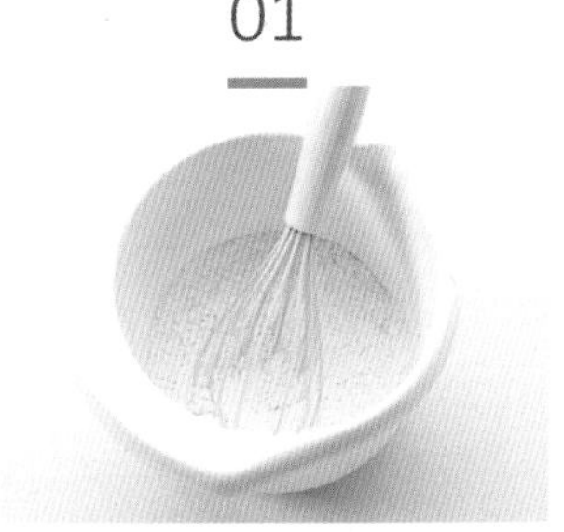

반죽 만들기 큰 볼에 체 친 강력분, 설탕, 소금, 인스턴트 드라이이스트를 넣고 거품기로 골고루 섞는다.

02

볼 가운데 오목하게 홈을 만든 후 따뜻하게(35~43℃) 데운 물을 넣는다.
★ 물의 온도가 60℃ 이상이 되면 이스트가 죽을 수 있으니 주의하세요.

03

②의 반죽이 한 덩어리가 될 때까지 주걱으로 섞은 후 손으로 빨래하듯이 힘을 주며 2분~2분 30초간 반죽한다.
★ 처음에는 손에 반죽이 많이 묻지만 치댈수록 손에 묻지 않아요.

04

반죽이 한 덩어리가 되면 도마 또는 작업대 위에 올린다. 반죽을 양손으로 잡고 바닥에 짓이기듯이 손바닥으로 눌러 편다. 다시 반으로 접어 눌러 펴며 10~15분간 반죽한다. 버터를 넣고 5분간 더 반죽한다.

05

사진처럼 양손의 날로 반죽을 살살 돌려가며 둥글리기 한 후 볼에 넣는다. ★볼에 녹인 버터를 살짝 발라주면 발효 후 반죽이 잘 떨어져요.

06

큰 볼에 뜨거운 물을 넣고 그 위에 ⑤의 볼을 올린 후 랩을 씌운다. 따뜻한 곳(28~30℃)에서 20분간 1차 발효시킨다.

07

덧밀가루를 뿌린 도마나 작업대 위에 ⑥의 반죽을 올린다. 손바닥으로 눌러 가스를 뺀 후 스크래퍼로 약 50g씩 6등분한다. ★반죽하는 방법에 따라 반죽 양이 조금씩 달라질 수 있어요. 총 무게를 저울로 잰 후 6등분하세요.

08

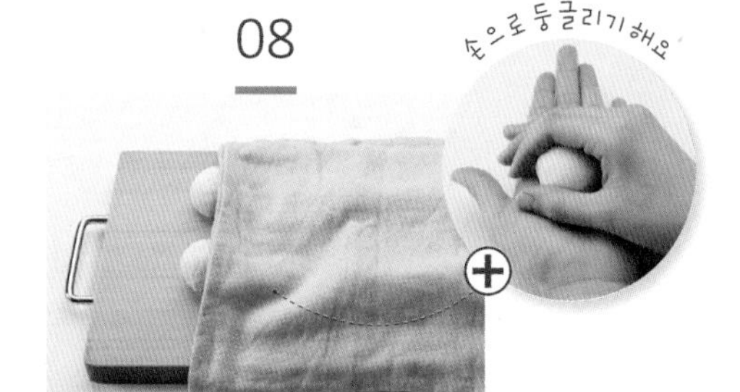

손으로 둥글리기 한 후 젖은 면보(또는 비닐)를 덮어 실온(27℃)에서 15~20분간 중간 발효시킨다.

09

밀대로 밀어 펴요

도마나 작업대 위에 반죽의 밑부분이 위로 가도록 놓고 12cm 길이의 긴 타원형으로 밀대로 밀어 편다. 사진처럼 돌돌 말아 이음새 부분을 꼬집어 붙인다. ★반죽 속에 공기가 들어가지 않도록 주의하며 말아요.

10

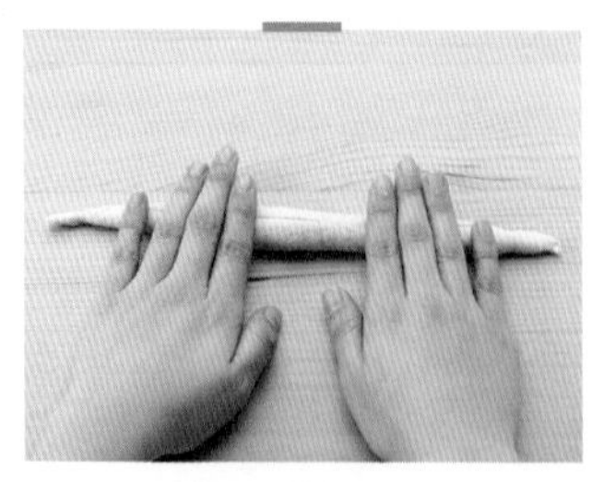

가운데는 볼록하고 양쪽 끝으로 갈수록 얇아지도록 손바닥으로 밀어 가며 50cm 길이로 늘인다. ★손바닥에 물을 약간씩 묻혀 밀면 더 잘 늘어나요.

11

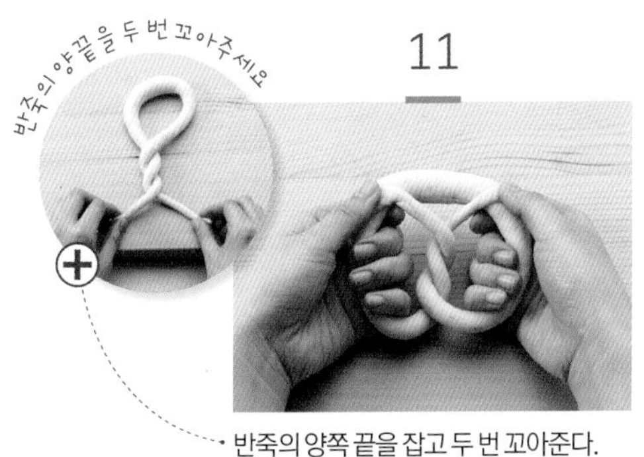

반죽의 양쪽 끝을 잡고 두 번 꼬아준다. 끝 부분에 물을 바르고 사진처럼 볼록한 가운데 부분에 간격을 두고 붙인다.

12

유산지를 깐 오븐 팬에 반죽을 올린다. 뜨거운 물과 베이킹소다를 섞은 후 숟가락으로 골고루 끼얹는다. 팬을 살짝 기울여 고인 물을 따라낸다. ★ 뜨거운 물을 끼얹어 주면 반죽이 좀 더 쫄깃해 져요. 이 과정은 생략해도 좋아요. **오븐 예열**

13

반죽 윗면에 붓으로 물을 바르고 토핑용 설탕과 시나몬가루를 골고루 뿌린다. 아몬드 슬라이스를 올린 후 살짝 눌러 붙인다.

14

굽기 200℃로 예열된 오븐의 가운데 칸에서 10~12분간 굽는다. 식힘망에 올려 식힌다. ★ 굽는 중간 틀을 한 번 돌려주면 골고루 구워져요. 팬의 크기에 따라 2회로 나눠 구워요.

통밀 브레드

통밀과 견과류가 들어가 씹을수록 고소하고 담백한 맛이 나는 빵이에요.
식전 빵이나 샌드위치 등에 잘 어울려요. 기호에 따라 호두를 다른 견과류나
말린 과일로 대체해서 만들어도 좋아요.

크기 22×10cm, 4개분 | 3시간~3시간 25분(발효시간 포함) | 200℃ | 밀폐용기 _ 실온 2일

재료

- □ 강력분 250g
- □ 박력분 50g
- □ 통밀가루 200g
- □ 소금 1과 1/2작은술
- □ 인스턴트 드라이이스트 2작은술
- □ 물 340㎖
- □ 꿀 20g
- □ 실온에 둔 버터 20g
- □ 다진 호두 100g

장식

- □ 통밀가루 2큰술

도구 준비하기

볼

거품기

스크래퍼

면보

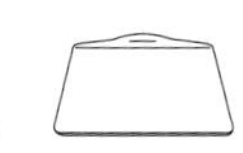
오븐 팬

재료 준비하기

1 버터는 1시간 전에 냉장실에서 꺼내 실온에 둔다.
2 강력분, 박력분, 통밀가루는 함께 체 친다.
3 물과 꿀을 함께 섞은 후 중탕(또는 전자레인지)으로 따뜻하게 데운다.

01

반죽 만들기 큰 볼에 체 친 강력분, 박력분, 통밀가루, 소금, 인스턴트 드라이이스트를 넣고 거품기로 골고루 섞는다.

02

볼 가운데 오목하게 홈을 만든 후 따뜻하게(35~43℃) 데운 물과 꿀을 넣는다.
★ 액체 재료의 온도가 60℃ 이상이 되면 이스트가 죽을 수 있으니 주의하세요.

03

②의 반죽이 한 덩어리가 될 때까지 주걱으로 섞은 후 손으로 빨래하듯이 힘을 주며 2분~2분 30초간 반죽한다.
★ 처음에는 손에 반죽이 많이 묻으나 치댈수록 손에 묻지 않아요.

04

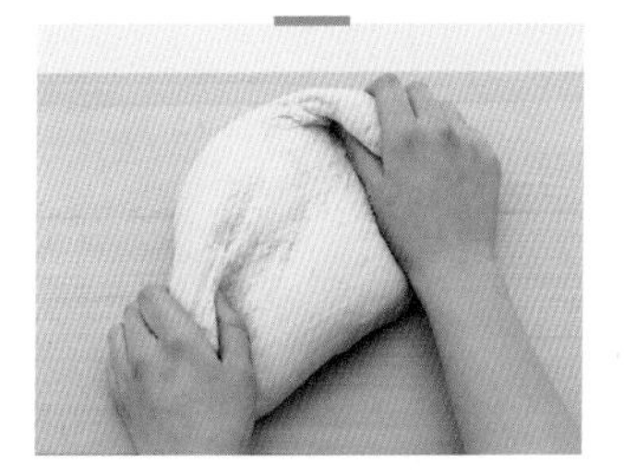

반죽이 한 덩어리가 되면 도마 또는 작업대 위에 올린다. 반죽을 양손으로 잡고 바닥에 짓이기듯이 손바닥으로 눌러 편다. 다시 반으로 접어 눌러 펴며 10~15분간 반죽한다.

05

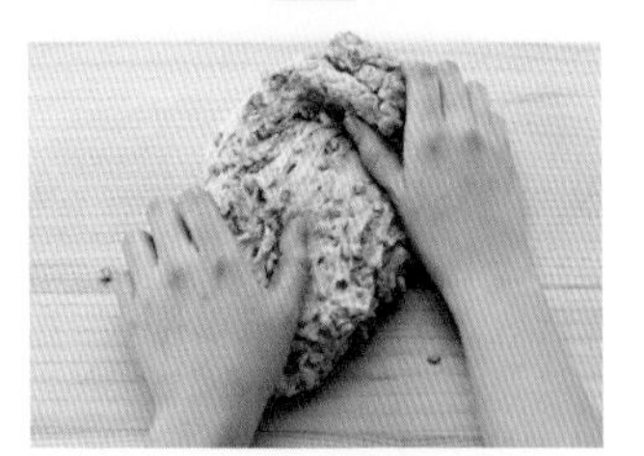

버터를 넣고 감싸 짓이기듯이 5분,
다진 호두를 넣고 3분간 같은 방법으로
반죽한다.

06

사진처럼 양손의 날로 반죽을 살살
돌려가며 둥글리기 한 후 볼에 넣는다.
★ 볼에 녹인 버터를 살짝 발라주면
발효 후 반죽이 잘 떨어져요.

07

큰 볼에 뜨거운 물을 넣고 그 위에
⑥의 볼을 올린 후 랩을 씌운다. 따뜻한 곳
(28~30℃)에서 40~60분간 1차 발효시킨다.
★ 손가락으로 반죽을 눌렀을 때 자국이
남아있으면 발효가 잘된 거예요.

08

덧밀가루를 뿌린 도마나 작업대 위에 ⑦의
반죽을 올린다. 손바닥으로 눌러 가스를 뺀 후
스크래퍼로 약 240g씩 4등분한다. ★ 반죽하는
방법에 따라 반죽 양이 조금씩 달라질 수 있어요.
총 무게를 저울로 잰 후 4등분하세요.

09

손으로 둥글리기 한 후 젖은 면보(또는 비닐)를
덮어 실온(27℃)에서 15~20분간 중간
발효시킨다.

10

도마나 작업대 위에 반죽을 올린다.
25cm 길이의 긴 타원형이 되도록 밀대로
밀어 편다. 반죽의 양쪽을 사진처럼
1/3 분량씩 안쪽으로 마주 접는다.

11

가운데 이음새 부분을 꼭꼭 꼬집어 붙이고 럭비공처럼 양쪽 끝이 좁아지도록 양쪽 끝을 한 번 더 모아 붙인다.

12

유산지를 깐 오븐 팬 위에 이음새가 아래로 가도록 올린다. 젖은 면보(또는 비닐)를 덮어 따뜻한 곳(28~30℃)에서 45~50분간 2차 발효시킨다. 오븐 예열

13

작은 체로 윗면에 장식용 통밀가루를 뿌린 후 사선으로 칼집을 넣는다. ★ 날이 얇은 면도칼 등을 이용하면 좋아요.

14

굽기 200℃로 예열된 오븐의 가운데 칸에서 20~25분간 굽는다. 식힘망에 올려 식힌다.
★ 굽는 중간 틀을 한 번 돌려주면 골고루 구워져요. 팬의 크기에 따라 2회로 나눠 구워요.

식빵

가정에서 가장 많이 즐겨먹는 빵 중에 하나인 식빵이에요. 식빵은 갓 구워져 나왔을 때가 가장 맛있어요. 윗면의 껍질은 바삭하고 속은 부드러우면서 쫄깃하답니다.
아이들과 함께 식빵을 만들어 따끈따끈할 때 즐겨보세요.

크기 22×10cm, 높이 9cm 식빵 틀 1개분 | 3시간 10분~3기간 45분(발효시간 포함) | 180℃ | 밀폐용기 _ 실온 2일

재료

- □ 강력분 310g
- □ 박력분 20g
- □ 소금 1작은술
- □ 설탕 2작은술
- □ 인스턴트 드라이이스트 1 작은술
- □ 물 220㎖
- □ 실온에 둔 버터 20g

도구 준비하기

볼 거품기 스크래퍼 면보 밀대 식빵 틀

재료 준비하기

1 버터는 1시간 전에 냉장실에서 꺼내 실온에 둔다.
2 강력분, 박력분은 함께 체 친다.
3 물은 중탕(또는 전자레인지)으로 따뜻하게 데운다.

01

반죽 만들기 큰 볼에 체 친 강력분, 박력분, 소금, 설탕, 인스턴트 드라이이스트를 넣고 거품기로 골고루 섞는다.

02

볼 가운데 오목하게 홈을 만든 후 따뜻하게(35~43℃) 데운 물을 넣는다.
★ 물의 온도가 60℃ 이상이 되면 이스트가 죽을 수 있으니 주의하세요.

03

②의 반죽이 한 덩어리가 될 때까지 주걱으로 섞은 후 손으로 빨래하듯이 힘을 주며 2분~2분 30초간 반죽한다.
★ 처음에는 손에 반죽이 많이 묻으나 치댈수록 손에 묻지 않아요.

04

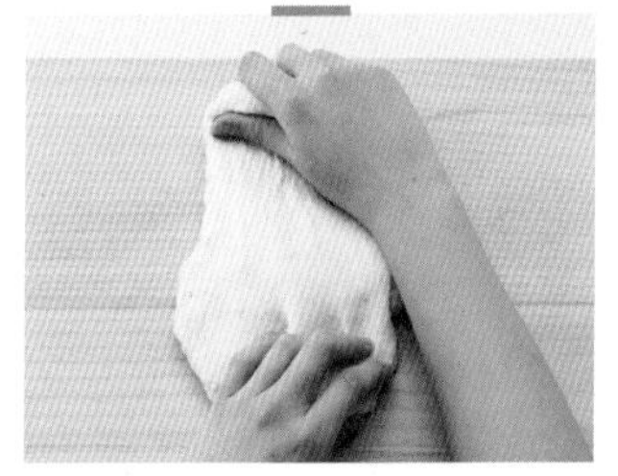

반죽이 한 덩어리가 되면 도마 또는 작업대 위에 올린다. 반죽을 양손으로 잡고 바닥에 짓이기듯이 손바닥으로 눌러 편다. 다시 반으로 접어 눌러 펴며 10~15분간 반죽한다.

05

버터를 넣고 감싸 짓이기듯이 5분간 더 반죽한다. ★ 반죽을 얇게 늘렸을 때 찢어지지 않고 지문이 비칠 때까지 늘어나며, 윤기가 날 때까지 충분히 반죽하세요.

06

사진처럼 양손의 날로 반죽을 살살 돌려가며 둥글리기 한 후 볼에 넣는다. ★ 볼에 녹인 버터를 살짝 발라주면 발효 후 반죽이 잘 떨어져요.

07

손가락자국이 그대로 남아있어야해요

큰 볼에 뜨거운 물을 넣고 그 위에 ⑥의 볼을 올린 후 랩을 씌운다. 따뜻한 곳(28~30℃)에서 40~60분간 반죽이 2배의 크기가 될 때까지 1차 발효시킨다. ★ 손가락으로 반죽을 눌렀을 때 자국이 남아있으면 발효가 잘된 거예요.

08

덧밀가루를 뿌린 도마나 작업대 위에 ⑦의 반죽을 올린다. 손바닥으로 눌러 가스를 뺀 후 스크래퍼로 3등분한다. ★ 반죽의 총 무게를 저울로 잰 후 3등분하면 일정한 모양을 만들 수 있어요.

09

손으로 둥글리기 한 후 젖은 면보(또는 비닐)를 덮어 실온(27℃)에서 15~20분간 중간 발효시킨다.

10

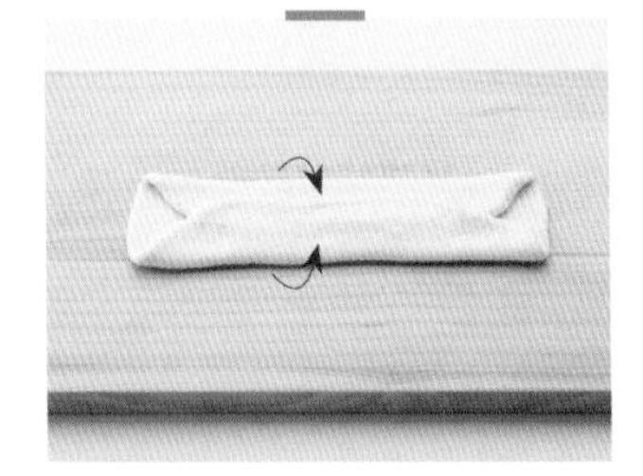

반죽을 18cm 길이의 긴 타원형이 되도록 밀대로 밀어 편다. 사진처럼 1/3 분량씩 안쪽으로 마주 접는다.

11

반죽을 원통 모양으로 돌돌 말아준 후
이음새를 꼭꼭 꼬집어 붙인다.
나머지 2개도 같은 방법으로 만든다.

12

식빵틀에 이음새 부분이 아래로 가도록
반죽을 넣는다.

13

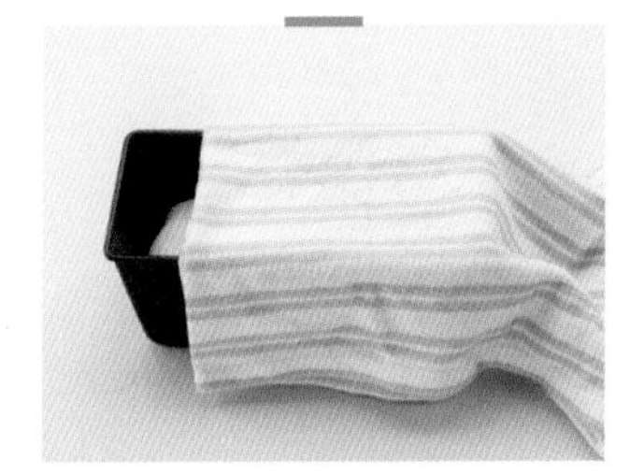

젖은 면보(또는 비닐)를 덮는다.
따뜻한 곳(28~30℃)에서 40~50분간
식빵 틀의 80% 정도까지 부풀어
오를 때까지 2차 발효시킨다. 오븐 예열

14

굽기 180℃로 예열된 오븐의 가운데 칸에서
30~35분간 굽는다. 식힘망에 올려 식힌다.
★ 굽는 중간 틀을 한 번 돌려주면 골고루
구워져요.

모닝 브레드

한입에 먹기 좋은 크기로 잼을 곁들이거나, 미니 샌드위치, 샐러드 등과 잘 어울리는
담백한 맛 덕분에 아침에 식사 대용으로 즐겨먹어 모닝 브레드라 불린답니다.
모닝 브레드를 만들어 아이들 간식, 나들이 도시락 등에 활용해보세요.

지름 5cm, 18개분 | 3시간~3시간 15분(발효시간 포함) | 180℃ | 밀폐용기 _ 실온 2일

재료

- □ 강력분 250g
- □ 설탕 20g
- □ 소금 1/2작은술
- □ 인스턴트 드라이이스트 1작은술
- □ 우유 170㎖
- □ 실온에 둔 버터 30g

달걀물(생략 가능)

- □ 달걀노른자 1개분
- □ 물 2큰술

도구 준비하기

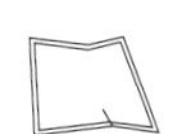
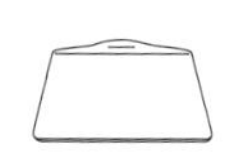

볼 거품기 스크래퍼 면보 오븐 팬

재료 준비하기

1 버터는 1시간 전에 냉장실에서 꺼내 실온에 둔다.
2 강력분은 체 친다.
3 우유는 중탕(또는 전자레인지)으로 따뜻하게 데운다.

01

반죽 만들기 큰 볼에 체 친 강력분, 설탕, 소금, 인스턴트 드라이이스트를 넣고 거품기로 골고루 섞는다.

02

볼 가운데 오목하게 홈을 만든 후 따뜻하게(35~43℃) 데운 우유를 넣는다.
★ 우유의 온도가 60℃ 이상이 되면 이스트가 죽을 수 있으니 주의하세요.

03

②의 반죽이 한 덩어리가 될 때까지 주걱으로 섞은 후 손으로 빨래하듯이 힘을 주며 2분~2분 30초간 반죽한다.
★ 처음에는 손에 반죽이 많이 묻으나 치댈수록 손에 묻지 않아요.

04

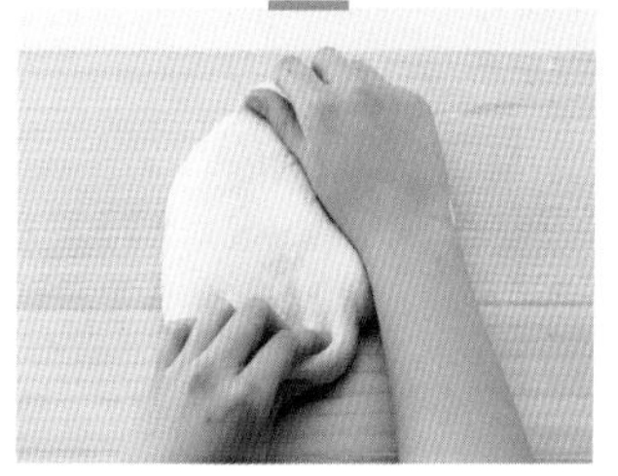

반죽이 한 덩어리가 되면 도마 또는 작업대 위에 올린다. 반죽을 양손으로 잡고 바닥에 짓이기듯이 손바닥으로 눌러 편다. 다시 반으로 접어 눌러 펴며 10~15분간 반죽한다. 버터를 넣고 5분간 더 반죽한다.

05

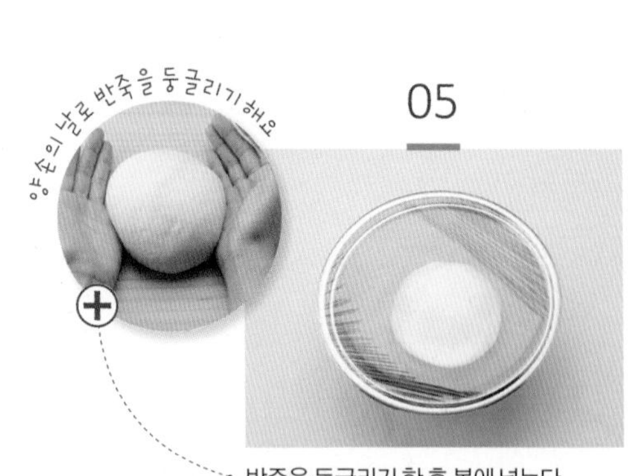

반죽을 둥글리기 한 후 볼에 넣는다. 큰 볼에 뜨거운 물을 넣고 그 위에 반죽을 넣은 볼을 올린 후 랩을 씌운다. 따뜻한 곳(28~30℃)에서 40~60분간 반죽이 2배의 크기가 될 때까지 1차 발효시킨다.

06

덧밀가루를 뿌린 도마나 작업대 위에 반죽을 올린다. 손바닥으로 눌러 가스를 뺀 후 스크래퍼로 약 25g씩 18등분한다. ★ 많은 갯수로 나누는 반죽은 중간에 반죽이 마르기 쉬우니 젖은 면보(또는 비닐)를 덮어주세요.

07

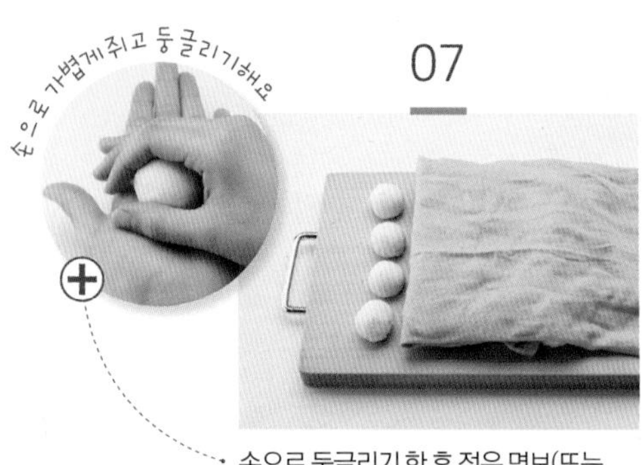

손으로 둥글리기 한 후 젖은 면보(또는 비닐)를 덮어 실온(27℃)에서 15~20분간 중간 발효시킨다.

08

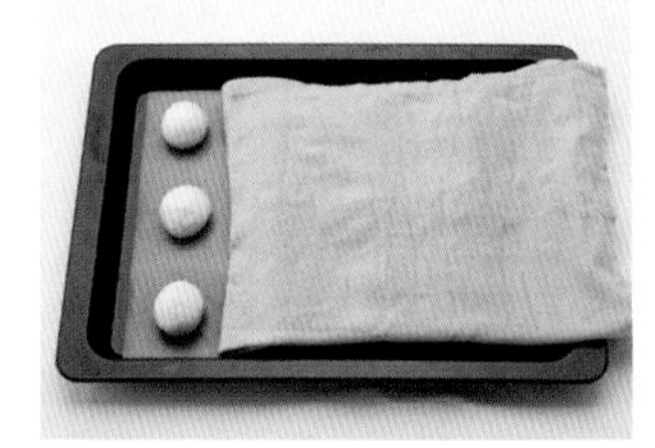

반죽을 다시 한 번 가볍게 눌러 가스를 뺀 후 둥글리기 한다. 유산지를 깐 오븐 팬 위에 올리고 젖은 면보(또는 비닐)를 덮어 따뜻한 곳(28~30℃)에서 35~40분간 2차 발효시킨다. **오븐 예열**

09

윗면에 붓으로 살살 달걀물을 바른다. ★ 달걀물 대신 우유를 바르면 약간 노릇하고 윤기나게 구워져요.

10

굽기 180℃로 예열된 오븐의 가운데 칸에서 12~15분간 굽는다. 식힘망에 올려 식힌다. ★ 굽는 중간 틀을 한 번 돌려주면 골고루 구워져요. 팬의 크기에 따라 2~3회로 나눠 구워요.

포카치아

포카치아(Focaccia)는 이탈리아의 대표적인 빵이에요. 반죽을 얇게 떼어 화덕에 붙여
구워먹었던 빵에서 유래되어 불을 뜻하는 라틴어 '포커스'(Focus)에서 이름 지어졌다고 해요.
기호에 따라 윗면에 양파, 허브, 마늘 등 다양한 토핑을 올려 굽고, 가벼운 식사 대용으로 먹기 좋아요.

지름 15cm, 4개분 | 3시간~3시간 15분(발효시간 포함) | 200℃ | 밀폐용기 _ 실온 2일

재료

- □ 중력분 250g
- □ 박력분 250g
- □ 소금 2작은술
- □ 인스턴트 드라이이스트 1과 1/2작은술
- □ 물 250㎖
- □ 우유 75㎖
- □ 올리브유 50㎖

토핑

- □ 올리브유 1큰술
- □ 블랙 올리브 6개
- □ 파마산 치즈가루 2큰술

도구 준비하기

볼

거품기

스크래퍼

면보

오븐 팬

재료 준비하기

1 중력분, 박력분은 함께 체 친다.
2 물, 우유, 올리브유를 함께 섞은 후 중탕(또는 전자레인지)으로 따뜻하게 데운다.
3 블랙 올리브는 0.5cm 두께로 썬다.

01

반죽 만들기 큰 볼에 체 친 중력분, 박력분, 소금, 인스턴트 드라이이스트를 넣고 거품기로 골고루 섞는다.

02

볼 가운데 동그랗게 홈을 만든 후 따뜻하게 (35~43℃) 데운 물, 우유, 올리브유를 넣는다. ★ 액체 재료의 온도가 60℃ 이상이 되면 이스트가 죽을 수 있으니 주의하세요.

03

②의 반죽이 한 덩어리가 될 때까지 주걱으로 섞은 후 손으로 빨래하듯이 힘을 주며 2분~2분 30초간 반죽한다. ★ 포카치아는 많이 질은 반죽이에요. 반죽이 손에 많이 묻으면 덧밀가루를 조금씩 발라가며 반죽하세요.

04

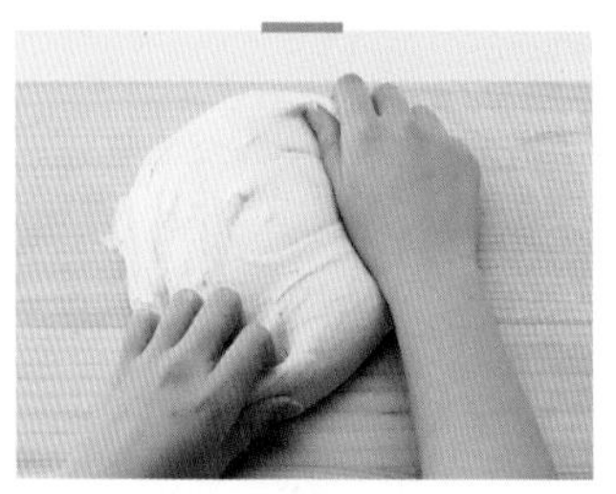

반죽이 한 덩어리가 되면 도마 또는 작업대 위에 올린다. 반죽을 양손으로 잡고 바닥에 짓이기듯이 손바닥으로 눌러 편다. 다시 반으로 접어 눌러 펴며 10~15분간 반죽한다.

05

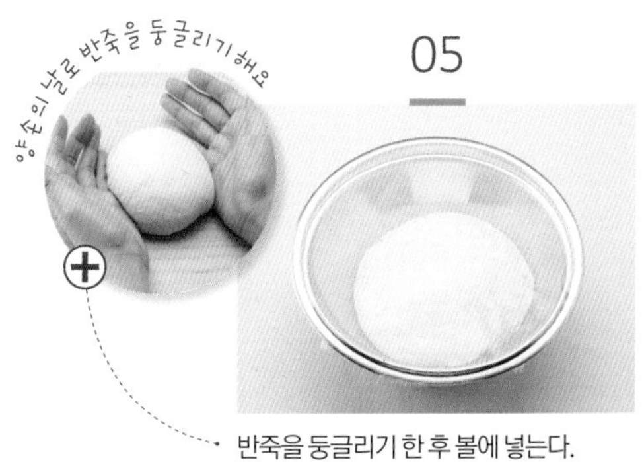

반죽을 둥글리기 한 후 볼에 넣는다. 큰 볼에 뜨거운 물을 넣고 그 위에 반죽을 넣은 볼을 올린 후 랩을 씌운다. 따뜻한 곳(28~30℃)에서 40~60분간 반죽이 2배의 크기가 될 때까지 1차 발효시킨다.

06

덧밀가루를 뿌린 도마나 작업대 위에 ⑤의 반죽을 올린다. 손바닥으로 눌러 가스를 뺀 후 스크래퍼로 약 200g씩 4등분한다. ★ 반죽하는 방법에 따라 반죽 양이 조금씩 달라질 수 있어요. 반죽의 총 무게를 저울로 잰 후 4등분하세요.

07

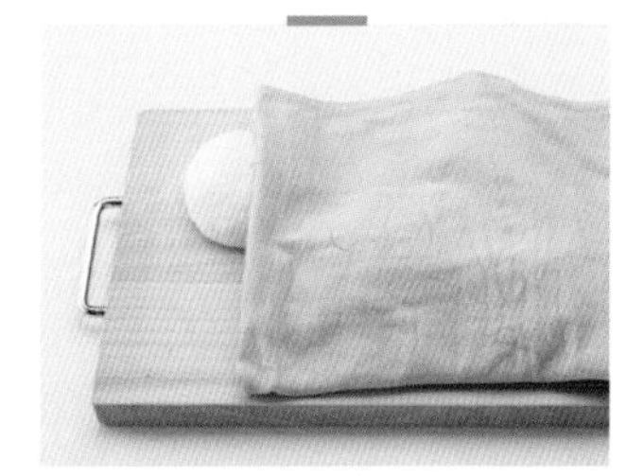

손으로 둥글리기 한 후 젖은 면보(또는 비닐)를 덮어 실온(27℃)에서 15~20분간 중간 발효시킨다.

08

유산지를 깐 오븐 팬 위에 포카치아를 올리고 손바닥으로 둥글 납작하게 누른다. 젖은 면보(또는 비닐)를 덮은 후 따뜻한 곳(28~30℃)에서 40~50분간 2차 발효시킨다. 오븐 예열

09

윗면에 올리브유를 바르고 손가락으로 군데군데 꾹꾹 눌러 홈을 만든다. 블랙 올리브를 올리고 꾹 누른 후 파마산 치즈가루를 뿌린다.

10

굽기 200℃로 예열된 오븐의 가운데 칸에서 15~18분간 굽는다. 식힘망에 올려 식힌다. ★ 굽는 중간 틀을 한 번 돌려주면 골고루 구워져요. 팬의 크기에 따라 2회로 나눠 구워요.

치아바타

치아바타(Ciabatta)는 이탈리아어로 '납작한 슬리퍼'라는 뜻이에요.
올리브유의 풍미와 담백한 맛, 부드러운 식감 때문에 올리브유와 발사믹 식초를
곁들여 그냥 먹어도 맛있고 샌드위치나 파니니로 만들어도 좋아요.

크기 10×15cm, 6개분 | 3시간~3시간 20분(발효시간 포함) | 200℃ | 밀폐용기 _ 실온 2일

재료

- □ 강력분 550g
- □ 설탕 20g
- □ 소금 2작은술
- □ 인스턴트 드라이이스트 2작은술
- □ 물 430㎖
- □ 올리브유 100㎖

장식

- □ 강력분 2큰술

도구 준비하기

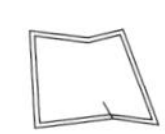

볼 거품기 스크래퍼 면보 오븐 팬

재료 준비하기

1 강력분은 체 친다.
2 물은 따뜻하게 데운다.

01

반죽 만들기 큰 볼에 체 친 강력분, 설탕, 소금, 인스턴트 드라이이스트를 넣고 거품기로 골고루 섞는다.

02

볼 가운데 오목하게 홈을 만든 후 따뜻하게(35~43℃) 데운 물, 올리브유를 넣는다. ★ 액체 재료의 온도가 60℃ 이상이 되면 이스트가 죽을 수 있으니 주의하세요.

03

②의 반죽이 한 덩어리가 될 때까지 주걱으로 섞은 후 손으로 빨래하듯이 힘을 주며 2분~2분 30초간 반죽한다. ★ 치아바타는 많이 질은 반죽이에요. 반죽이 손에 많이 묻으면 덧밀가루를 조금씩 발라가며 반죽하세요.

04

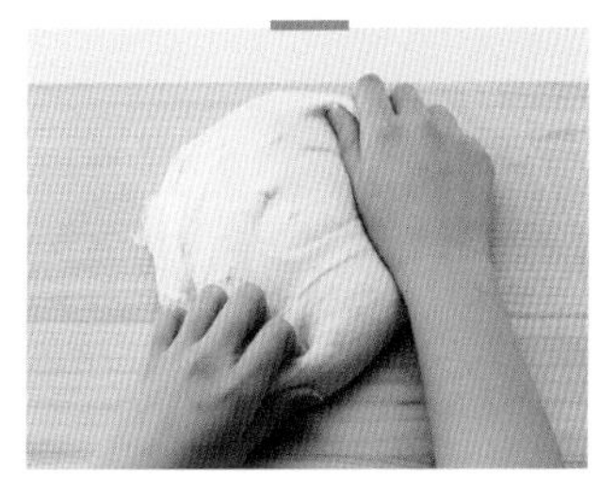

반죽이 한 덩어리가 되면 도마 또는 작업대 위에 올린다. 반죽을 양손으로 잡고 바닥에 짓이기듯이 손바닥으로 눌러 편다. 다시 반으로 접어 눌러 펴며 10~15분간 반죽한다.

05

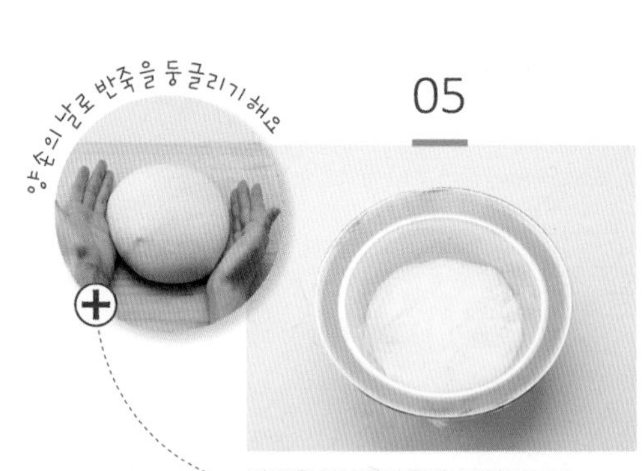

반죽을 둥글리기 한 후 볼에 넣는다. 큰 볼에 뜨거운 물을 넣고 그 위에 반죽을 넣은 볼을 올린 후 랩을 씌운다. 따뜻한 곳(28~30℃)에서 40~60분간 반죽이 2배의 크기가 될 때까지 1차 발효시킨다.

06

덧밀가루를 뿌린 도마나 작업대 위에 반죽을 올린다. 손바닥으로 눌러 가스를 뺀 후 스크래퍼로 약 185g씩 6등분한다. ★ 반죽하는 방법에 따라 반죽 양이 조금씩 달라질 수 있어요. 반죽의 총 무게를 저울로 잰 후 6등분하세요.

07

유산지를 깐 오븐 팬 위에 올리고 덧밀가루를 바른 손바닥으로 살살 눌러 모양을 잡는다.

08

젖은 면보(또는 비닐)를 덮은 후 따뜻한 곳(28~30℃)에서 45~50분간 2차 발효시킨다. ★ 치아바타는 중간 발효가 없어요, 모양을 잡은 후 바로 2차 발효하세요. **오븐 예열**

09

작은 체로 윗면에 장식용 강력분을 뿌린다.

10

굽기 200℃로 예열된 오븐의 가운데 칸에서 20분간 굽는다. 식힘망에 올려 식힌다. ★ 굽는 중간 틀을 한 번 돌려주면 골고루 구워져요. 팬의 크기에 따라 2회로 나눠 구워요.

그리시니

그리시니(Grissini)는 나폴레옹이 즐겨 먹었다 하여
'나폴레옹의 지팡이'라고도 불려요. 이스트로 발효해서 만들지만
수분함량이 적어 과자처럼 바삭한 식감이 특징이에요.
이탈리아에서는 메인 요리가 나오기 전에 식전 빵 또는
와인 안주 등으로 그리시니를 즐겨 먹어요.

길이 18cm, 20~21개분 | 3시간~3시간 20분(발효시간 포함) | 180℃ | 밀폐용기 _ 실온 5일

재료

- □ 강력분 100g
- □ 박력분 25g
- □ 설탕 1/8작은술
- □ 소금 1/8작은술
- □ 인스턴트 드라이이스트 1/4작은술
- □ 물 65㎖
- □ 올리브유 20㎖
- □ 통깨 2큰술

토핑

- □ 올리브유 1큰술
- □ 파마산 치즈가루 1큰술(생략 가능)

도구 준비하기

볼

거품기

스크래퍼

면보

오븐 팬

재료 준비하기

1 강력분, 박력분은 함께 체 친다.
2 물과 올리브유를 함께 섞은 후 중탕(또는 전자레인지)으로 따뜻하게 데운다.

01

반죽 만들기 큰 볼에 체 친 강력분, 박력분, 설탕, 소금, 인스턴트 드라이이스트를 넣고 거품기로 골고루 섞는다.

02

볼 가운데 오목하게 홈을 만든 후 따뜻하게(35~43℃) 데운 물, 올리브유를 넣는다. ★ 액체 재료의 온도가 60℃ 이상이 되면 이스트가 죽을 수 있으니 주의하세요.

03

②의 반죽이 한 덩어리가 될 때까지 주걱으로 섞은 후 손으로 빨래하듯이 힘을 주며 1분~1분 30초간 반죽한다. ★ 처음에는 손에 반죽이 많이 묻으나 치댈수록 손에 묻지 않아요.

04

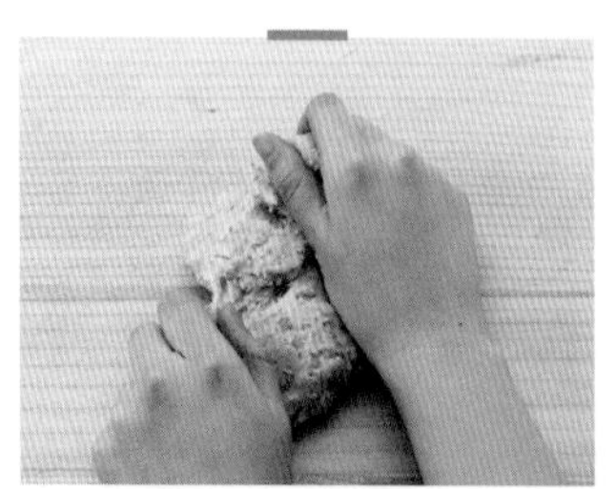

반죽이 한 덩어리가 되면 도마 또는 작업대 위에 올린다. 반죽을 양손으로 잡고 바닥에 짓이기듯이 손바닥으로 눌러 편다. 다시 반으로 접어 눌러 펴며 10~15분간 반죽한다. 통깨를 넣고 5분간 더 반죽한다.

05

사진처럼 양손의 날로 반죽을 살살 돌려가며 둥글리기 한 후 볼에 넣는다.
★ 볼에 녹인 버터를 살짝 발라주면 발효 후 반죽이 잘 떨어져요.

06

큰 볼에 뜨거운 물을 넣고 그 위에 ⑤의 볼을 올린 후 랩을 씌운다. 따뜻한 곳(28~30℃)에서 40~60분간 반죽이 2배의 크기가 될 때까지 1차 발효시킨다.

07

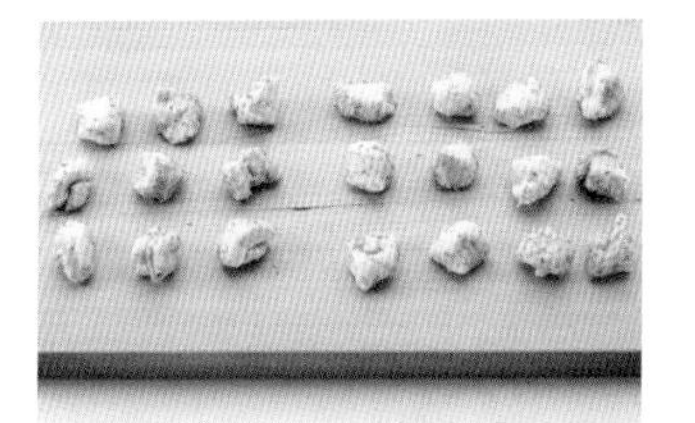

덧밀가루를 뿌린 도마나 작업대 위에 ⑥의 반죽을 올린다. 덧밀가루를 바른 손바닥으로 꾹꾹 눌러 가스를 뺀 후 스크래퍼로 10g씩 20~21개로 분할한다. ★ 많은 갯수로 나누는 반죽은 중간에 반죽이 마르기 쉬우니 젖은 면보를 덮어주세요.

08

손으로 동그랗게 모아줘요

손으로 동그랗게 모아준 후 젖은 면보(또는 비닐)를 덮어 실온(27℃)에서 15~20분간 중간 발효시킨다.
★ 그리시니는 2차 발효가 없어요. 중간 발효 후 성형하여 바로 구워요. **오븐 예열**

09

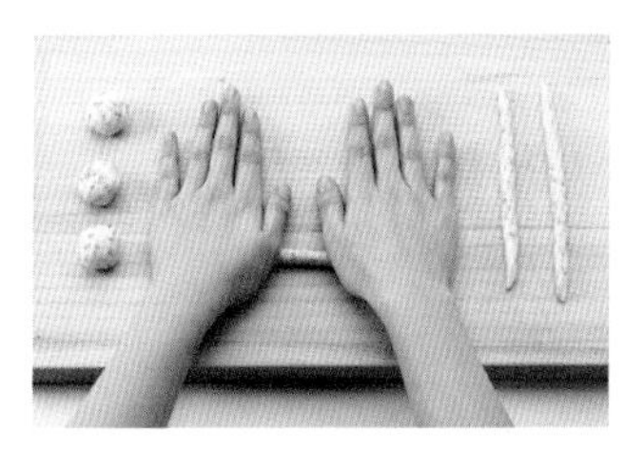

도마 또는 작업대 위에서 손바닥으로 밀어가며 반죽을 18cm 길이로 길게 늘린다.

10

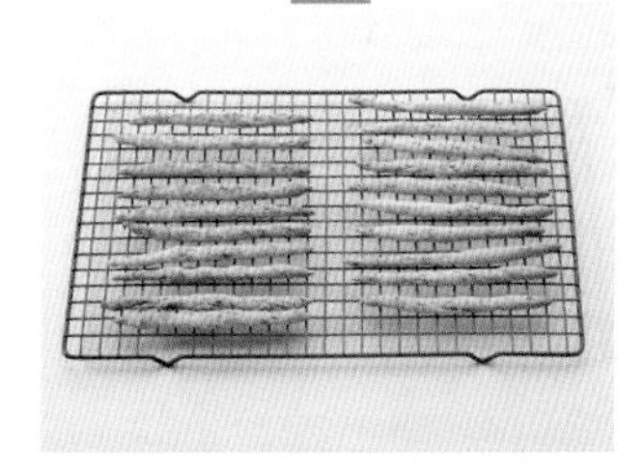

굽기 유산지를 깐 오븐 팬 위에 올리고 윗면에 올리브유를 바른 후 파마산 치즈가루를 뿌린다. 180℃로 예열된 오븐의 가운데 칸에서 18~20분간 구운 후 식힘망에 올려 식힌다.

재료별 메뉴 찾기

BAKING!

레시피팩토리의 시그니처 시리즈 **함께 보면 좋은 책**

< 진짜 기본 요리책 > 완전 개정판
월간 수퍼레시피 지음 / 356쪽

국민 요리책으로 사랑받는 스테디셀러.
오늘 처음 요리를 시작하는 왕초보도
그대로 따라 하면 성공하는 레시피 320개.
이 한 권이면 기본 요리는 진짜 끝!

< 진짜 기본 요리책 : 응용편 >
월간 수퍼레시피, 정민 지음 / 352쪽

진짜 맛있고 진짜 다채로운
기본 집밥의 응용 레시피 230개.
늘 먹던 집밥이 더 다양하고
맛있어지는 즐거움, 이 한 권으로 완성!

< 진짜 기본 세계 요리책 >
김현숙 지음 / 356쪽

반복되는 일상 속 여행 같은 책.
진짜 배우고 싶었던 세계 요리 116개,
24개국의 대표적인 요리와 함께
방구석 세계 미식 여행 떠나기!

< 진짜 기본 청소책 >
두룸 정두미 지음 / 232쪽

요리책처럼 레시피를 따라 하면
성공하는 90개 청소 레시피.
최상의 청소 방법, 재료, 도구로
청소가 더 쉽고 즐거워지는 새로운 경험!

진짜 쉽~고
진짜 맛있고
진짜 자세한
기본 레시피 111개

진짜 기본 베이킹책

1판 1쇄 펴낸 날 2014년 3월 25일
1판 19쇄 펴낸 날 2024년 11월 27일

편집장 김상애
책임편집 김유미
편집 김민아
레시피 개발 김유미·엄보람·박소아
레시피 검증 김지나·정민
독자 교정 김은혜(유찬홀릭)
아트 디렉터 원유경
디자인 변바희
사진 김덕창(studio Da, 어시스턴트 박동민)
스타일링 최새롬(Styling ho, 어시스턴트 김혜진)
기획·마케팅 내도우리·엄지혜

편집주간 박성주
펴낸이 조준일

펴낸곳 (주)레시피팩토리
주소 서울특별시 용산구 한강대로 95 래미안용산더센트럴 A동 509호
대표번호 02-534-7011
팩스 02-6969-5100
홈페이지 www.recipefactory.co.kr
독자카페 cafe.naver.com/superecipe
출판신고 2009년 1월 28일 제25100-2009-000038호

제작·인쇄 (주)대한프린테크

값 18,800원

ISBN 979-11-85473-01-7

* 인쇄 및 제본에 이상이 있는 책은 구입하신 서점에서 교환해 드립니다.
* 소품 협찬 : 하우스라벨(www.houselabel.co.kr)

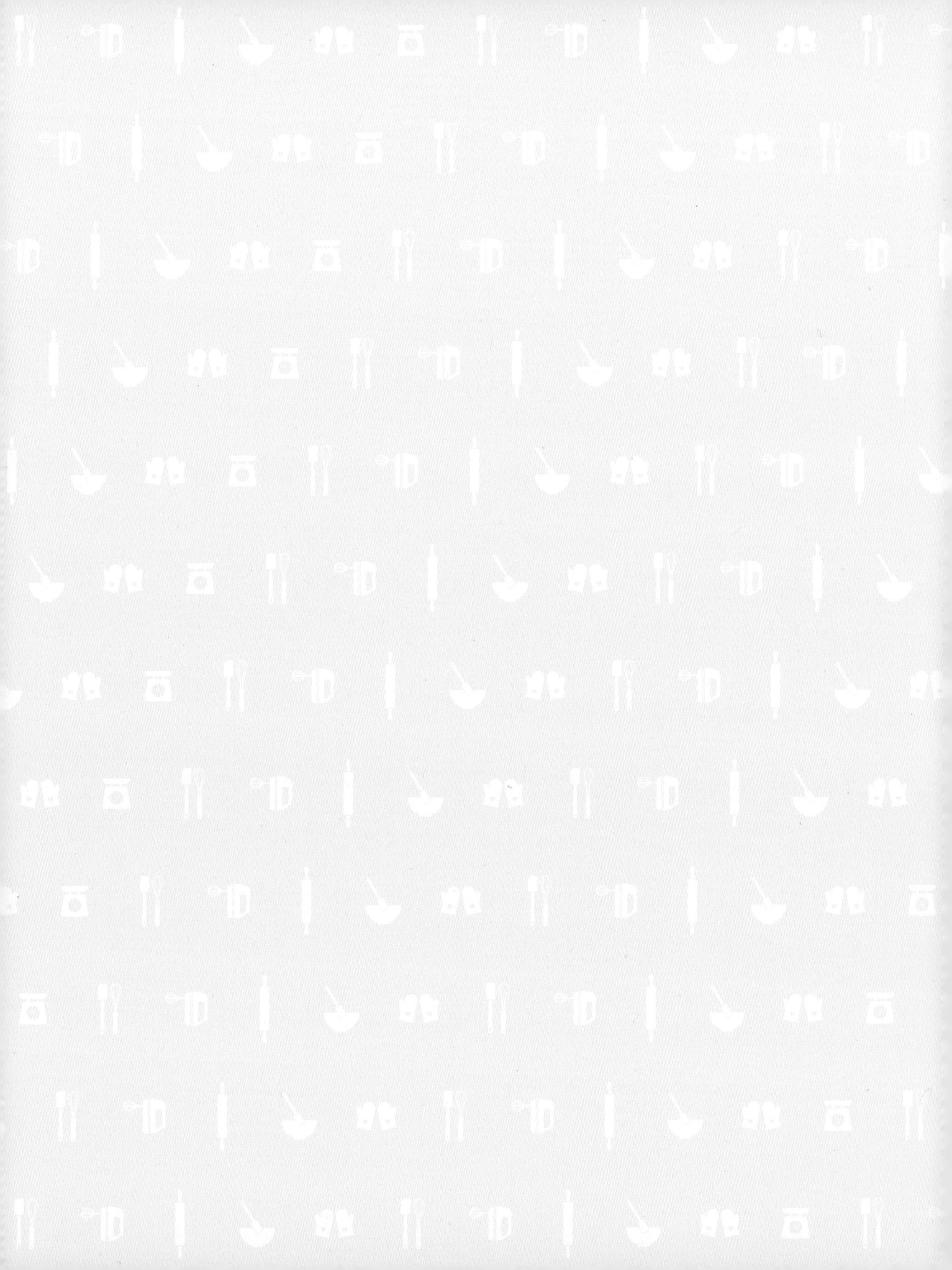

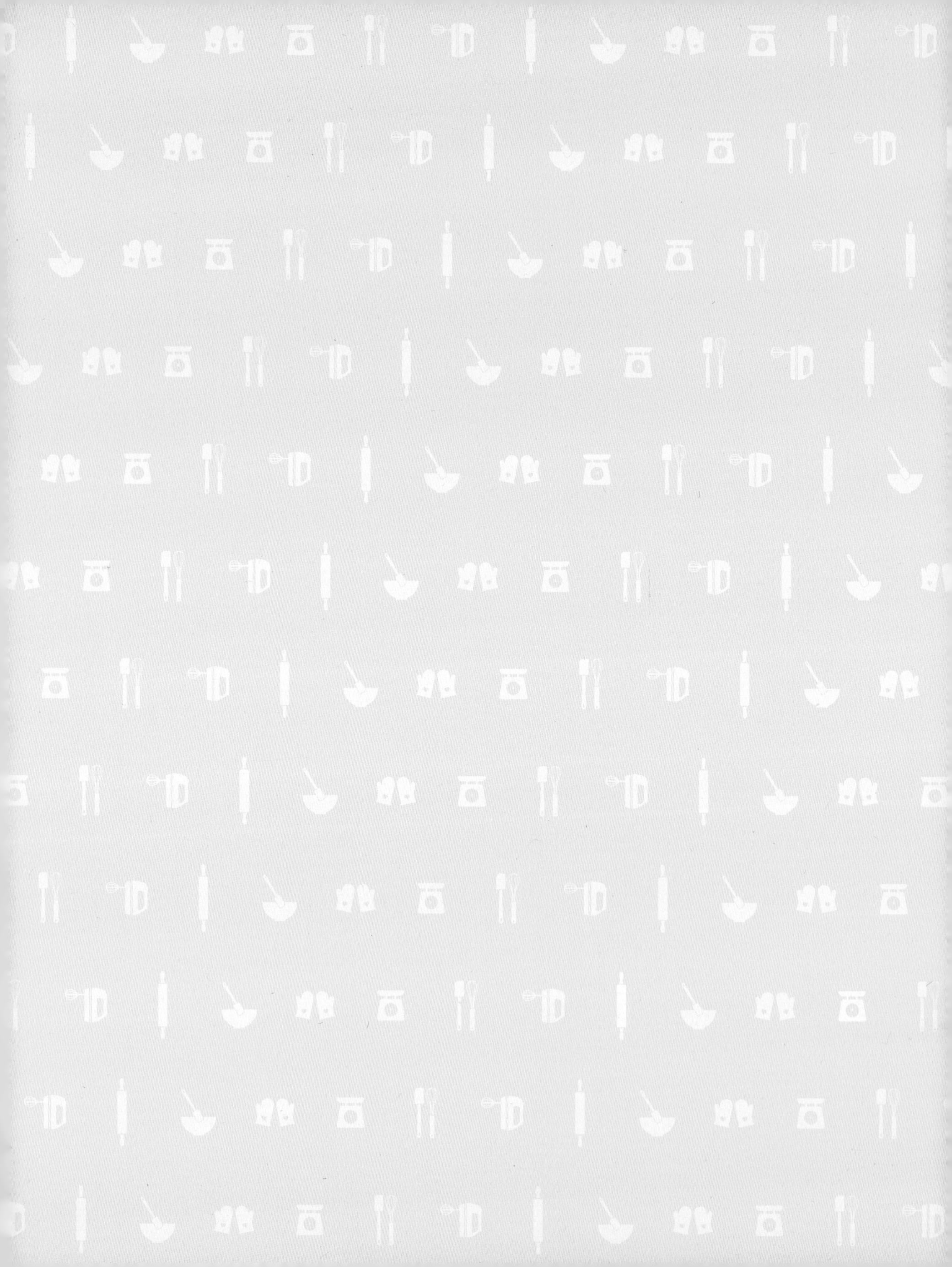